+ CD-ROM

Oldenbourg

Optische Informationsübertragung

von
Bernhard Bundschuh und
Jörg Himmel

Oldenbourg Verlag München Wien

Bibliografische Information Der Deutschen Bibliothek

Die Deutsche Bibliothek verzeichnet diese Publikation in der Deutschen Nationalbibliografie; detaillierte bibliografische Daten sind im Internet über <http://dnb.ddb.de> abrufbar.

Rosenheimer Straße 145, D-81671 München
Telefon: (089) 45051-0
www.oldenbourg-verlag.de

Lektorat: Sabine Krüger
Herstellung: Rainer Hartl
Titelbild: CBL Communication By Light, Münster
Umschlagkonzeption: Kraxenberger Kommunikationshaus, München
Gedruckt auf säure- und chlorfreiem Papier
Druck: R. Oldenbourg Graphische Betriebe Druckerei GmbH

ISBN 3-486-27252-7

Vorwort

Mit der Entwicklung der optischen Übertragungssysteme in der Nachrichtentechnik entstand ein großer Bedarf an Fachkräften. Heute nach über 20 Jahren seit der Inbetriebnahme der ersten längeren Versuchsstrecken sind diese Systeme ein fester Bestandteil in der Telekommunikation, der Mess- und Sensortechnik und vielen anderen Gebieten. An fast allen Hochschulen, die Schwerpunkte in der Nachrichtentechnik, Photonik oder der Lasertechnik haben, wird eine Veranstaltung zur optischen Informationsübertragung angeboten.

Die stürmische Entwicklung insbesondere der Komponenten optischer Netze und die damit verbundene breite Anwendung dieser Technik wird durch eine Vielzahl sehr guter Fachbücher begleitet. Leider sind diese Bücher durch ihre Spezialisierung häufig für die Verwendung im Rahmen der Ausbildung an Universitäten und Fachhochschulen nur schlecht geeignet.

Wir haben uns deshalb im Rahmen einer Kooperation die Aufgabe gestellt, den für die Veranstaltungen am RheinAhrCampus der FH Koblenz und an der FH Merseburg erforderlichen Stoff auf Basis der international aktuellen Fachbücher zu einem gemeinsamen Vorlesungsskript zu entwickeln, das für Hochschulen und Universitäten gleichermaßen geeignet ist. Ziel ist es dabei, dem Leser eine Einführung und einen Überblick über das gesamte Fachgebiet zu geben.

An dieser Stelle bedanken wir uns für die gute Unterstützung und die hilfreichen Diskussionen mit Kollegen. Insbesondere bedanken wir uns bei Frau Prof. Dr. Barbara Kessler für die Durchsicht des Manuskriptes und ihre wertvollen Anregungen sowie bei der Lektorin des Verlages Frau Sabine Krüger für ihre Unterstützung. Die Studierenden Susanne Reimann, Christian Georg, Thomas Nieswandt und Martin Schröder erstellten einen großen Teil der Abbildungen. Auch ihnen gebührt unser Dank.

Das Kapitel zur Simulation optischer Netze wurde von der Fa. ZKOM GmbH in Kooperation mit der Universität Dortmund beigesteuert. Der Autor dieses Kapitels ist Herr Dipl.-Ing. Jens Lenge. Wir bedanken uns für die gute Zusammenarbeit.

Merseburg und Remagen

Bernhard Bundschuh — Jörg Himmel

Vorwort

Inhalt

1 Einleitung

Die Signal- oder Nachrichtenübertragung hat in allen Bereichen der Technik eine große Bedeutung erlangt. Typische Anwendungsbeispiele sind:

- Funk und Fernsehen
- Telefon und Internet
- Netzwerke für Büro und Automation
- Verkehrstechnik
- Maschinensteuerungen und Fahrzeuganwendungen
- Sensortechnik

Die Übertragung analoger Signale wird Zug um Zug durch die Übertragung digitaler Signale ersetzt. Im Telefonnetz ist dies durch den Einsatz von ISDN nahezu abgeschlossen. Hier stellt die Erreichung höherer Datenübertragungsraten ein neues Ziel dar. Das digitale Fernsehen wird gerade realisiert. In der Sensortechnik werden die neuen Techniken dazu genutzt, möglichst direkt digitale Messsysteme zu entwickeln, welche die Messinformation in digitaler Form zur Verfügung stellen, um damit die Informationsübertragung und die Vernetzung der Sensoren zu vereinfachen. Für langsame zeitveränderliche Signale, wie z. B. bei der Temperaturmesstechnik, stehen solche Sensoren schon zur Verfügung.

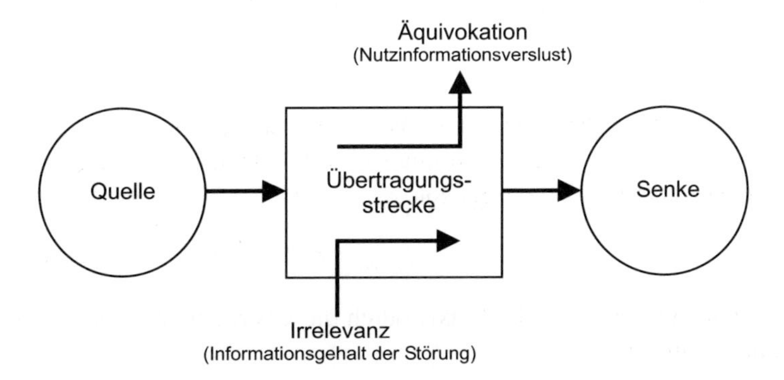

Abb. 1.1: *Prinzip der Nachrichtenübertragung*

Prinzipiell sind alle Übertragungssysteme gemäß **Abb. 1.1** aufgebaut. Die Pfeile beschreiben die Beeinflussung der Informationsübertragung durch den Übertragungsprozess.

Eine wichtige Randbedingung ist dabei die zu übertragende Informationsmenge oder Informationsänderung pro Zeiteinheit. Die Ansprüche an die Übertragungsstrecken steigen mit dem Anwachsen pro Zeiteinheit zu übertragender Informationen stark an. Die Übertragungsstrecke muss eine entsprechend große Kanalkapazität aufweisen. Diese wird bei geeigneten Übertragungssystemen im Wesentlichen durch die Grenzfrequenz und damit durch die Bandbreite der Übertragungsstrecke bestimmt. **Abb. 1.2** zeigt die für die Nachrichtenübertragung geeigneten elektromagnetischen Wellen.

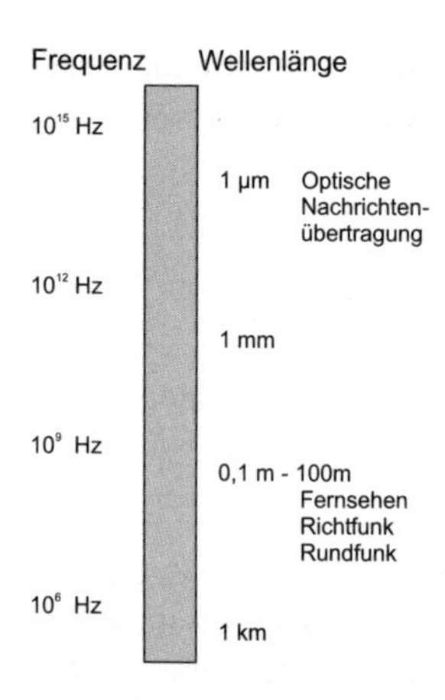

***Abb. 1.2**: Übersicht geeigneter elektromagnetischer Wellen*

Je höher die Frequenz ist, desto größer wird auch die theoretisch nutzbare Bandbreite. In **Abb. 1.2** ist zu erkennen, dass Übertragungssysteme mit optischer Nachrichtenübertragung theoretisch die größte Bandbreite bieten. Der mathematische Zusammenhang zwischen der Lichtgeschwindigkeit c_0, der Wellenlänge λ und der Frequenz f ergibt sich zu:

$$c_0 = \lambda \cdot f$$

Verwendet man zur Datenübertragung eine Wellenlängenänderung des Lichtes $\Delta\lambda$ im Bereich $830\text{ nm} \le \lambda \le 850\text{ nm}$, ergibt sich mit $c = 300.000\text{ km/s}$ eine maximal übertragbare Nutzsignalfrequenz oder Bandbreite Δf von:

$$\Delta f = f_{830nm} - f_{850nm} = 8500\text{ GHz}$$

Die nutzbare Bandbreite wird in der Praxis durch die Übertragungseigenschaften der Übertragungsmedien begrenzt.

Als typisches Anwendungsbeispiel für die Übertragung großer Datenmengen pro Zeiteinheit in Kommunikationsnetzen soll hier die Bilddatenübertragung angeführt werden.

1.1 Historische Entwicklung der optischen Übertragungstechnik

Tab. 1.1: *Historische Entwicklung (unvollständig)*

1794	Erste optische Telegrafenstrecke mit Signalmasten (vgl. Bahnsignal).
1880	Erste Sprachübertragung über einen Lichtstrahl (Bell Photophon).
1951	Bildübertragung über ein Glasfaserbündel.
1960	Erfindung des Lasers (Rubin-Laser). Theorie der Lichtwellenleiter (LWL).
1962	Erster Halbleiterlaser.
1969	Gradientenprofilfaser (Dämpfung ca. 1 dB/m).
1970	Faserdämpfung erreicht Werte < 20 dB/km bei einer Wellenlänge $\lambda = 850$ nm.
1972	Übertragung bei $\lambda = 1300$ nm wird möglich.
1976	Die Faserdämpfung erreicht Werte von ca. 0,5 dB/km bei $\lambda = 1300$ nm.
1979	Die Faserdämpfung erreicht Werte von ca. 0,2 dB/km bei $\lambda = 1550$ nm.
ca. 1980	Beginn des Aufbaus von Glasfasernetzen für Telekommunikation und Datenübertragung.
1983	CD kommt auf den europäischen Markt.
1984	Die Übertragungsreichweite von 200 km ohne Regenerierung der optischen Signale wird bei $\lambda = 1550$ nm realisiert.
ca. 1990	Optische Faserverstärker aus mit Erbium dotierten Glasfasern werden entwickelt.
1992	Photo-CD wird vorgestellt.
1994	WDM-Technologie kommt mit 2 Kanälen zum Einsatz (Wave Division Multiplex).
1996	NZDF-System kommen zum Einsatz (Non Zero Dispersion Shifted Fiber $\lambda = 1530\,\text{nm} - 1620\,\text{nm}$). DWDM ermöglicht mehr Kanäle pro Faser (Dense WDM).

1999	Erfolgreiche Versuche 1000 Wellenlängen mit einem Abstand von 10 GHz über eine Faser zu leiten. Mit jeder Wellenlänge wurden 2,5 Gbit/s übertragen. (Lucent Technologies)
2000	Glasfaserproduktion überschreitet weltweit 40 Millionen Kilometer pro Jahr. Die maximale Datenübertragungsrate pro Glasfaser erreicht 1 TBit/s.
ab 2000	Aufbau rein optischer Netze mit optischen Add/Drop-Multiplexern, optischen Routern etc.
2004	DWDM wird Datenübertragungsraten von 10 Terra-Bit/s ermöglichen.

1.2 Prinzip der einfachen optischen Nachrichtenübertragung

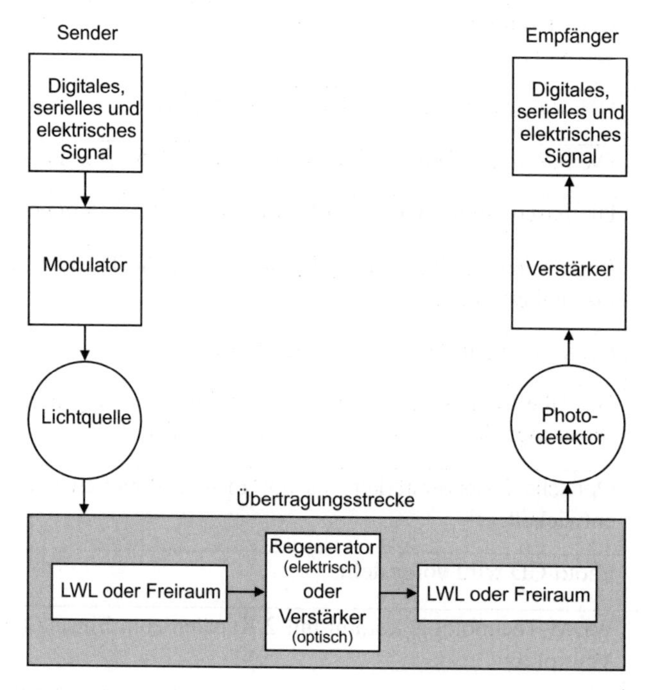

Abb. 1.3: Prinzip der optischen Nachrichtenübertragung

Abb. 1.3 zeigt den Transport von Informationen. In der Regel liegen die zu übertragenden Informationen in Form digitaler elektrischer Signale vor. Zur Übertragung über ein Twisted-Pair-Kabel oder eine Glasfaser ist ein bitserielles digitales Signal erforderlich. Die entsprechenden Datenwandlungen werden z. B. von den Schnittstellenkarten (PC) durchgeführt. Das elektrische Signal moduliert das Ausgangssignal einer Lichtquelle (Laserdiode). Das Licht wird abhängig von der Art der Übertragungsstrecke über Lichtwellenleiter oder auch durch den Freiraum übertragen. Zur Beseitigung der Dämpfungseinflüsse des Mediums sind Regeneratoren oder optische Verstärker erforderlich. Mit aufwendigeren Regeneratoren können auch Dispersionseinflüsse eliminiert werden. Auf der Empfängerseite wird das optische Signal mit Hilfe eines Photodetektors in ein elektrisches Signal zurückverwandelt und anschließend elektronisch verstärkt und weiterverarbeitet.

Vorteile der optischen Übertragungstechnik sind:

- Große Kanalkapazität
- Unempfindlich gegenüber elektromagnetischen Störungen
- Potenzialtrennung zwischen Sender und Empfänger (kein Potenzialausgleich durch Kabel, CMRR-Effekt bei Eingangsverstärkern)
- Kleine Dämpfung der LWL ermöglicht große Verstärkerabstände
- Kein Übersprechen, keine Signalabstrahlung
- Hohe Abhörsicherheit
- Kurzschlusssicherheit, Ex-Schutzbestimmungen (keine Funkenbildung)
- Kleines Gewicht, hohe Flexibilität
- Kleine Abmessungen
- Keine Korrosion der Faser, kein Verschleiß (Unterseekabel)
- Unbegrenzte Materialverfügbarkeit

Nachteile der optischen Übertragungstechnik sind:

- Aufwendige Messtechnik
- Aufwendige Verbindungstechnik
- Es sind kleine mechanische Toleranzen erforderlich (z. B.: Steckverbinder für ca. 9 µm Kerndurchmesser bei $\lambda \cong 1\,\mu\text{m}$)
- Klimaabhängigkeit bei Freiraumübertragung

1.3 Optische Signalverarbeitung

Die optische Signalverarbeitung benötigt Bauelemente, mit denen ähnlich wie bei der elektrischen Signalverarbeitung der Weg und die Anzahl der Photonen gesteuert werden kann. In **Abb. 1.4** bedeutet dies das gezielte Erreichen eines bestimmten Empfängers mit einem beliebigen Quellsignal.

Tab. 1.2: *Gegenüberstellung der Unterschiede optischer und elektrischer Signale*

Elektrische Signale	Optische Signale
Informationstransport mit elektrischen Ladungsträgern:	Informationstransport durch Photonen:
Elektrische Ladungsträger beeinflussen sich gegenseitig. Elektronen stoßen sich ab.	Photonen beeinflussen sich nicht gegenseitig.
	Ph **Ph**
	(Energie eines Photons: $$E_{Ph} = h \cdot f = \frac{h \cdot c_0}{\lambda}$$ mit $h = 6{,}67 \cdot 10^{-34} Ws^2$)
Beispiel:	
Steuerung der Elektronen erfolgt durch Elektronen!	**Wie werden die Photonen gesteuert?**
Niedrige räumliche Dichte bei elektrischer Verdrahtung. Erhöhung der Ausnutzung durch Frequenz- und Zeitmultiplex.	Hohe räumliche Dichte bei der „optischen Verdrahtung“. Erhöhung der Ausnutzung durch Frequenz- und Zeitmultiplex.

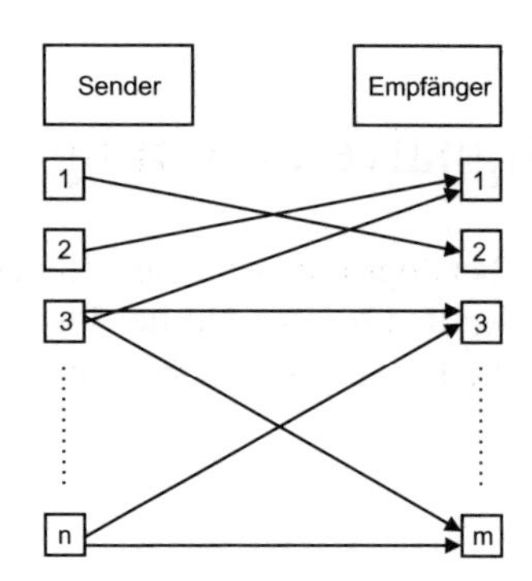

Abb. 1.4: *Überkreuzende Lichtstrahlen*

Einführend soll hier zur Veranschaulichung nur auf zwei grundlegende Möglichkeiten eingegangen werden. **Abb. 1.5** zeigt den elektrooptischen Modulator.

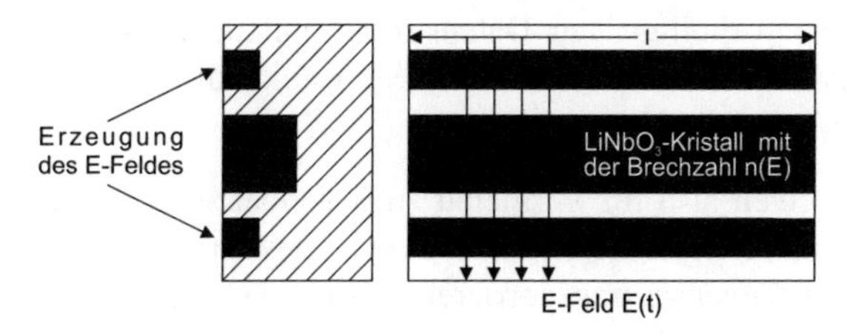

Abb. 1.5: *Prinzip des elektrooptischen Modulators*

Die Laufzeit τ berechnet mit Hilfe der Lichtgeschwindigkeit c_0 sich zu:

$$\tau(E) = \frac{l \cdot n(E)}{c_0}$$

Dieser Effekt kann zur Phasen- oder Frequenzmodulation verwendet werden.

Abb. 1.6 zeigt das Prinzip des akustooptischen Filters oder Modulators. Mit Hilfe periodischer Dichteschwankungen in einem Kristall entsteht ein Effekt wie an einem Beugungsgitter. Die Bragg-Zelle in **Abb. 1.6** kann zur Modulation optischer Signale oder zur Spektralanalyse verwendet werden.

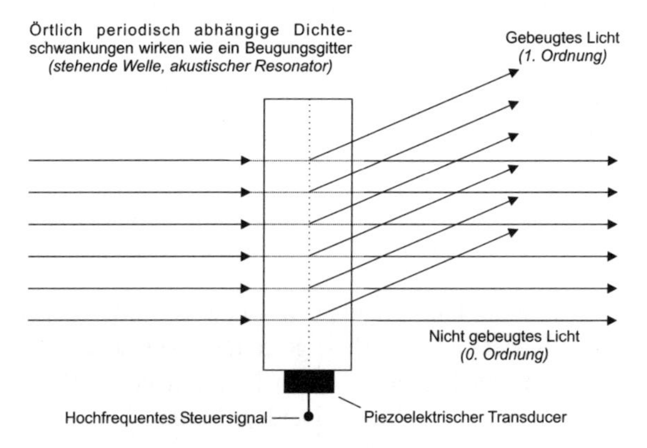

Abb. 1.6: *Akustooptisches Filter (auch durchstimmbar möglich)*

1.4 Prinzip optischer Netze

In der leitungsgebundenen Nachrichtenübertragungstechnik stellt das weltweite Telefon- und Datennetz das größte System dar. Die von den Teilnehmern zu übertragenden Informationen werden in serielle Datenströme gewandelt und in Paketen zusammengefasst. Diese Pakete haben einen bekannten Aufbau und eine Zieladresse. Innerhalb des Netzes stellen Computer sicher, dass die Pakete ihr Ziel erreichen. Die Computer ermitteln die Zieladresse aus dem Paket und steuern die Aufteilung der Datenströme auf die verschiedenen Kabelstränge im Raum-, Frequenz- und Zeitmultiplexverfahren. Sie wählen die entsprechenden Verbindungen zur Übertragung der Daten im Netz aus.

Optische Netze benötigen also im Vergleich zu Kabelnetzen vergleichbare technische Einrichtungen, die es erlauben, serielle optische Signale gezielt von jedem beliebigen Sender zu jedem beliebigen Empfänger zu transportieren (**Tab. 1.3**). Zur Übertragung möglichst vieler Daten müssen die einzelnen Fasern dazu in der technisch möglichen Bandbreite genutzt werden. Die Überbrückung großer Distanzen erfordert optische Verstärker oder Regeneratoren.

Tab. 1.3: *Gegenüberstellung optischer und elektrischer Netzwerke*

Elektrische Netzwerke	Optische Netzwerke
Signale in Form von Spannungsimpulsen	Signale in Form von Lichtimpulsen (Laser)
Koaxial-/Twisted-Pair-Kabel	Lichtleitfasern
HF-Verstärker oder Repeater	Optische Verstärker (EDFA) oder Regeneratoren
Mehrfachnutzung eines Kabels durch Trägerfrequenzsysteme	Übertragung mehrer Lichtsignale mit verschiedenen Wellenlängen
Mehrfachnutzung eines Kanals durch Zeitmultiplex (TDM)	Mehrfachnutzung eines Kanals durch Zeitmultiplex (OTDM)
Nutzung der verschiedenen Frequenzen durch Trägerfrequenzmultiplex	Nutzung der verschiedenen Wellenlängen durch Wellenlängenmultiplex (WDM und DWDM)
Elektrische Vermittlung, Umschalten auf verschiedene Kabel (Raummultiplex) durch elektronische Schalter	Optische Vermittlung, z.B. elektrisch gesteuerte optische Miniaturspiegel zur Lenkung des Lichtsignals in eine andere Faser
Routing	?

1.5 Optische Signalarten und Kodierung

Wie beim elektrischen Leiter können mit Lichtwellenleitern sowohl analoge als auch digitale Informationen übertragen werden.

Beispiele für die Übertragung analoger Signale:

- Intensitätssteuerung einer Lichtquelle
- Steuerung der Phasenlage
- Steuerung der Frequenz

Beispiel für Übertragung digitaler Signale:

- Übertragung von Lichtimpulsen (z. B. PWM)

Der Vorteil der digitalen Signale liegt in ihrer unbeschränkten Regenerierbarkeit. Es bestehen keine durch das Signal bedingten Beschränkungen der Übertragungslänge der digitalen Lichtsignale. Bei analogen Signalen kann eine Regenerierung nur beschränkt erfolgen. Störungen überlagern das analoge Signal. Gleichzeitig wird das Signal in Abhängigkeit von der Übertragungslänge gedämpft. Es gibt keine Beschränkung auf zwei Signalpegel, die eine einfache Trennung zwischen Stör- und Nutzsignal und damit eine Regenerierung zulassen würde. Mit Hilfe redundanter (Kanal-) Codierung kann bei digitalen Systemen die Anzahl der Übertragungsfehler pro Zeiteinheit zusätzlich reduziert werden.

1.6 Anwendungen in der HiFi-, Daten- und Messtechnik

Als Beispiel aus der HiFi-Technik soll die Abtastung einer Audio-CD betrachtet werden. In **Abb. 1.8** ist die CD und die Optik zur Abtastung dargestellt. Die CD hat auf der Unterseite Spuren mit Vertiefungen (Pits) und Erhöhungen (Lands), die zur Speicherung der digitalen Information dienen (**Abb. 1.7**).

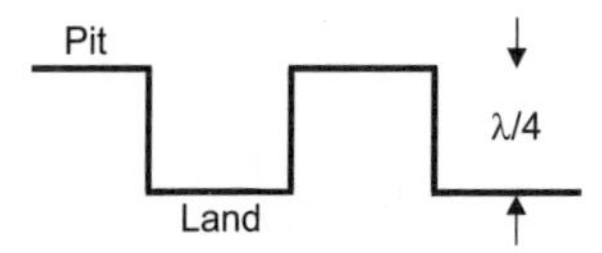

Abb. 1.7: *Lands und Pits (Abtastung von unten)*

Lands und Pits haben eine Höhendifferenz von $\lambda/4$ des Laserlichtes mit dem die CD abgetastet wird. Üblich sind preiswerte Halbleiterlaser mit $\lambda = 780\,\text{nm}$. **Abb. 1.9** zeigt die Ausleuchtung eines Pit.

Zwischen dem an einem Land und einem Pit reflektierten Licht besteht der Phasenunterschied von $2 \cdot \lambda / 4 = \lambda / 2$. Es entsteht demzufolge eine konstruktive und eine destruktive Interferenz, die mit der Photodiode in Form einer entsprechenden Intensitätsänderung messbar ist.

Zur Erhöhung der Speicherdichte ist Laserlicht mit kleineren Wellenlängen erforderlich. Der Lichtfleck zur Abtastung und die Pits können dann kleiner ausgeführt werden. Verwendet werden bei der CD 780 nm, bei der DVD 650 nm oder 635 nm und bei der neusten Generation der optischen Speichermedien, Blue-Ray, 405 nm.

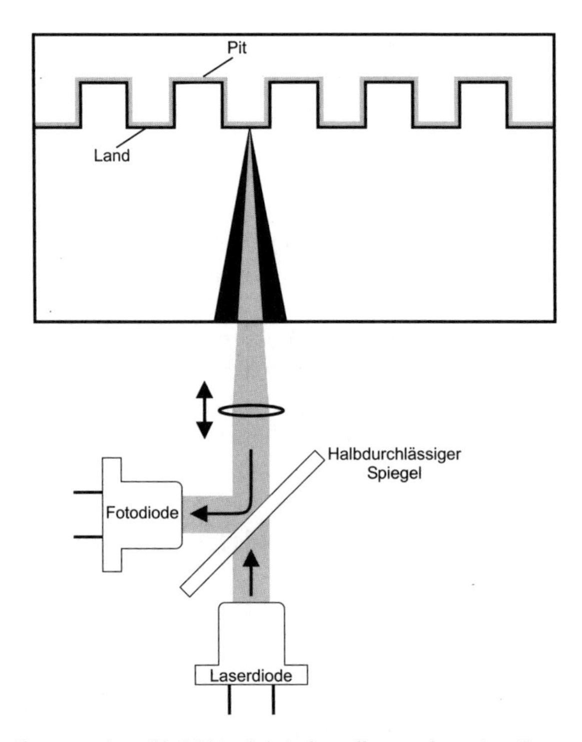

Abb. 1.8: *Prinzip der Abtastung einer CD-ROM – Schnittdarstellung entlang einer Spur*

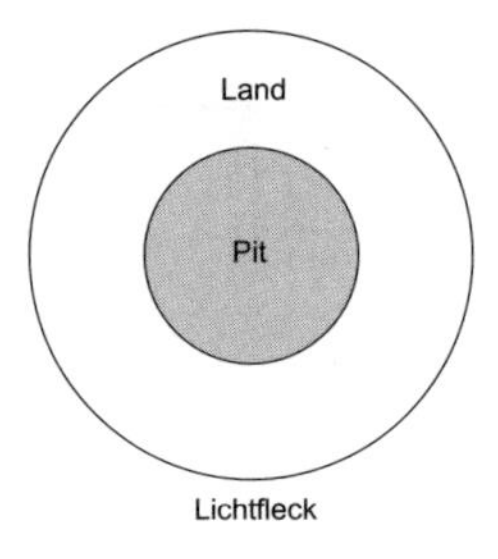

Abb. 1.9: *Ausleuchtung eines Pit*

Abb. 1.10 zeigt ein Beispiel aus der optischen Längenmesstechnik. V bezeichnet die Lichtintensität am Detektor. Der Strahl einer Laserdiode wird durch eine Linse auf ein Werkstück fokussiert und dann dort reflektiert. Der Strahl geht durch eine weitere Linse und trifft auf einen Lagedetektor oder eine Zeilenkamera. Der Abbildungsort verschiebt sich in Abhängigkeit der Verschiebung des Werkstückes. Entscheidend für die Messung von Bohrungen oder anderen komplizierten Strukturen ist der Strahldurchmesser bzw. der Fokusdurchmesser und der Winkel zum Werkstück.

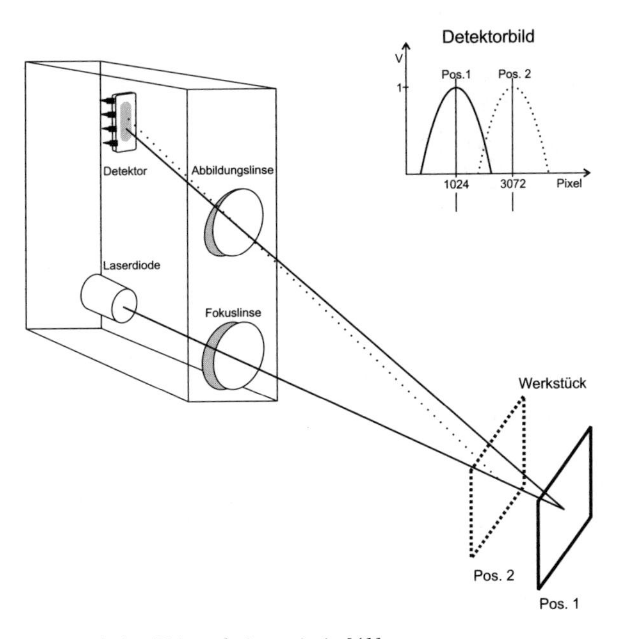

Abb. 1.10: *Längenmessung nach dem Triangulationsprinzip [41]*

1.7 Ausblick

- Die Anforderungen an die Übertragungskapazitäten und damit an die Übertragungsgeschwindigkeiten der Kommunikationsnetze steigen weltweit stark an. Zur Lösung dieses Problems müssen die bestehenden „Flaschenhälse“ im Übertragungsnetzwerk beseitigt werden. Hierunter sind die folgenden Maßnahmen zu verstehen:

- Ersetzen von elektrischen Übertragungssystemen durch optische Systeme
- Beseitigung von elektrischen Regeneratoren und damit Ermöglichen mehrerer Wellenlängen in einer Faser
- Einsatz optischer Verstärker
- Bessere Nutzung der bestehenden optischen Systeme durch Verwendung von WDM und DWDM

- Neue Fasertypen mit größerer Bandbreite (keine OH-Absorption bzw. kein Waterpeak, „All Wave Fiber“ von Lucent Technologies)
- Realisierung von optischem Zeit- und Raummultiplex sowie einer entsprechenden Vermittlungstechnik, um rein optische Netze aufbauen zu können
- Neue Techniken zur Steigerung der Datenübertragungsgeschwindigkeit, z. B. Übertragung mit Solitonen oder die kohärenten Verfahren des optischen Überlagerungsempfangs

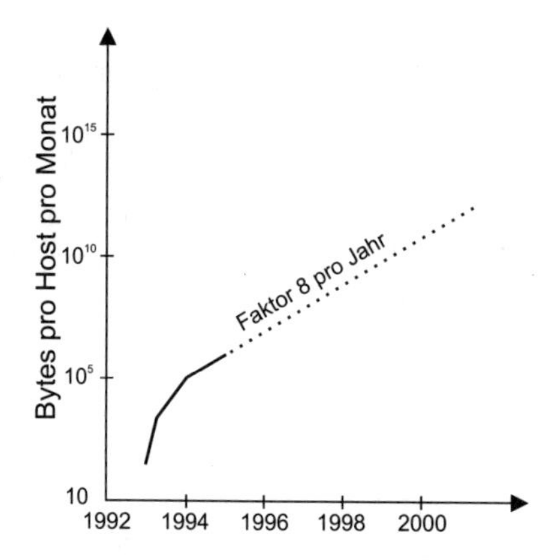

Abb. 1.11: Transportierte Daten bezogen auf die Hostsysteme (Internet)

Abb. 1.12 zeigt die in pro Jahr verlegten Faserlängen. Seit 1996 kommen zunehmend leistungsfähigere Fasern zum Einsatz.

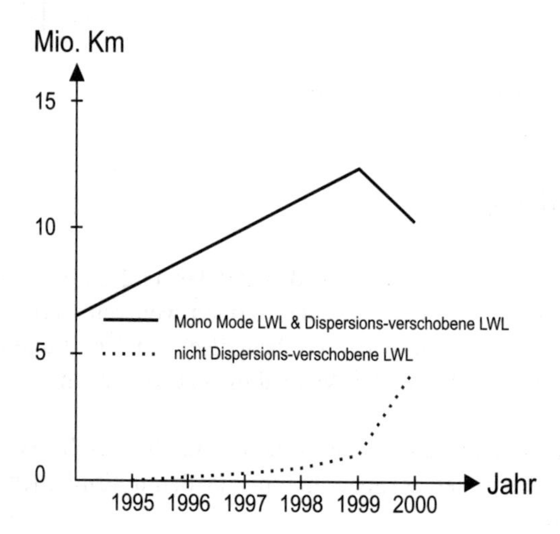

Abb. 1.12: Pro Jahr verlegte Faserkilometer (Lucent Technologies)

Um in zukünftigen Netzen die z.T. sehr hohen Datenraten handhaben zu können, sind also neben einer rein optischen Übertragung auch optische Komponenten für Multiplexer/Demultiplexer, Modulatoren/Demodulatoren, Schalter oder ganze Koppelfelder notwendig. Diese werden im Allgemeinen unter dem Begriff Photonic Switching zusammengefasst. **Abb. 1.13** zeigt die zur Zeit verfügbaren und die prognostizierten Übertragungsraten.

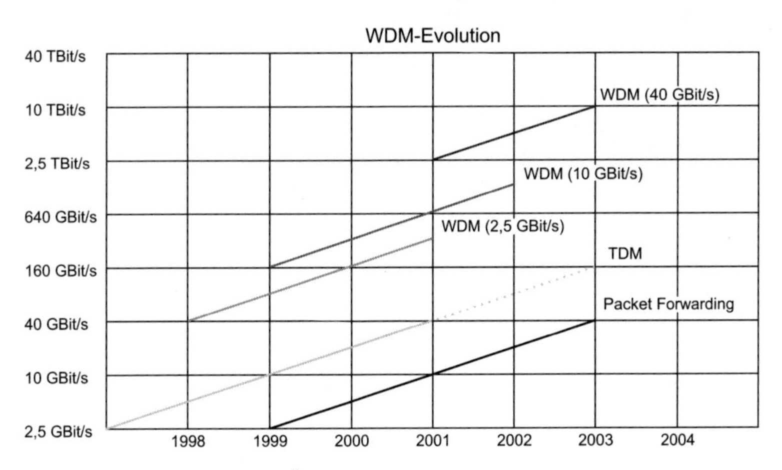

Abb. 1.13: *Verfügbare und prognostizierte Übertragungsraten (Siemens)*

2 Optische Sender

Ein optischer Sender steht am Beginn jeder Übertragungsstrecke. Seine Aufgabe besteht in der Umwandlung eines elektrischen Signals *s(t)* mit zeitlich variierender Spannung in V bzw. zeitlich variierendem Strom in A in ein optisches Signal $P_{opt}(t)$ mit zeitlich variierender Leistung in W.

Folgende Anforderungen, die sich naturgemäß nicht alle gleichzeitig erfüllen lassen, werden an einen optischen Sender gestellt:

- Hohe elektrische Bandbreite
- Hoher elektrooptischer Wirkungsgrad
- Effektive Einkopplung des erzeugten Lichts in Lichtwellenleiter.
- Schmales optisches Spektrum
- Einfache elektronische Ansteuerung
- Kompakter Aufbau
- Niedriger Preis

Lange Zeit war die thermische Lichterzeugung die einzige physikalische Möglichkeit der Lichterzeugung. Die Glühlampe stellt einen einfachen elektrooptischen Wandler nach diesem Prinzip dar. Eine bekannte Anwendung ist der Austausch von Blinksprüchen zwischen Schiffen, vornehmlich zwischen Kriegsschiffen.

In der physikalischen Modellvorstellung stellt ein aufgeheizter Glühdraht zumindest näherungsweise einen sogenannten schwarzen Körper dar. Dieser absorbiert einfallende elektromagnetische Strahlung vollständig und wird dadurch aufgeheizt. Die Aufheizung, die auch durch Stromzufuhr erfolgt, führt zu Schwingungen der Elektronen im Material, so dass elektromagnetische Strahlung, die Planck'sche Strahlung, abgegeben wird. Es besteht ein thermodynamisches Gleichgewicht von Emission und Absorption. Das Spektrum der Planck'schen Strahlung wird durch die Temperatur des schwarzen Körpers bestimmt.

Angegeben wird häufig die spektrale spezifische Ausstrahlung $M_{e,\lambda}$ des schwarzen Körpers in $\mathrm{W/m^3}$ bzw. in $\mathrm{W/(cm^2 \cdot nm)}$ als Planck'sches Strahlungsgesetz.

$$M_{e,\lambda} = \frac{2\pi c_0^2 h}{\lambda^5 \cdot \left(e^{\frac{c_0 h}{\lambda k T}} - 1 \right)}$$

mit: $c_0 = 3 \cdot 10^8\ \mathrm{m/s}$ (Lichtgeschwindigkeit im Vakuum)

$$h = 6{,}6262 \cdot 10^{-34}\ \mathrm{W \cdot s^2} \quad \text{(Planck'sches Wirkungsquantum)}$$

$$k = 1{,}3807 \cdot 10^{-23}\ \mathrm{Ws/K} \quad \text{(Boltzmannkonstante)}$$

T ist die Temperatur in Kelvin. λ ist die Wellenlänge in m, µm oder nm.

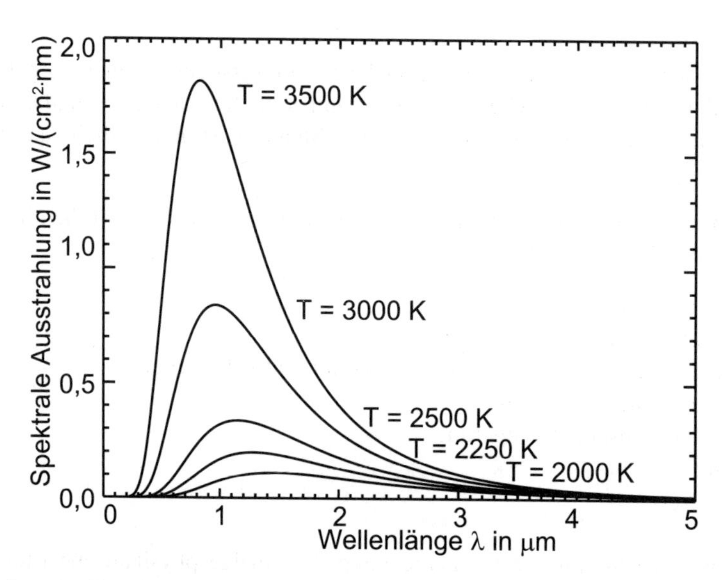

Abb. 2.1: *Spektren von Temperaturstrahlern bei verschiedenen Temperaturen [27]*

Die Glühlampe als Temperaturstrahler eignet sich mit ihrem breiten optischen Spektrum gut für viele Anwendungen in der optischen Sensortechnik. Für die optische Nachrichtentechnik ist sie aus folgenden Gründen nicht geeignet:

- Geringer Wirkungsgrad
- Geringe maximale Modulationsfrequenz
- Breites optisches Spektrum, dadurch starke Dispersion in Lichtwellenleitern
- Aufwendige Einkopplung in Glasfasern aufgrund der nahezu isotropen Abstrahlung

Bei der Lichterzeugung durch Lumineszenzvorgänge lassen sich diese Nachteile vermeiden. Unter Lumineszenz versteht man die Erzeugung optischer Strahlung durch nicht thermische Prozesse. In **Tab. 2.1** sind einige Beispiele aufgelistet. Bei der LED, ebenso wie bei der Laserdiode, wird einem Festkörper Energie zugeführt und kurzzeitig als potenzielle Energie gespeichert. Es erfolgen Übergänge von Elektronen aus dem Valenzband in das Leitungsband des Festkörpers. Komplementär dazu entstehen positiv geladene Löcher im Valenzband des Festkörpers.

Tab. 2.1: Kategorien von Lumineszenzeffekten

Art der Anregung	Lumineszenzstrahler	Beispiele
Chemisch	Biolumineszenz	Glühwürmchen
Thermisch	Thermolumineszenz	Metalldampflampen
Teilchen	Kathodenlumineszenz	Bildröhre
Stoßionisation	Lumineszenz der Gasentladung	Leuchtstoffröhre, Glimmlampe
Elektrisches Feld	Halbleiterlumineszenz	LED, Laserdiode
Licht	Photolumineszenz	Wandlung UV-Licht in sichtbares Licht

Im Gegensatz zum schwarzen Körper ist infolge der Energiezufuhr die Ladungsträgerdichte im Leitungsband größer als die Gleichgewichtskonzentration. Es erfolgt keine Temperaturerhöhung. Daher nennt man Licht, das durch Lumineszenz erzeugt wird, auch kaltes Licht.

Die eigentliche Lichterzeugung erfolgt beim Übergang eines Elektrons vom Leitungsband in das Valenzband. Jedes Elektron rekombiniert dabei mit einem Loch im Valenzband. Die Energiedifferenz wird als optische Energie (Licht) abgestrahlt, wobei die Wellenlänge des Lichts durch den Bandabstand ΔW zwischen dem Leistungsband und dem Valenzband definiert wird.

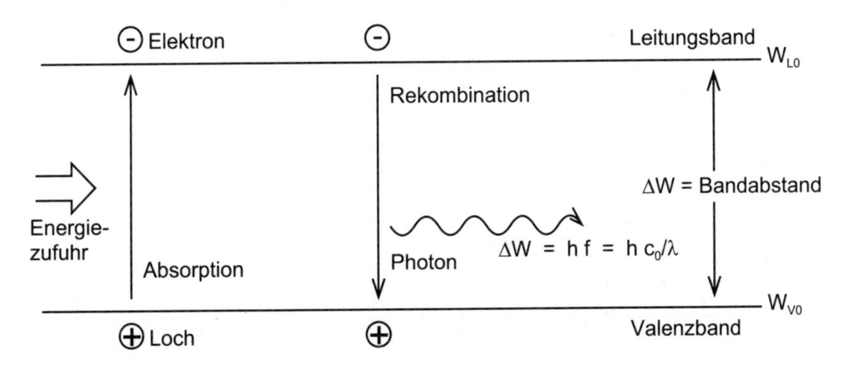

Abb. 2.2: Elektronenübergänge bei Lumineszenz

Die Frequenz und die Wellenlänge des Lichts sind über die Lichtgeschwindigkeit verknüpft.

$$c_0 = f \cdot \lambda \quad \rightarrow \quad \lambda = c_0/f \quad \text{bzw.} \quad f = c_0/\lambda$$

Der Bandabstand wird meistens in Elektronenvolt (eV) angegeben, mit folgender Definition der Einheit eV:

1 eV = Energiezunahme eines Elektrons durch Potenzialdifferenz 1 Volt

$$1\,eV = q\cdot 1\,\mathrm{V} = 1{,}602\cdot 10^{-19}\,\mathrm{As}\cdot V = 1{,}602\cdot 10^{-19}\,\mathrm{Ws}$$

mit der Elementarladung $q = 1{,}602\cdot 10^{-19}\,\mathrm{As}$

Normiert man die Energie auf eV und die Wellenlänge auf nm, so ergibt sich folgendes Schema zur Bestimmung der Wellenlänge in nm bei gegebenem Bandabstand in eV:

$$\lambda = \frac{h\cdot c_0\cdot\frac{\mathrm{nm}}{\mathrm{eV}}}{\Delta W\cdot\frac{\mathrm{nm}}{\mathrm{eV}}} \quad\rightarrow\quad \frac{\lambda}{\mathrm{nm}} = \frac{\frac{h\cdot c_0}{\mathrm{eV}\cdot\mathrm{nm}}}{\frac{\Delta W}{\mathrm{eV}}} = \frac{\frac{6{,}6262\cdot 10^{-34}\,\mathrm{Ws}^2\cdot 3\cdot 10^{8}\,\mathrm{m/s}}{1{,}602\cdot 10^{-19}\,\mathrm{Ws}\cdot 10^{-9}\,\mathrm{m}}}{\frac{\Delta W}{\mathrm{eV}}} \cong \frac{1241}{\frac{\Delta W}{\mathrm{eV}}}$$

Beispiel GaAs: $$\frac{\lambda}{\mathrm{nm}} \cong \frac{1241}{1{,}4} = 885$$

Im Vergleich zur thermischen Lichterzeugung ist die emittierte Strahlung schmalbandig. Das Spektrum ist charakteristisch für den atomaren Aufbau des Festkörpers. Es entstehen nur wenige Spektrallinien bzw. –banden. Der optische Wirkungsgrad ist höher als bei thermischer Lichterzeugung.

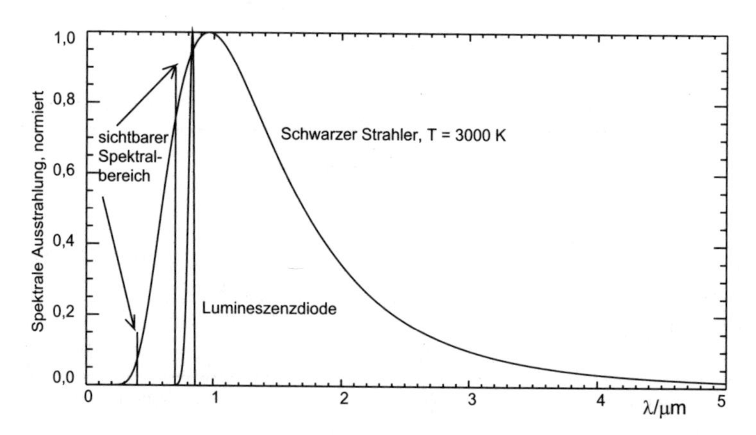

Abb. 2.3: *Spektren bei thermischer bzw. nicht thermischer Lichterzeugung, schematisch*

2.1 Lumineszenzdiode (LED)

Die Lichterzeugung in der Lumineszenzdiode (Light Emitting Diode = LED) erfolgt durch **spontane Emission**. Die Übergänge von Elektronen aus dem Leitungsband in das Valenzband erfolgen zufällig, d.h. ohne äußere Anregung. Es lässt sich lediglich eine mittlere Verweildauer der Elektronen im Leitungsband angeben. Die Verweildauer eines einzelnen Elektrons muss als Zufallsvariable aufgefasst werden. Die spontane Emission erzeugt **inkohärentes** Licht mit zufällig verteilten Frequenzen (Wellenlängen), Phasen, Ausbreitungsrichtungen und Polarisationen der einzelnen Photonen.

Nicht alle Rekombinationen von Elektronen aus dem Leitungsband mit Löchern aus dem Valenzband erfolgen strahlend, unter Abstrahlung von Licht der gewünschten Wellenlänge. Die nicht strahlenden Rekombinationen erzeugen lediglich Wärme, d.h. die Elektronenenergie wird in Schwingungen des Kristallgitters des Halbleiters umgesetzt. Der Quantenwirkungsgrad η_q repräsentiert den Anteil der strahlenden Rekombinationen.

$$\eta_q = \frac{1/\tau_r}{1/\tau_r + 1/\tau_{nr}}$$

τ_r ist die Lebensdauer des strahlenden Übergangs bzw. die mittlere Zeit bis zur Rekombination. τ_{nr} ist die (mittlere) Lebensdauer aller nicht strahlenden Übergänge. Ein hoher Quantenwirkungsgrad ist gegeben, wenn gilt: $\tau_r \ll \tau_{nr}$. Dies setzt eine hohe Besetzungswahrscheinlichkeit des Leitungsbandes voraus. Bei rein thermischer Anregung des Halbleiters ist die Besetzungswahrscheinlichkeit des Leitungsbandes prinzipiell sehr gering. Die meisten Elektronenübergänge erfolgen also nicht strahlend, wie z.B. beim schwarzen Strahler.

Eine Erhöhung der Besetzungswahrscheinlichkeit lässt sich erzielen durch:

- Dotierung mit Fremdatomen, d.h. durch Bereitstellung von zusätzlichen Ladungsträgern
- Herstellung eines PN-Übergangs mit Stromfluss in Durchlassrichtung

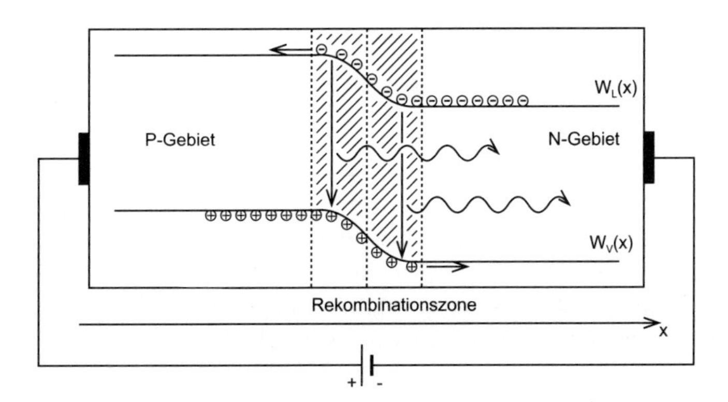

Abb. 2.4: *Bänderschema eines PN-Übergangs in Durchlassrichtung*

Bei Stromfluss in Durchlassrichtung erhöht sich die Minoritätsträgerkonzentration in der Umgebung des PN-Übergangs (Elektronen sind Minoritätsträger im P-Gebiet, Löcher sind Minoritätsträger im N-Gebiet). Man erhält eine Rekombination (↔) der Minoritätsträger mit den jeweiligen Majoritätsträgern in der Rekombinationszone (Ausdehnung einige μm bis einige zehn μm um den PN-Übergang):

Elektronen	↔	Löcher	(im P-Gebiet)
Löcher	↔	Elektronen	(im N-Gebiet)

Heterostrukturen

Der Aufbau einer LED in einer mehrschichtigen Heterostruktur führt zu einer starken Erhöhung des Wirkungsgrades der Lichterzeugung im Vergleich zur bisher behandelten einfachen **Homostruktur**. Noch wichtiger ist dieses Prinzip bei Laserdioden. Nur durch Heterostrukturen ist es möglich, Laserdioden bei Raumtemperatur im Dauerstrichbetrieb zu betreiben.

Bei der Homostruktur bestehen das P-Gebiet und das N-Gebiet aus dem gleichen Grundmaterial, z.B. GaAs. Es ergibt sich der gleiche Bandabstand ΔW im P- und N-Gebiet (siehe **Abb. 2.4**). Bei der Heterostruktur bestehen aneinander grenzende Gebiete aus unterschiedlichen Grundmaterialien. Es ergeben sich unterschiedliche Bandabstände ΔW_i.

Die Abscheidung der Schichten erfolgt nacheinander mittels Epitaxietechnik (flüssig, gasförmig) auf Substratmaterial (Si, Ge, GaAs, InP, GaP ...). Durch erforderliche Anpassung der Kristallgitter gibt es Einschränkungen der Materialauswahl (Mischkristalle mit wählbarem Mischungsverhältnis, z.B. $Ga_xAl_{1-x}As$). Die Gitterfehlanpassung darf nicht größer als 0,1% werden, sonst treten Strukturfehler im Übergangsgebiet auf.

Man unterscheidet isotrope Übergänge (P-p, p-P, N-n, n-N) und diodenbildende Übergänge(P-n, p-N, p-n). Die Indizes in Groß- bzw. Kleinbuchstaben (vgl. auch **Abb. 2.5**) haben folgende Bedeutungen:

P, N: Materialien mit größerem Bandabstand

p, n: Materialien mit kleinerem Bandabstand

Die Einfachheterostruktur besteht aus einem Homoübergang und einem Heteroübergang, die Doppelheterostruktur aus zwei Heteroübergängen. **Abb. 2.5** zeigt schematisch den schichtweisen Aufbau einer LED mit Doppelheterostruktur. Die Energiebarrieren an den Rändern der p-Zone führen zu einer starken Ladungsträgerkonzentration in der aktiven Zone, sodass eine hohe Anzahl von Rekombinationsvorgängen erfolgen kann. Die daraus resultierende Erhöhung des elektrooptischen Wirkungsgrades ermöglicht den Betrieb mit vermindertem Injektionsstrom, d.h. geringerer thermischer Belastung der LED.

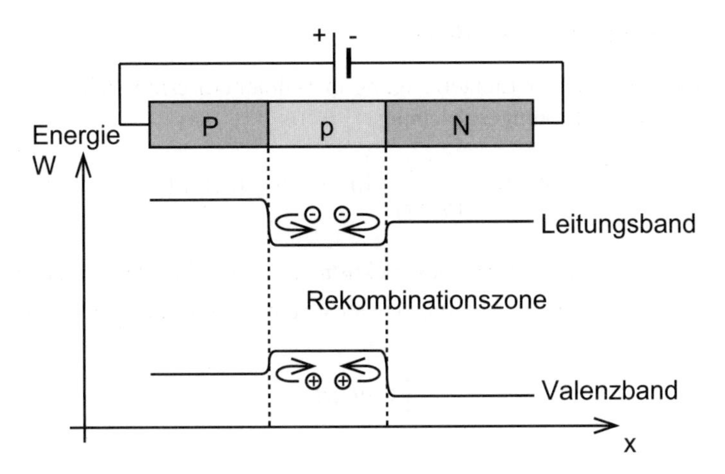

Abb. 2.5: *Bänderschema einer LED mit Doppelheterostruktur [6]*

Ein weiterer Vorteil der Heterostrukturen, insbesondere der Doppelheterostruktur, ist die höhere Brechzahl in der aktiven Zone. Durch Totalreflexion wird das erzeugte Licht wie in einem Lichtwellenleiter geführt. Die Abstrahlung erfolgt dann gerichtet aus einer sehr kleinen aktiven Zone und das Licht kann mit hohem Koppelwirkungsgrad in eine Glasfaser eingekoppelt werden. **Abb. 2.6** zeigt verschiedene Varianten. Bei der Homostruktur ist die Brechzahl in der Rekombinationszone durch die erhöhte Ladungsträgerkonzentration zwar ebenfalls leicht erhöht, das elektromagnetische Feld (optisches Feld) erstreckt sich aber weit in die Umgebung. Bei den Heterostrukturen sind die Brechzahlunterschiede deutlich größer. Das optische Feld wird räumlich wesentlich stärker begrenzt.

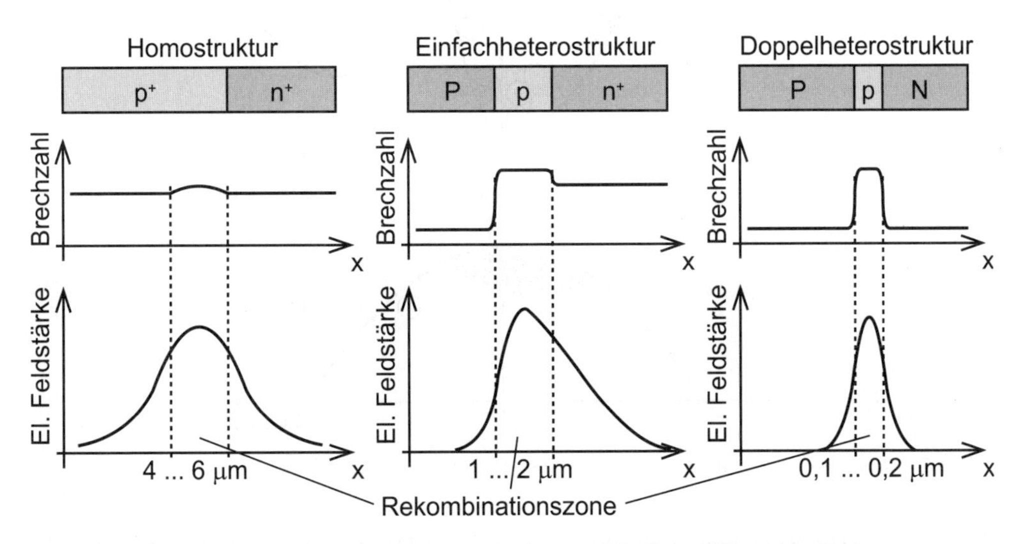

Abb. 2.6: *Brechzahlverläufe in Leuchtdioden mit verschiedenartigen Strukturen [6]*

Lichterzeugung in direkten Halbleitern

Eine exakte Beschreibung der Lichterzeugung in Halbleitern ermöglicht die aus der Quantenmechanik bekannte Schrödingergleichung.

$$\Delta\Psi(\vec{r}) = -\frac{2m}{(h/2\pi)^2} \cdot \left(W(\vec{r}) - W_{pot}(\vec{r})\right) \cdot \Psi(\vec{r})$$

Die komplexe Wellenfunktion $\Psi(\vec{r})$ des Elektrons ist eine sehr unanschauliche Größe. Das Volumenintegral beschreibt die Aufenthaltswahrscheinlichkeit eines Elektrons im Volumen V.

$$\int_V \Psi^* \Psi \cdot dV$$

Der mathematische Aufwand zur Lösung der Schrödingergleichung ist selbst bei einfachen Kristallgittern sehr hoch. Analytische Lösungen findet man nur in einfachen Spezialfällen. Generell gibt es sogenannte 'erlaubte' und 'verbotene' Energie- bzw. Impulsbereiche, die sogenannten Bänderstrukturen. Von Interesse für die Lichterzeugung sind nur die beiden obersten Energiebänder, das Leitungsband und das Valenzband. Tiefer (unterhalb des Valenzbandes) liegende Energiebänder sind vollständig mit Elektronen gefüllt und damit ohne Bedeutung für die Lichterzeugung. **Abb. 2.7** zeigt das Bändermodell von GaAs im Energie-Impulsdiagramm.

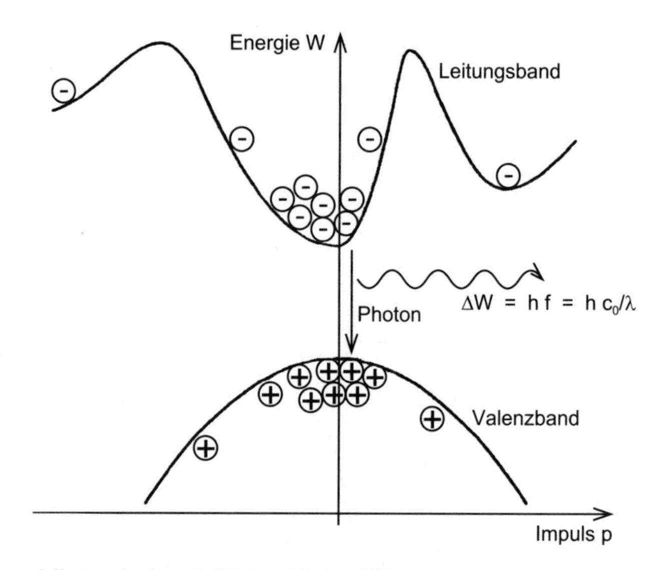

Abb. 2.7: *Bändermodell eines direkten Halbleiters (GaAs) [27]*

Nach dem **Welle-Teilchen-Dualismus** [5] ist die im Diagramm verwendete Wellenzahl k der Materiewelle direkt proportional zum Impuls p eines Elektrons.

$$k = 2\pi/\lambda_{Mat} = 2\pi p/h$$

Charakteristisch für einen direkten Halbleiter ist die Lage des maximalen Energieniveaus des Valenzbandes beim gleichen Impuls wie das minimale Energieniveau des Leitungsbandes. Beide Bänder sind dicht besetzt. Bei der Rekombination eines Elektrons aus dem Leitungsband mit einem Loch im Valenzband ist keine Impulsänderung erforderlich. Die Wahrscheinlichkeit für strahlende Rekombinationen ist damit sehr hoch.

Lichterzeugung in indirekten Halbleitern

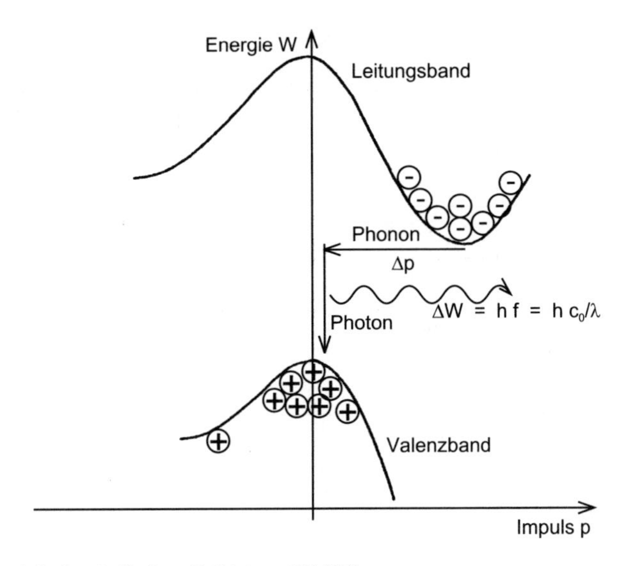

Abb. 2.8: *Bändermodell eines indirekten Halbleiters (Si) [27]*

Bei einen indirekten Halbleiter liegt das maximale Energieniveau des Valenzbandes nicht beim gleichem Impuls wie das minimale Energieniveau des Leitungsbandes. Da das Photon keinen wesentlichen Impuls aufnehmen kann, ist bei der **Rekombination** eines Elektrons aus dem Leitungsband mit einem Loch im Valenzband ein dritter Reaktionspartner zur Aufnahme der Impulsänderung erforderlich. Mögliche Reaktionspartner sind z.B.:

- Eine weiteres Elektron oder Loch
- Das Kristallgitter (Phonon = gequantelte Gitterschwingung) → Erwärmung
- Störstellen wie Donatoren oder Akzeptoren

Die Wahrscheinlichkeit für strahlende Rekombinationen ist damit sehr gering. Die Rekombinationsrate w beschreibt die Anzahl rekombinierender Ladungsträger pro Volumen und Zeit.

$$w = r \cdot n \cdot p$$

Mit: r = Rekombinationskoeffizient

n = Elektronenanzahl pro Volumen

p = Löcheranzahl pro Volumen

In **Tab. 2.2** sind die Rekombinationskoeffizienten einiger Halbleitermaterialien aufgelistet. Man erkennt deutlich die großen Unterschiede zwischen den Werten für direkte und für indirekte Halbleiter.

Tab. 2.2: *Rekombinationskoeffizienten einiger Halbleiter*

Halbleiter	Übergang	Rekombinationskoeffizient r in 10^{-12} cm^3/s
GaAs	direkt	70
InP	direkt	1000
InSb	direkt	5
Si	indirekt	0,001
Ge	indirekt	0,005
GaP	indirekt	0,05

Optisches Spektrum

Abb. 2.2 erweckt zunächst den Eindruck, die Wellenlänge des erzeugten Lichts würde nur durch den Bandabstand ΔW bestimmt. Daraus ließe sich folgern, dass die LED eine exakt monochromatische Lichtquelle darstellt. Die Breite und Form des realen optischen Spektrums wird hingegen durch die Anzahl und Lage möglicher Energieniveaus und durch deren Besetzungswahrscheinlichkeiten bestimmt. Das Pauli'sche Ausschließungsprinzip [5] besagt, dass sich nicht mehr als zwei Elektronen auf dem gleichem Energieniveau aufhalten können.

Zur Berechnung der Elektronendichten im Leitungsband und im Valenzband verwendet man die Zustandsdichten $D_L(W)$ und $D_V(W)$ zusammen mit den Besetzungswahrscheinlichkeiten, die aus der Fermi-Verteilung $f(W)$ bestimmt werden.

Für die Elektronendichte im Leitungsband gilt: $$\frac{dn_L}{dW} \propto D_L(W) \cdot f(W)$$

Für die Löcherdichte im Valenzband gilt: $$\frac{dp_V}{dW} \propto D_V(W) \cdot (1 - f(W))$$

Mit: $D_L(W) \propto \sqrt{W - W_{L0}}$ W_{L0} = Unterkante Leitungsband

$D_V(W) \propto \sqrt{W_{V0} - W}$ W_{V0} = Oberkante Valenzband

$$f(W) = \frac{1}{\exp\left(\frac{W - W_F}{kT}\right) + 1}$$ W_F = Fermi-Energie

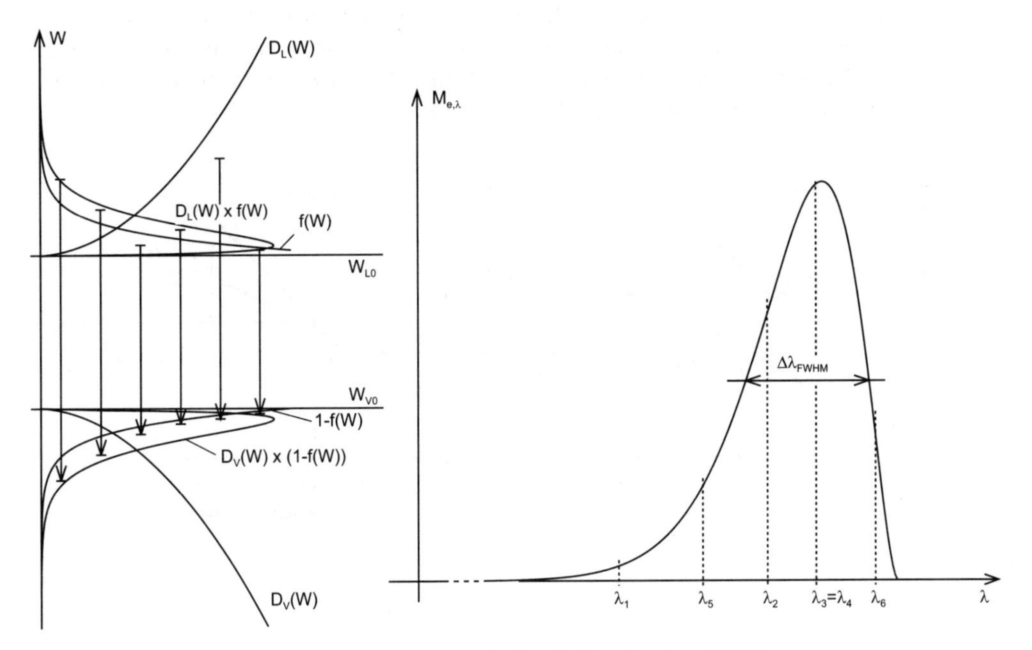

Abb. 2.9: *Entstehung des Spektrums einer LED (Band – Band-Rekombinationen) [27]*

Da die Rekombinationen von Elektronen aus dem Leitungsband mit Löchern im Valenzband spontan erfolgen, sind die Energiedifferenzen zwischen den Niveaus der Elektronen und den Niveaus der Löcher zufällig verteilt. Die Elektronendichte im Leitungsband und die Löcherdichte im Valenzband sind Zufallsvariable. Die Verteilungsdichtefunktion der Differenz zweier Zufallsvariablen ist die Kreuzkorrelationsfunktion der beiden einzelnen Verteilungsdichtefunktionen. Da die Wellenlänge umgekehrt proportional zur Energie ist, erhält man damit auch das optische Spektrum der LED.

Abb. 2.9 zeigt das Ergebnis einer vereinfachten Berechnung. Für das Fermi-Niveau wurden 1,24 eV angenommen, für die Oberkante des Valenzbandes 0,74 eV und für die Unterkante des Leitungsbandes 1,74 eV. Berücksichtigt wurden außerdem nur Band zu Band-Rekombinationen. Die angenommene Lage des Fermi-Niveaus in der Mitte zwischen Leitungs- und Valenzband stimmt strenggenommen nur für den stromlosen PN-Übergang. Das simulierte Spektrum gibt die realen Verhältnisse jedoch qualitativ gut wieder, mit einer **FWHM-Breite** von ca. 50 nm (WHM = Full Width at Half Maximum). Im Vergleich zu Laserdioden benutzt die LED ein relativ breites Spektrum. Typische Werte liegen bei $\Delta\lambda$ = *30 bis 100* nm.

Modulationsverhalten

Je schneller sich der Injektionsstrom über der Zeit ändert, um so stärker macht sich wie bei jedem technischen System auch bei der LED ein Trägheitsverhalten bemerkbar. Mit steigender Frequenz wird der Wirkungsgrad der Umsetzung von Stromänderungen in Änderungen der optischen Leistung immer kleiner. Die ist in **Abb. 2.10** gut zu erkennen. Mit steigender Frequenz wird die Leistungs-Strom-Kennlinie immer flacher.

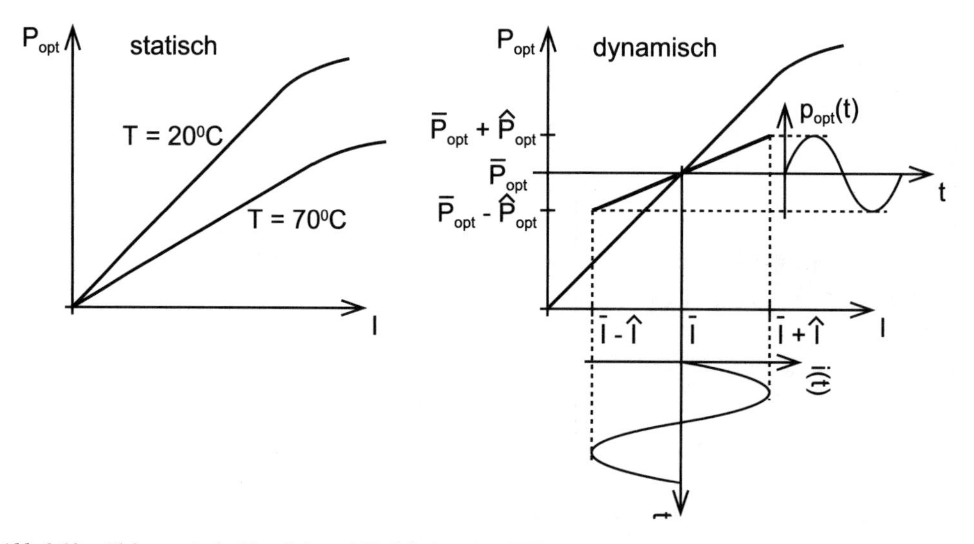

Abb. 2.10: *Elektrooptische Kennlinie und Modulation einer LED*

Die Frequenzabhängigkeit lässt sich durch Einspeisen eines sinusförmigen Injektionsstroms messen. Das Verhältnis der Amplituden des sinusförmigen Anteils der optischen Leistung zum sinusförmigen Anteil des Injektionsstroms in Abhängigkeit von der Frequenz stellt den Frequenzgang der LED dar.

$$I(t) = \bar{I} + \hat{I} \cdot \sin(2\pi f t) \qquad P_{opt}(t) = \bar{P}_{opt} + \hat{P}_{opt}(f) \cdot \sin(2\pi f t + \varphi)$$

$$\bar{P}_{opt} = \eta_{ext} \cdot \frac{hf}{q} \cdot \bar{I}$$

η_{ext} = Gesamtwirkungsgrad der LED

$$\hat{P}_{opt}(f) = \eta_{ext} \cdot \frac{hf}{q} \cdot \hat{I} \cdot H(f) \qquad H(f) = 1 \Big/ \sqrt{1 + (2\pi f \tau)^2} = \text{Frequenzgang}$$

$$\tau = \text{Zeitkonstante} \qquad f_g = \text{Grenzfrequenz} \quad f_g = \frac{1}{2\pi\tau}$$

Die Wirkung der Diffusionskapazität, der Ladungsträgerlebensdauer und des differentiellen Widerstandes lässt sich in einem elektrischen Ersatzschaltbild nach **Abb. 2.11** zusammenfassen.

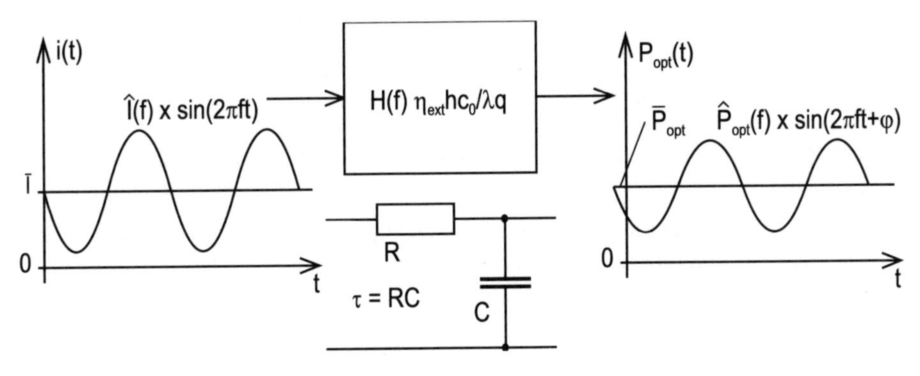

Abb. 2.11: Elektrisches Ersatzschaltbild einer LED

Flächenemitter

Der Flächenemitter stellt die einfachste Bauform der LED dar. Das in der Rekombinationszone erzeugte Licht durchstrahlt je nach Bauart den N-Bereich oder den P-Bereich der Diode und tritt an der Oberfläche aus (**Abb. 2.12**).

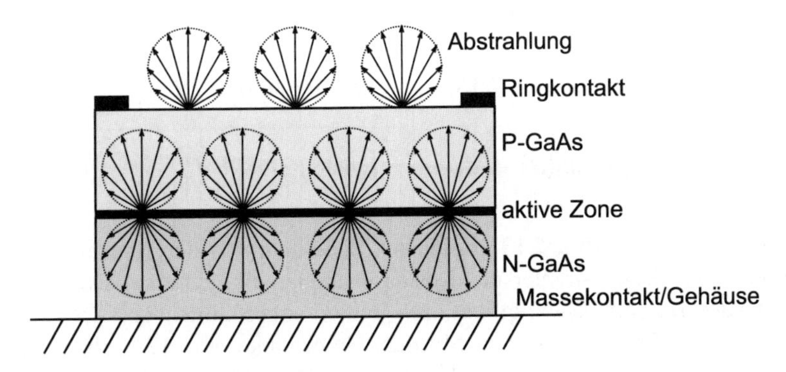

Abb. 2.12: Prinzip des Flächenemitters [37]

In den optischen Wirkungsgrad η_{opt} gehen mehrere Verlustmechanismen ein.

$$\eta_{opt} = \eta_{ab} \cdot \eta_{fr} \cdot \eta_{tr}$$

Durch Absorption von Photonen im Halbleitermaterial (starke Absorption in Wellenlängenbereich mit starker Rekombination) erhält man je nach Weglänge einen Absorptionswirkungsgrad $\eta_{ab} \geq 0,2$ Hält man den Weg von der aktiven Zone zur Oberfläche sehr kurz, so lassen sich Werte von $\eta_{ab} \cong 0,9$ erreichen.

Fresnel-Reflexion, die durch den Brechzahlsprung Halbleiter – Luft verursacht wird, führt zum Reflexionswirkungsgrad η_{fr}.

$$\eta_{fr} = \frac{4 \cdot n_{Umgebung} \cdot n_{Halbleiter}}{\left(n_{Umgebung} + n_{Halbleiter}\right)^2}$$

Bei exemplarischer Rechnung für $n_{Umgebung} = 1$ und $n_{Halbleiter} = 3,5$ (GaAs) so erhält man $\eta_{fr} \cong 0,7$. Durch Vergüten der Oberfläche kann man diese Verluste deutlich reduzieren.

Wenn das abgestrahlte Licht in eine Glasfaser eingekoppelt werden soll, bietet sich auch ein Vergießen von LED und Glasfaserende mit transparentem Kleber an. Dadurch wird der Brechzahlsprung reduziert, auch beim Übergang in die Glasfaser.

Der größte Verlustanteil η_{tr} entsteht durch Totalreflexion eines großen Teils des Lichts an der Oberfläche der LED (Übergang vom dichteren Medium Halbleiter zum dünneren Medium Luft). Der Grenzwinkel für Totalreflexion ergibt sich nach dem Snellius'schen Brechungsgesetz zu:

$$\vartheta_{grenz} = \arcsin\left(n_{Umgebung} / n_{Halbleiter}\right)$$

Wählt man wiederum $n_{Umgebung} = 1$ und $n_{Halbleiter} = 3,5$ (GaAs) so gilt $\vartheta_{grenz} \cong 17°$. Der Anteil der optischen Leistung der innerhalb des Grenzwinkels für Totalreflexion liegt, ergibt sich zu:

$$\eta_{tr} = \frac{1}{2} \frac{\int_0^{2\pi} \int_0^{\vartheta_{grenz}} \cos(\vartheta) \cdot \sin(\vartheta) \cdot d\vartheta d\varphi}{\int_0^{2\pi} \int_0^{\pi/2} \cos(\vartheta) \cdot \sin(\vartheta) \cdot d\vartheta d\varphi} = \frac{1}{2} \frac{\int_0^{\vartheta_{grenz}} \cos(\vartheta) \cdot \sin(\vartheta) \cdot d\vartheta}{\int_0^{\pi/2} \cos(\vartheta) \cdot \sin(\vartheta) \cdot d\vartheta} = \frac{1 - \cos\left(2\vartheta_{grenz}\right)}{4}$$

Dabei geht man, wie in **Abb. 2.13** angedeutet, außerdem von der Annahme aus, dass die aktive Zone einen Flächenstrahler mit Kosinuscharakteristik (Lambert'scher Strahler) darstellt. Der Faktor 1/2 berücksichtigt den nach 'unten' abgestrahlten Teil des Lichts. Die Integration erfolgt in Kugelkoordinaten. Mit dem Grenzwinkel von 17 ° erhält man lediglich einen Teilwirkungsgrad η_{tr} von ca. 0,044. Durch Vergüten der Oberfläche oder Vergießen (**Abb. 2.15**) lässt er sich zwar deutlich verbessern, der Gesamtwirkungsgrad des Flächenstrahlers bleibt dennoch sehr klein. Dazu kommt gegebenenfalls noch der Wirkungsgrad der Einkopplung in eine Glasfaser.

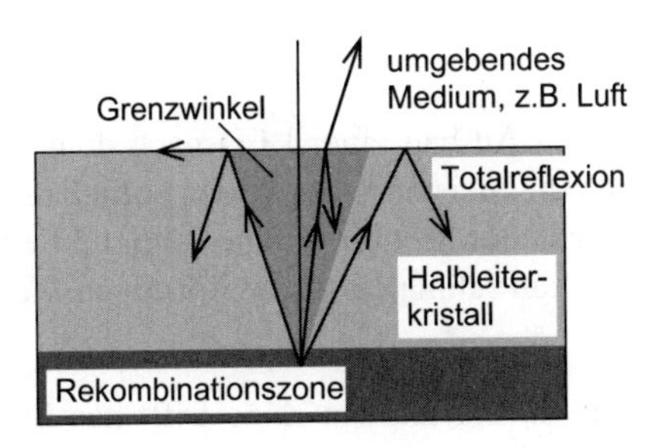

Abb. 2.13: *Reflexionsverluste [6]*

Durch die nur schwach gerichtete **Abstrahlung** des Lichts aus der aktiver Zone und die Brechung bzw. die Totalreflexion an Oberfläche entsteht eine stark divergente Abstrahlung mit Kos-Charakteristik (Lambert'scher Strahler **Abb. 2.14**).

$$S(\vartheta)/S(0) = \cos(\vartheta)$$

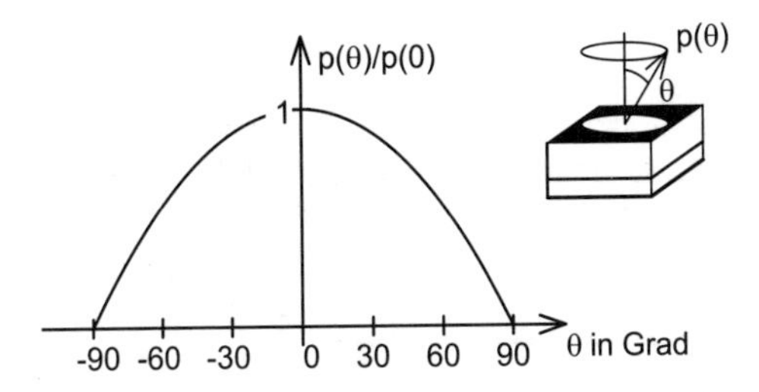

Abb. 2.14: *Abstrahlcharakteristik des Lambert'schen Strahlers [6]*

Ein Reduktion der Strahldivergenz durch Linsen ist möglich. Dies kann durch die Form des Körpers der LED oder eine zusätzliche Linse erreicht werden (**Abb. 2.15**).

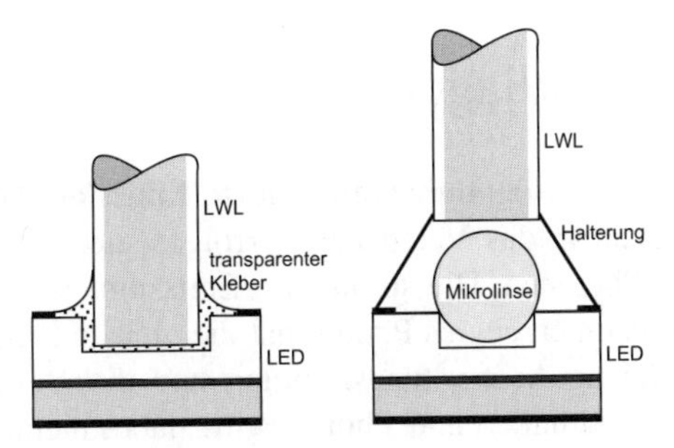

Abb. 2.15: *Ankopplung des Flächenemitters an Glasfaser [55]*

Kantenemitter

Abb. 2.16 zeigt schematisch den Aufbau einer LED nach dem Prinzip des Kantenemitters. Nach diesem Prinzip sind auch die meisten Laserdioden aufgebaut. Die Doppelheterostruktur begrenzt die aktive Zone in vertikaler Richtung. Eine seitliche Begrenzung der aktiven Zone wird durch Stromzufuhr über einen schmalen streifenförmigen Metallkontakt an der Oberseite der LED erreicht.

Infolge der Führung des Lichts in der aktiven Zone trifft das Licht senkrecht bzw. nahezu senkrecht auf die Oberfläche auf. Reflexionsverluste durch Totalreflexion entfallen also. Die Absorption von Photonen tritt nur in der aktiven Zone auf und wird durch nachfolgende Rekombination kompensiert. Der optische Wirkungsgrad η_{opt} ist wesentlich höher als beim Flächenemitter.

Ein weiterer Vorteil ist die kleine Austrittsfläche, typisch 1 µm x 8 µm. Die Führung des Lichts in der aktiven Zone der LED führt außerdem zu einer wesentlich besseren Richtwirkung bei der Abstrahlung als beim Flächenemitter. Der Wirkungsgrad der Einkopplung in eine Glasfaser wir durch diese Eigenschaften stark verbessert.

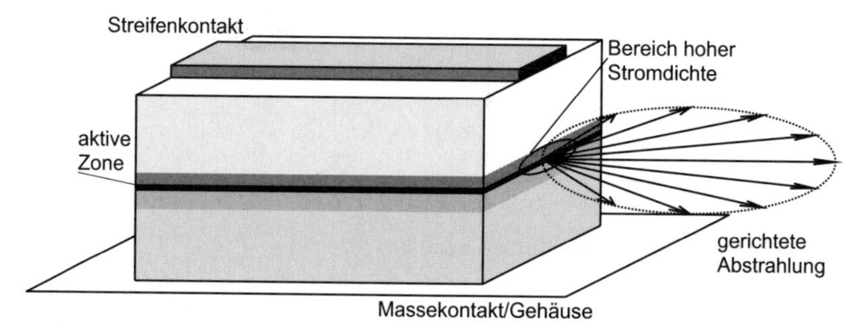

Abb. 2.16: Aufbau des Kantenemitters [27], [37]

2.2 Laser-Grundlagen

Die Lichterzeugung im Laser erfolgt durch **stimulierte Emission**. Die Übergänge von Elektronen aus dem Leitungsband in das Valenzband erfolgen nicht zufällig, sondern stimuliert durch bereits vorhandene Photonen. Die stimulierte Emission erzeugt **kohärentes** Licht d.h. ein durch stimulierte Emission erzeugtes Photon hat die gleiche Frequenz bzw. Wellenlänge, die gleiche Phase, die gleiche Ausbreitungsrichtung und die gleiche Polarisation wie das stimulierende Photon. Das stimulierende Photon wird dabei nicht verändert. Wie in **Abb. 2.17** skizziert kann der Vorgang der stimulierten Emission mehrfach wiederholt als sogenannter Lawinenprozess ablaufen. Daraus ergibt sich eine Verstärkung des Lichts. Der Begriff Laser stellt eine Abkürzung dar:

LASER = **L**ight **A**mplification by **S**timulated **E**mission of **R**adiation

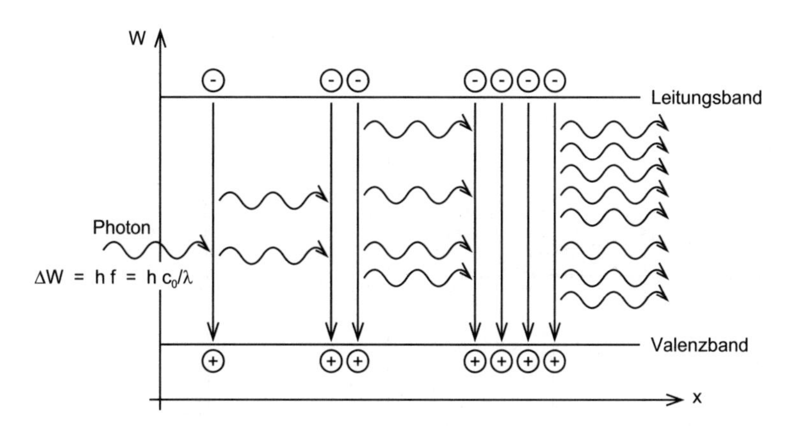

Abb. 2.17: Optische Verstärkung durch Stimulierte Emission [27]

Das optische Spektrum eines kontinuierlich strahlenden Lasers ist wesentlich schmaler als das einer LED. Typische Werte reichen von einigen nm bis in den pm-Bereich. **Abb. 2.18** veranschaulicht die Entstehung des schmalen Spektrums. Die Anzahl und Lage möglicher Energieniveaus ist die gleiche wie bei der LED. Außerdem muss das Pauli'sche Ausschließungsprinzip [5] auch beim Laser gelten, d.h. es können sich nicht mehr als zwei Elektronen bzw. Löcher auf dem gleichem Energieniveau aufhalten.

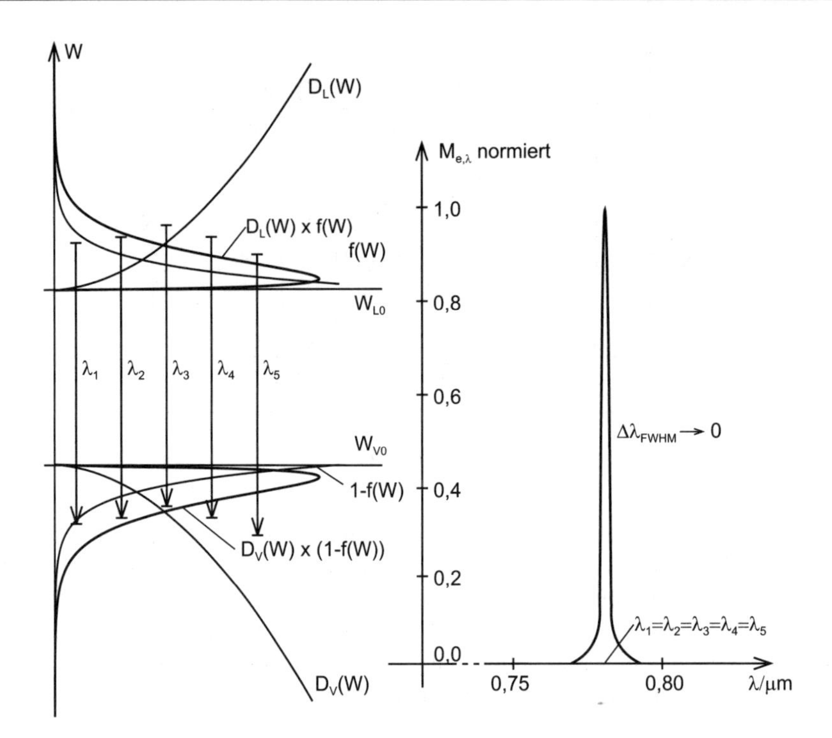

Abb. 2.18: *Entstehung des Spektrums eines Lasers (Band – Band-Rekombinationen)*

Die Energiedifferenzen zwischen den Niveaus der Elektronen und der Löcher, die miteinander rekombinieren sind bei der stimulierten Emission nicht zufällig verteilt, sondern werden durch die Energie des stimulierenden Photons bestimmt. Es erfolgt also eine Auswahl "passender" Reaktionspartner. Dies kann nur mit hohem Wirkungsgrad funktionieren, wenn sich viele Elektronen im Leitungsband aufhalten und dementsprechend viele Löcher im Valenzband. Man spricht dann von der **Besetzungsinversion**. Die Voraussetzung für die Herstellung dieses Zustands ist unter anderem eine ausreichende Energiezufuhr in Form von Pumpenergie. Bei verschiedenen Laserarten werden die folgenden Varianten der Energiezufuhr genutzt [56].

- Pumpen durch Gasentladung (Gaslaser)
- Optisches Pumpen durch Blitzlampe oder Halbleiterlaser (Festkörperlaser)
- Chemisches Pumpen (Farbstofflaser)
- Ladungsträgerinjektion an PN-Übergang (Halbleiterlaser)

Abb. 2.19 zeigt schematisch den Aufbau und die Funktionsweise eines Lasers nach dem Fabry-Perot-Prinzip. Wenn der Laser als Lichtquelle (Oszillator) arbeiten soll, dann wird ein optischer Resonator hoher Güte zur Rückkopplung und Selektion einer Wellenlänge benötigt. Beim Fabry-Perot-Laser besteht der Resonator aus zwei parallel angeordneten Spiegeln. Durch die Reflexion an den Spiegeloberflächen erfolgt die Rückkopplung. Durch den Abstand der Spiegel wird die selektierte Wellenlänge festgelegt. Die Einzelheiten werden weiter unten noch näher erläutert. Um Licht auskoppeln zu können, muss einer der Spiegel teildurchlässig sein.

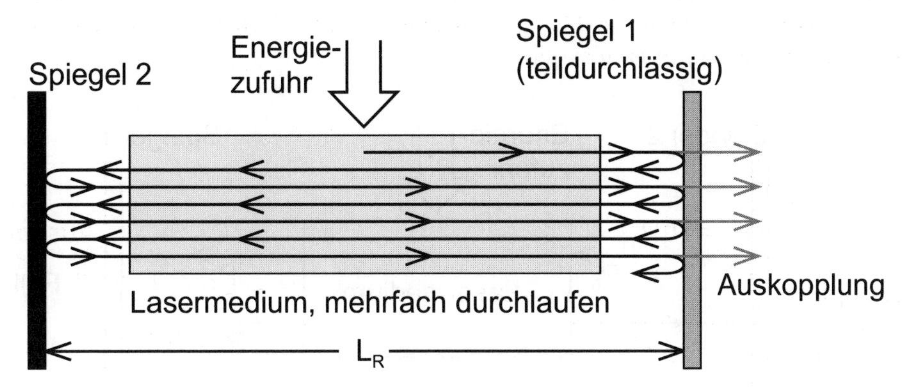

Abb. 2.19: *Prinzipieller Aufbau eines Lasers (Fabry-Perot-Prinzip) [27]*

Verluste entstehen durch Absorption von Photonen (Anhebung von Elektronen ins Leitungsband), durch Lichtauskopplung am teildurchlässigem Spiegel und durch Spiegelverluste (Reflexionsfaktor < 100%). Zur Aufrechterhaltung der Schwingung ist eine ausreichende optische Verstärkung erforderlich (Umlaufverstärkung ≥ 1). Voraussetzung ist eine ausreichende Besetzungsinversion. Die Verstärkung bei einem Durchgang durch das Lasermedium beträgt:

$$T_V = e^{g \cdot l_{Medium}}$$

Mit g als Verstärkungskoeffizient im Lasermedium, abhängig von der Pumpenergie. l_{Medium} gibt die Länge des Lasermediums an. Die Dämpfung bei einem Durchgang durch das Lasermedium beträgt:

$$T_D = e^{-\alpha \cdot l_{Medium}}$$

Mit α als Extinktionskoeffizienten im Lasermedium. Betrachtung eines Umlaufs ergibt:

$$\underbrace{R_1 \cdot e^{g \cdot l_{Medium}} \cdot e^{-\alpha \cdot l_{Medium}}}_{Hinweg} \cdot \underbrace{R_2 \cdot e^{g \cdot l_{Medium}} \cdot e^{-\alpha \cdot l_{Medium}}}_{Rückweg} = T$$

(R_1 = Reflexionsfaktor Spiegel 1, R_2 = Reflexionsfaktor Spiegel 2)

Die Schwingbedingung lautet:

$$T \geq 1$$

Daraus ergibt sich folgende Bedingung für den Verstärkungskoeffizienten:

$$g \geq \alpha - \frac{1}{2 \cdot l_{Medium}} \cdot \left(\ln(R_1) + \ln(R_1)\right)$$

Abb. 2.20 fasst die Verlust- und Verstärkungsmechanismen in einer graphischen Darstellung zusammen. Dabei werden die Strahlungsanteile, die in andere Richtungen als die Hauptrichtungen emittiert werden, vernachlässigt.

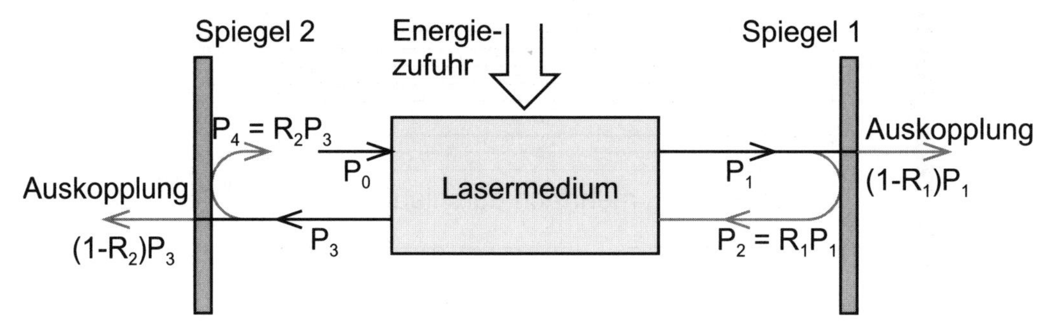

Abb. 2.20: Verlust- und Verstärkungsmechanismen, schematisch] [6]

2.3 Laserdioden

Laserdioden sind die meistverwendeten Lichtquellen für optische Nachrichtenübertragung. Verglichen mit LED´s weisen sie eine Reihe von vorteilhaften Eigenschaften auf:

- Hohe Bandbreite
- Hoher Wirkungsgrad
- Effektive Einkopplung in Lichtwellenleiter
- Schmales optisches Spektrum
- Kompakter Aufbau

Bei einfachen Anwendungen können allerdings auch folgende Nachteile der Laserdioden für die Verwendung von LED´s sprechen:

- Komplexere Ansteuerelektronik
- Höherer Preis

2.3.1 Fabry-Perot-Laser

Auch bei den Laserdioden stellt das Fabry-Perot-Prinzip die einfachste Variante dar. Die Herstellung der Resonatorspiegel geschieht ganz einfach durch Bedampfen der glatt geschliffenen Resonatorenden mit einer spiegelnden Schicht (**Abb. 2.21**). Ausreichend ist auch die Nutzung der Reflexion am Brechzahlsprung beim Grenzübergang von Halbleiter zu Luft, wobei in diesem Fall das Licht an beiden Enden des Lasers austritt.

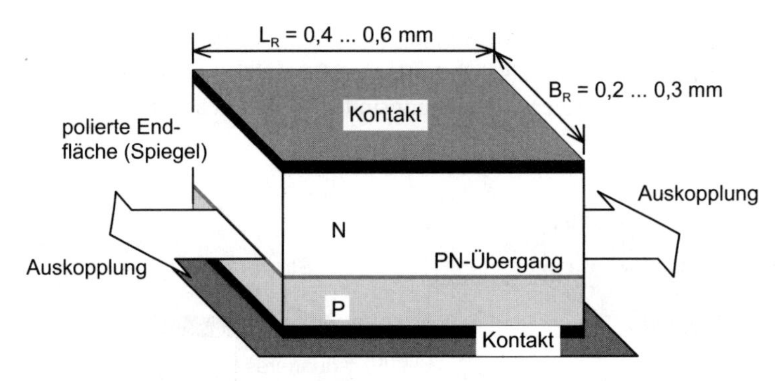

Abb. 2.21: *Diodenlaser nach Fabry-Perot-Prinzip [29]*

Hohe Wirkungsgrade erhält man durch die Doppelheterostruktur wie bei der Doppelhereostruktur-LED. Häufig wird in das Diodengehäuse noch eine zusätzliche Photodiode, die Monitordiode, integriert, die eine Überwachung der nach "hinten" abgestrahlten Leistung ermöglicht (**Abb. 2.22**). Damit lässt sich eine automatische Leistungsregelung realisieren. Die Monitordiode kann aber auch zur einfachen Leistungsüberwachung bzw. zum Selbsttest der Laserdiode dienen.

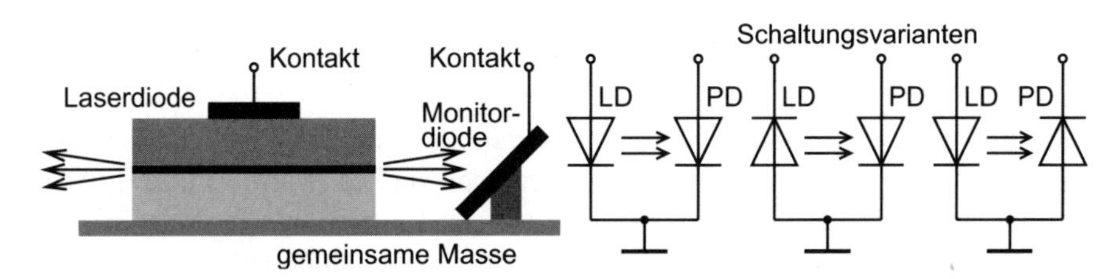

Abb. 2.22: *Laserdiode mit Monitordiode*

Wichtig für eine effektive Einkopplung in Lichtwellenleiter ist eine seitliche Begrenzung der aktiven Zone. Eine kleine Licht emittierende Fläche vereinfacht die Einkopplung, insbesondere in Monomodefasern mit Kerndurchmessern in der Größenordnung von 10 µm. Man unterscheidet zwei Prinzipien:

Die **Gewinnführung** beruht auf der Konzentration der Stromdichte in einem möglichst schmalen Bereich der aktiven Zone. Wie in **Abb. 2.23** skizziert, wird dies durch Stromzufuhr über einen schmalen Streifenkontakt erreicht. Unter dem Streifenkontakt bildet sich eine Zone mit relativ hoher Stromdichte. Nur in diesem Bereich ist die Besetzungsinversion und somit die optische Verstärkung (der Gewinn) ausreichend, um die Verstärkungsbedingung zu erfüllen. Die Bedingungen sind für mehrere Wellenlängen erfüllt. Es entsteht ein Modenspektrum. In den umgebenden Bereichen mit niedriger Stromdichte reicht die Verstärkung nicht aus.

Die **Indexführung** beruht auf der Ausbildung einer Wellenleiterstruktur, die das Licht in der aktiven Zone der Laserdiode mittels Totalreflexion führt. Die seitlichen Begrenzungsschichten müssen also einen niedrigeren Brechungsindex besitzen als das Material der aktiven Zone.

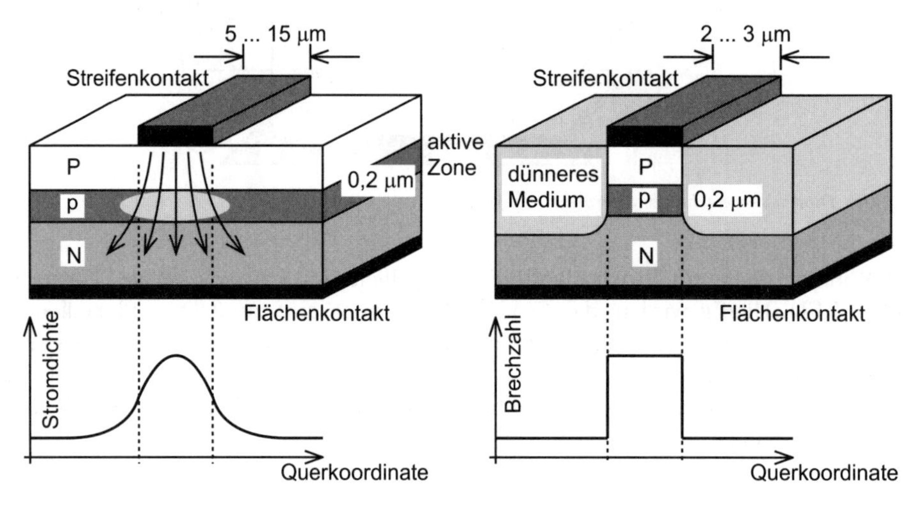

Abb. 2.23: *Gewinnführung und Indexführung, schematisch [6]*

Die Indexführung führt zu einer schärfer begrenzten und kleineren Licht emittierenden Fläche. Typisch für indexgeführte einmodige Laserdioden sind ca. 1 μm × 3 μm, im Vergleich zu ca. 1 μm×8 μm bei gewinngeführten mehrmodigen Laserdioden. In **Abb. 2.24** erkennt man das daraus resultierende bessere Modenspektrum bei Indexführung.

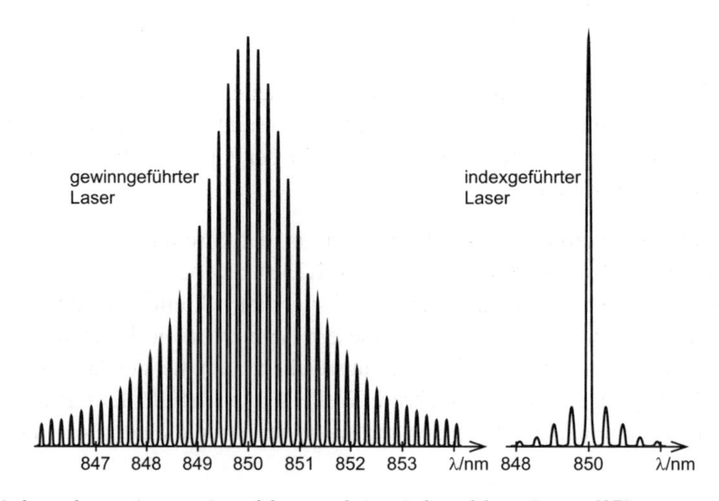

Abb. 2.24: *Modenspektrum eines gewinngeführten und eines indexgeführten Lasers [27]*

Entstehung des Modenspektrums

Abb. 2.25 zeigt schematisch die longitudinalen Resonatormoden (stehenden Wellen) in einem Fabry-Perot-Resonator. Auf den Spiegeloberfläche müssen Nullstellen der elektrischen Feldstärke (Schwingungsknoten) liegen. Da diese Bedingung nur für diskrete Wellenlängen erfüllt ist, entsteht ein Linienspektrum.

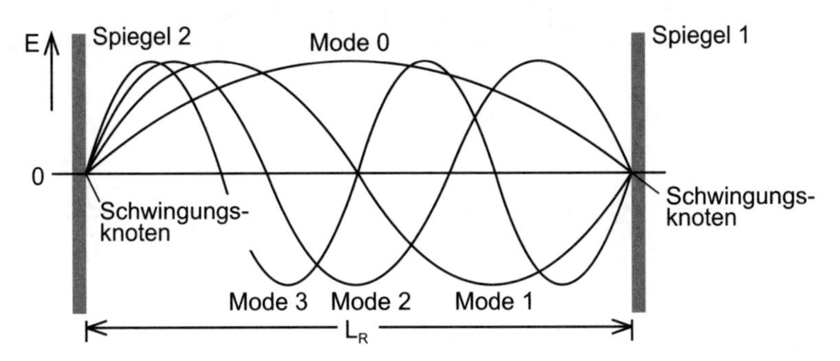

Abb. 2.25: Diskrete longitudinale Resonatormoden

In **Tab. 2.3** sind die Periodenlängen der stehenden Wellen als Bruchteile der doppelten Resonatorlänge $2 \cdot L_R$ aufgelistet bzw. für die Modenummer i angegeben.

Tab. 2.3: Periodenlängen der Resonatormoden

Modenummer	Periodenlänge
0	$\lambda_0 = 2 \cdot L_R / 1$
1	$\lambda_1 = 2 \cdot L_R / 2$
2	$\lambda_2 = 2 \cdot L_R / 3$
3	$\lambda_3 = 2 \cdot L_R / 4$
I	$\vdots$ $\lambda_i = 2 \cdot L_R / (i+1)$ $\vdots$

Theoretisch könnten unendlich viele Resonatormoden existieren. Die Verstärkungskurve des Lasermaterials selektiert jedoch nur den Wellenlängenbereich, in dem die Umlaufverstärkung größer gleich 1 ist. **Abb. 2.26** zeigt schematisch die Modenselektion durch das Zusammenwirken der Resonatormoden und der Verstärkungskurve.

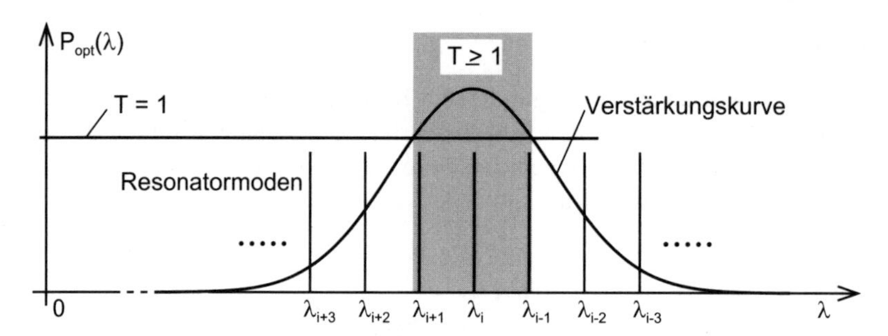

Abb. 2.26: *(Longitudinal-)Modenselektion, schematisch*

Linienabstand:
$$\Delta\lambda = \lambda_{i-1} - \lambda_i = \frac{2 \cdot L_R}{i} - \frac{2 \cdot L_R}{i+1} = \frac{2 \cdot L_R}{i \cdot (i+1)} = \frac{2 \cdot L_R}{\frac{i}{i+1} \cdot (i+1)^2}$$

Näherung für i >> 1:
$$\Delta\lambda = \frac{2 \cdot L_R}{(i+1)^2} = \frac{\lambda_i^2}{2 \cdot L_R} \quad \text{bzw.} \quad L_R = \frac{\lambda_i^2}{2 \cdot \Delta\lambda}$$

Zusätzliche (Transversal-)Moden entstehen in Resonatoren mit großer Querschnittsfläche (**Abb. 2.27**). Laserdioden mit einer kleinen Querschnittsfläche der aktiven Zone, typisch sind Abmessungen von 1 µm × 3 µm, arbeiten im Monomodebetrieb.

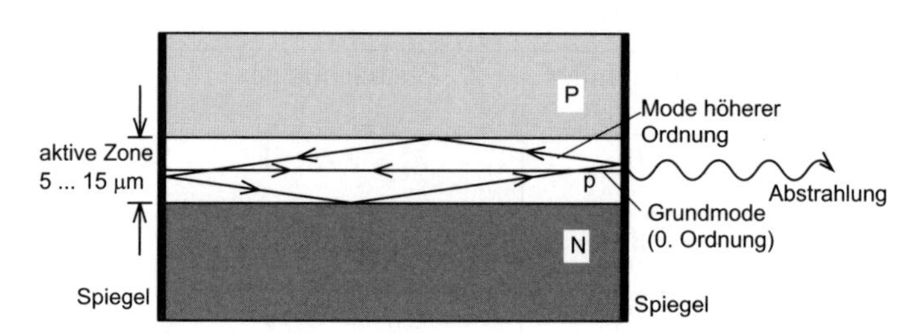

Abb. 2.27: *Entstehung von transversalen Resonatormoden nach geometrischer Optik [27]*

Richtcharakteristik der Abstrahlung des Lichts einer Laserdiode

Wie bei einer Antenne bestimmt die Beugung das Abstrahlverhalten einer Laserdiode. Die Verteilung der Feldstärke im Fernfeld hängt von der geometrischen Verteilung der Feldstärke auf der Stirnfläche der Laserdiode, d.h. im Nahfeld, sowie von der Wellenlänge des Lichts ab. Ein Monomode-Laser weist eine anisotrope ($\sigma_x \neq \sigma_y$) Gaußverteilung der Leistungsdichte $p_{nah}(x, y)$ auf der Stirnfläche auf (**Abb. 2.28**).

$$p_{nah}(x, y) = p_{n0} \cdot e^{-0.5(x/\sigma_x)^2} \cdot e^{-0.5(y/\sigma_y)^2}$$

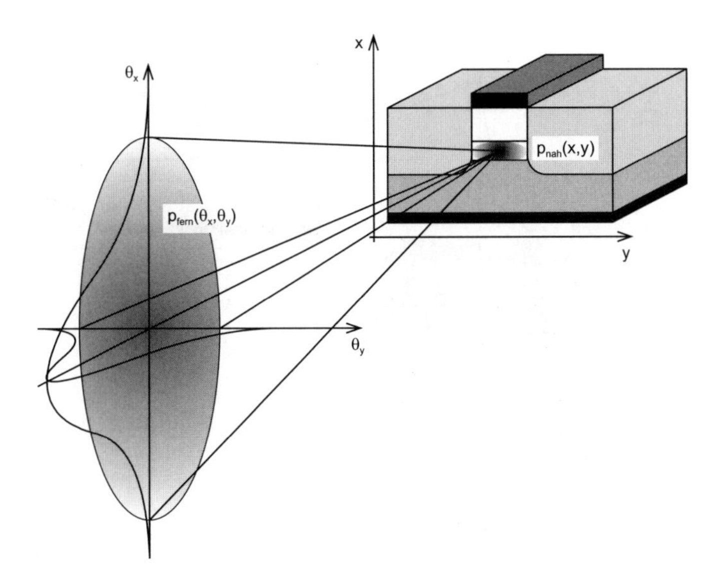

Abb. 2.28: Richtcharakteristik der Abstrahlung beim Monomode-Laser [6]

Daraus ergibt sich eine ebenfalls anisotrope ($\sigma_{\theta x} \neq \sigma_{\theta y}$) Gaußverteilung der Leistungsdichte $p_{fern}(\theta_x, \theta_y)$ im Fernfeld. Man spricht auch vom Astigmatismus der Laserdiode.

$$p_{fern}(\theta_x, \theta_y) = p_{f0} \cdot e^{-0.5(\theta_x/\sigma_{\theta x})^2} \cdot e^{-0.5(\theta_y/\sigma_{\theta y})^2}$$

Entsprechend den Gesetzen der Beugung erhält man eine kleine Strahldivergenz bei großer Öffnung bzw. eine große Strahldivergenz bei kleiner Öffnung.

$$\sigma_{\theta x} \propto \frac{1}{\sigma_x} \qquad \sigma_{\theta y} \propto \frac{1}{\sigma_y}$$

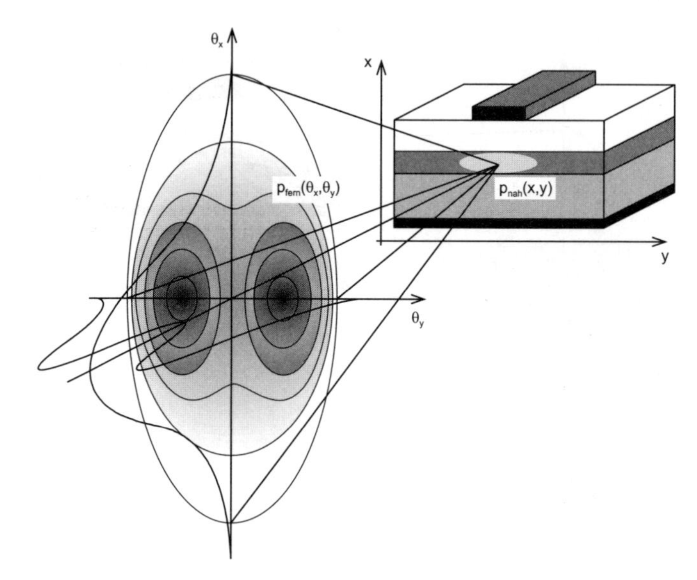

Abb. 2.29: Richtcharakteristik der Abstrahlung beim Multimode-Laser [27]

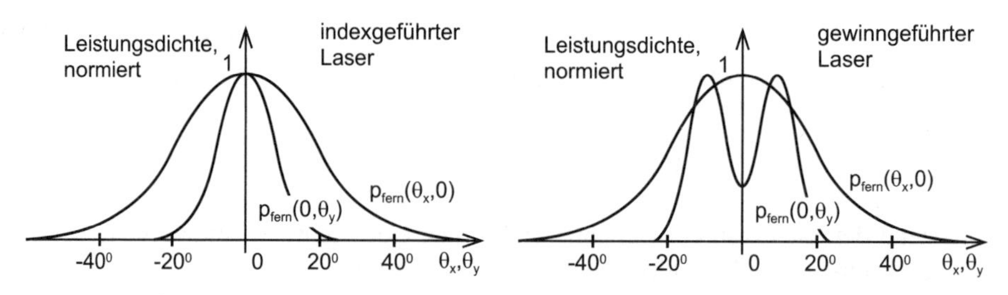

Abb. 2.30: Strahldivergenzen senkrecht und parallel zum Streifenemitter (gewinngeführt = multimode) [6]

Abb. 2.29 und **Abb. 2.30** zeigen die Richtcharakteristik der Abstrahlung und die Strahldivergenzen beim multimode Laser.

Bei der Einkopplung des Lichts in eine rotationssymmetrische Glasfaser führt der Astigmatismus zu Leistungsverlusten in Richtung der großen Strahldivergenz. Verbesserungen erzielt man durch Verwendung von Korrekturoptiken, z.B. Zylinderlinsen (**Abb. 3.31**) oder Anamorphote. Die anamorphotische Strahlformoptik erzeugt aus einem elliptischsymmetrischen ein radialsymmetrisches Strahlenbündel, indem der große Strahldurchmesser verkleinert und dem kleinen Strahldurchmesser angepasst wird (**Abb. 2.32**).

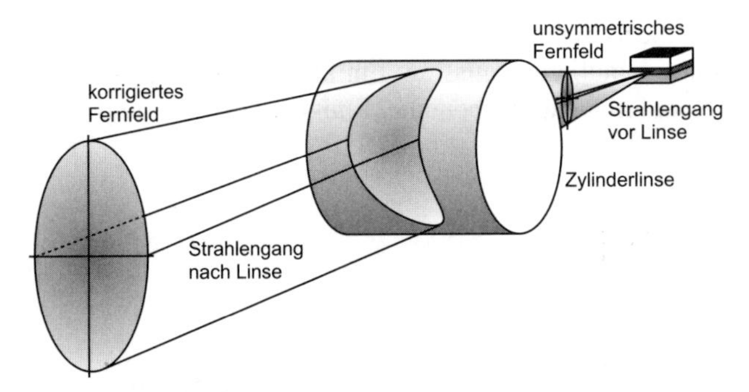

Abb. 2.31: *Korrektur des Astigmatismus mit Zylinderlinse, schematisch*

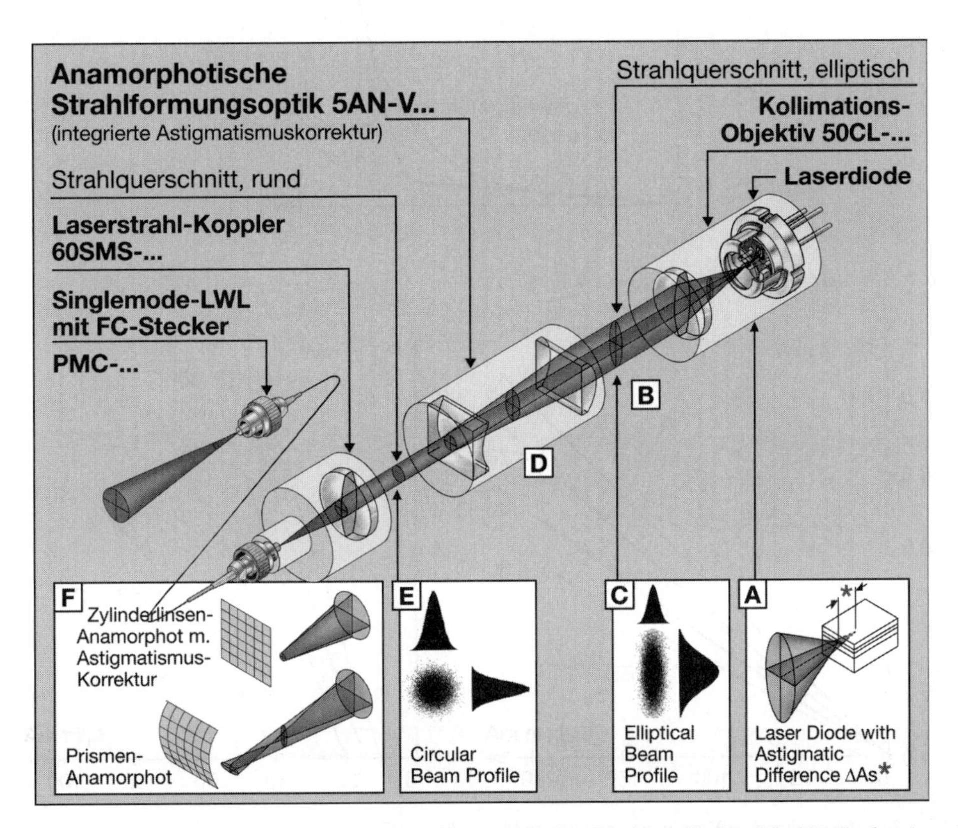

Abb. 2.32: *Handelsübliche anamorphotische Korrekturoptik(Quelle: Schäfter + Kirchhoff GmbH, Hamburg)*

Elektrooptische Kennlinie P_{opt} = Fkt.(I)

Die elektrooptische Kennlinie der Laserdiode zeigt zwei verschiedene Bereiche. Bei kleinem Injektionsstrom kommt keine ausreichende Besetzungsinversion zustande. Die Emission erfolgt spontan. Die Laserdiode verhält sich also wie eine LED. Nach Überschreiten des

Schwellstroms I_s ist die Besetzungsinversion so stark, dass die Verstärkungsbedingung erfüllt ist und es erfolgt stimulierte Emission. Ein kleiner Teil des Lichts wird jedoch auch in diesem Teil der Kennlinie durch spontane Emission erzeugt und stellt eine zusätzliche Rauschquelle dar.

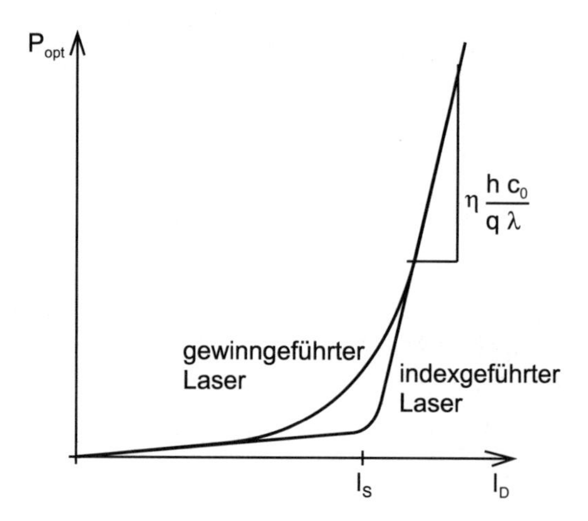

Abb. 2.33: Elektrooptische Kennlinie, schematisch [6]

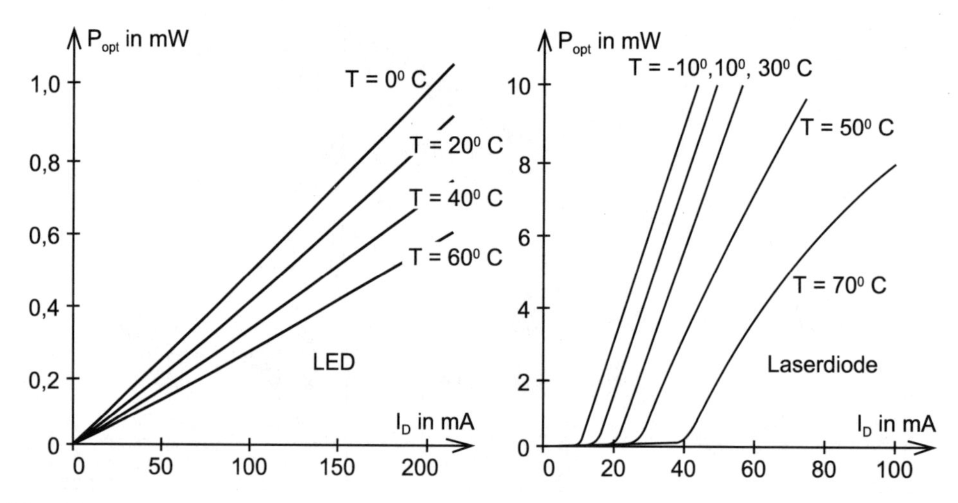

Abb. 2.34: Elektrooptische Kennlinien von LED und Laserdiode [37]

Die Temperaturabhängigkeit der Laserleistung ist bei automatischer Regelung auf konstante optische Leistung kritisch, da eine Temperaturerhöhung zu einem höheren Injektionsstrom führt, der die Temperatur weiter erhöht und so ein Aufschaukeln bewirkt. Ohne zusätzliche Begrenzungsmaßnahmen führt dieser positiv rückgekoppelte Prozess zur Zerstörung der Laserdiode.

Analogübertragung mit Laserdioden

Eine verzerrungsarme Übertragung von Analogsignalen ist nur im linearen Teil der Kennlinie, bei Injektionsströmen oberhalb des Schwellstroms möglich (**Abb. 2.35**). Bei Betrieb unterhalb des Schwellstromes verfälscht die nichtlineare Übertragungskennlinie die Signale. Zur sicheren Einhaltung dieser Vorgabe, auch bei wechselnden Umgebungsbedingungen, ist eine sehr präzise Arbeitspunktregelung erforderlich. Problematisch sind auch Exemplarstreuungen der Diodendaten, d.h. nach Ersetzen der Laserdiode durch eine Diode gleichen Typs ist ein neuer Abgleich der Arbeitspunktregelung erforderlich.

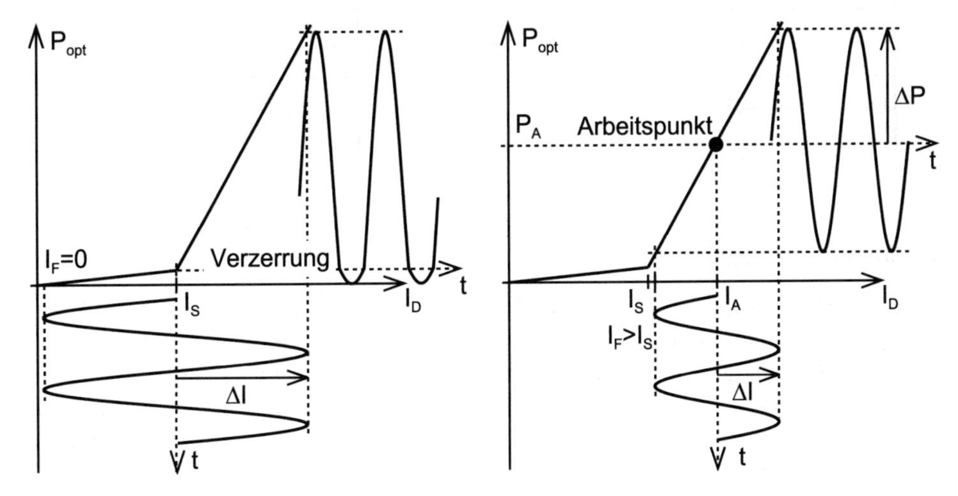

Abb. 2.35: *Analogübertragung [37]*

Digitalübertragung mit Laserdioden

Bei Übertragung von Digitalsignalen ist die Arbeitspunktregelung unkritischer (**Abb. 3.36**). Selbst bei leichten Verzerrungen der Rechteckimpulse lassen sich die binären Zustände noch sicher unterscheiden. Die optische Nachrichtenübertragung wird daher überwiegend digital durchgeführt. Einen zusätzlichen Vorteil stellt die Regenerierbarkeit des Digitalsignals dar. Digitale lassen sich uneingeschränkt in ihrer Amplitude, ihrer Form und in ihrem Zeitbezug wieder regenerieren.

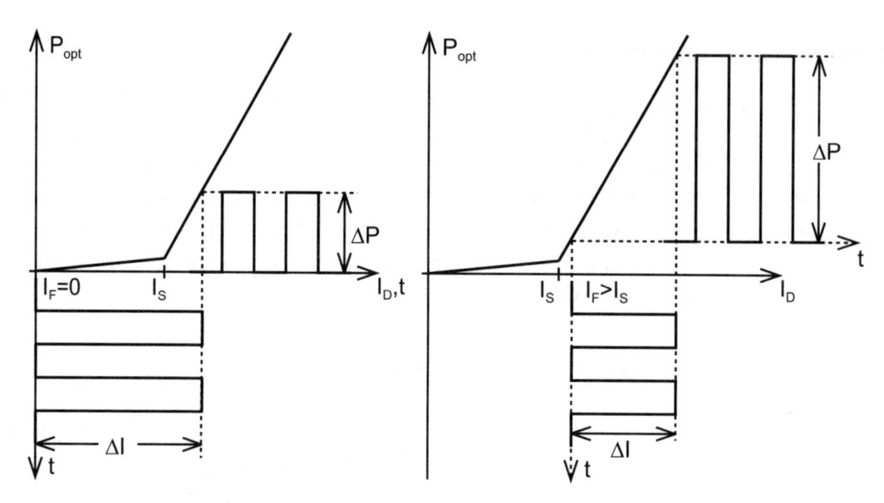

Abb. 2.36: Digitalübertragung [37]

Modulationsverhalten

Prinzipiell stellt eine Laserdiode ein nichtlineares Bauelement dar. Die mathematische Berechnung des erzeugten optischen Signals erfolgt durch Lösung eines Systems von zwei gekoppelten Differentialgleichungen, welche die zeitliche Entwicklung der Elektronen- und der Photonenanzahl in der aktiven Zone beschreiben. Da beide Differentialgleichungen nichtlinear sind, gibt es nur numerische Lösungen. Das Ergebnis einer solchen Berechnung ist in **Abb. 2.37** dargestellt.

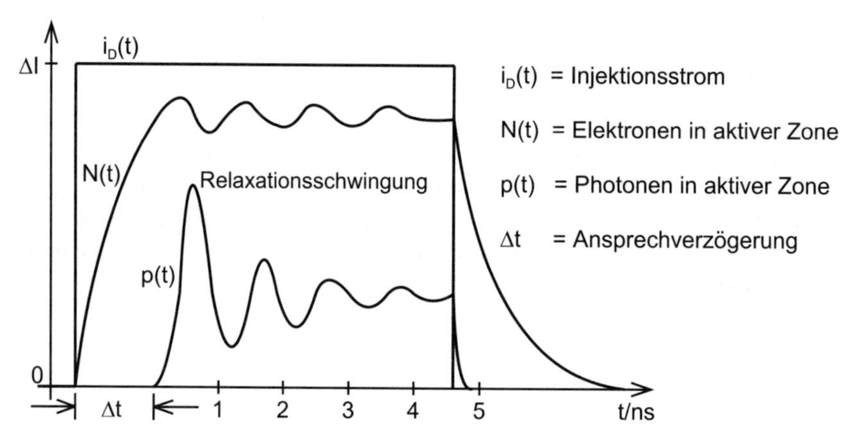

Abb. 2.37: *Einschwingverhalten einer Laserdiode mit Doppelheterostruktur [50]*

Bei Einspeisung eines Vorstroms unterhalb des Schwellstroms tritt eine Ansprechverzögerung Δt auf. Durch spontane Rekombination bei Betrieb unterhalb des Schwellstroms sinkt die Ladungsträgerdichte zunächst ab. Dieser Ladungsträgermangel muss erst ausgeglichen werden woraus die Ansprechverzögerung resultiert.

$$\Delta t = \tau_L \cdot \ln\left(\frac{\Delta I - I_F}{\Delta I - I_S}\right)$$

mit:

$I_{F(orward)}$ = Vorstrom

I_S = Schwellstrom

τ_L = Ladungsträgerlebensdauer

τ_P = Photonenlebensdauer

$$f_k = \frac{1}{2\pi} \cdot \sqrt{\frac{I_F / I_S - 1}{\tau_L \cdot \tau_P}} \text{ = Frequenzparameter} \qquad f_k \cong 1\,GHz$$

Der Frequenzparameter f_k beschreibt die Relaxationsschwingung der Laserdiode. Im vereinfachten linearen Ersatzschaltbild stellt die Laserdiode einen Tiefpass 2. Ordnung dar. Dies gilt allerdings nur bei Betrieb komplett oberhalb des Schwellstroms, d.h. es muss ein korrekter Vorstrom eingestellt werden.

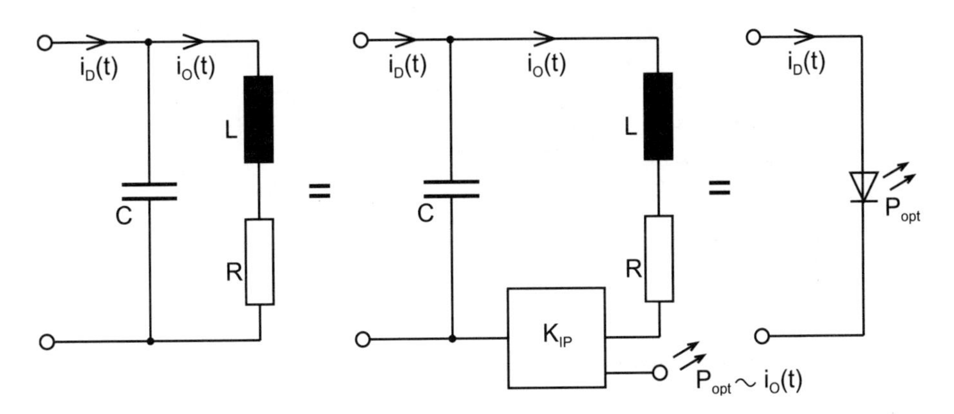

Abb. 2.38: *Vereinfachtes Ersatzschaltbild einer Laserdiode [6]*

Die Übertragungsfunktion $\Delta P_{opt}(f)/\Delta I(f)$ beschreibt das Verhältnis der Änderung $\Delta P_{opt}(f)$ der optischen Leistung zur Änderung $\Delta I(f)$ des Injektionsstroms bei der Frequenz f. Der Dämpfungsparameter Δ repräsentiert die exponentielle Dämpfung der Relaxationsschwingung.

$$\frac{\Delta P_{opt}(f)}{\Delta I(f)} \propto \frac{1}{1 - \left(\frac{f}{f_k}\right)^2 + j2\Delta \frac{f}{f_k}} \qquad \Delta = \frac{1}{4\pi f_k \tau_L} \cdot \frac{I_F}{I_S}$$

2.3.2 Distributed Bragg (DBR) Laser

Bei einem Diodenlaser mit Fabry-Perot-Resonator ist die Kristalllänge L auch die Resonatorlänge L_R. L_R legt den Linienabstand $\Delta\lambda$ der Longitudinalmoden fest. In GaAlAs-Lasern zum Beispiel gilt üblicherweise:

$$L_R \cong 400\ \mu\text{m} \qquad \rightarrow \Delta\lambda \cong 0{,}2\ \text{nm}$$

Dieser Abstand ist so gering, dass im Wellenlängengebiet positiver optischer Verstärkung sehr viele Moden liegen. Daraus resultiert ein Viellinienspektrum. Wenn dagegen der Resonator so gestaltet wird, dass innerhalb des Spektralbereiches positiver Verstärkung nur eine einzige Wellenlänge die Oszillatorbedingung nach phasenrichtiger Rückkoppelung erfüllt, dann kann ein derartiger Laser prinzipiell nur diese einzige Linie emittieren.

Abb. 2.39: zeigt eine Lichtwelle, die einen in z-Richtung gelegten lichtleitenden Film bzw. Streifen entlang läuft. Die Führung längs des Filmes wird bewirkt durch Brechzahlunterschiede zwischen Kernbereich und Mantelbereichen. In dem Wellenleiter variiert die Dicke d des Kernbereiches periodisch mit einer Periodenlänge Λ:

$$d(z) = d_0 + \hat{d} \cdot \sin(2\pi z/\Lambda)$$

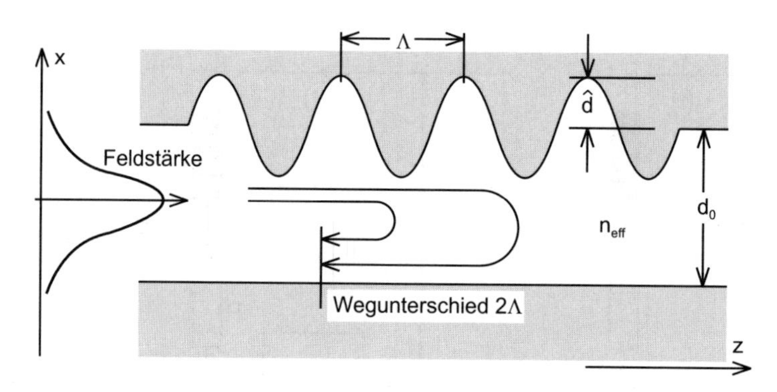

Abb. 2.39: *Bragg-Reflexion, schematisch. [6]*

Die Lichtwelle erstreckt sich in Querrichtung bis in den Mantelbereich und wird somit durch die periodische Störung beeinflusst. An der Störung wird Licht gestreut. Die Stärke und die Ausbreitungsrichtung des Streulichts hängen von der Tiefe $\hat{d}$ der Störung und vom Verhältnis λ^*/Λ der Lichtwellenlänge λ^* im Halbleiter zur Periode Λ ab. Bei Einhaltung der Bragg-Bedingung:

$$\Lambda = m \cdot \lambda^*/2 \quad \Leftrightarrow \quad \lambda^* = \lambda_m^* = 2\Lambda/m \quad mit \quad m = 1, 2, 3, \ldots$$

erfolgt die Streuung genau in Rückwärtsrichtung. Der Wegunterschied zwischen zwei zurück laufenden Lichtwellen, die an Störstellen im Abstand Λ gestreut wurden, beträgt $\delta = 2\Lambda$.

Durch konstruktive Interferenz der Vielzahl in Rückwärtsrichtung gestreuter Lichtwellen wirkt der verteilte Reflektor (Bragg-Reflektor) wie ein einzelner Spiegel mit großem Reflexionsfaktor, auch wenn die Streuung an den Störstellen jeweils nur sehr schwach ist.

Abb. 2.40 zeigt eine Laserdiode mit Bragg-Reflektoren an den Enden der aktiven Zone. Die Endflächen des Halbleiterkristalls müssen entspiegelt sein, ansonsten entsteht zusätzlich das Spektrum eines Fabry-Perot-Reflektors. Die Abkürzung DBR-Laser (Distributed Bragg Reflector) steht für das Funktionsprinzip des Lasers mit verteilter Reflexion. Die Breite des Spektrums eines DBR-Lasers liegt weit unter einem Nanometer.

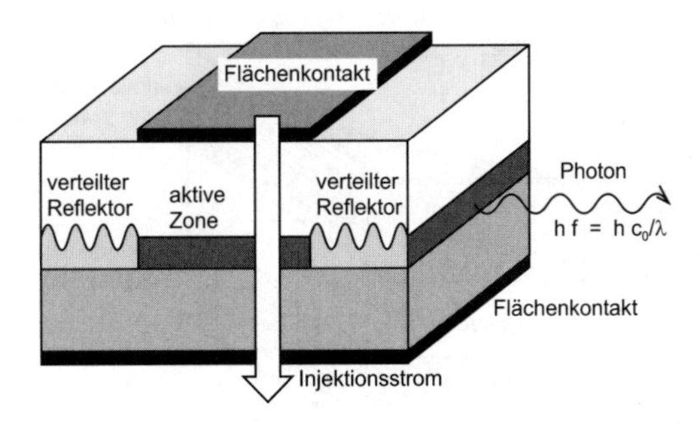

Abb. 2.40: *DBR-Laser [6]*

2.3.3 Distributed Feedback (DFB) Laser

Abb. 2.41 zeigt das Prinzip eines Lasers, bei dem die periodische Gitterstörung über die ganze Länge verteilt ist. Damit ist auch die Rückkopplung (Feed Back) über die ganze Länge verteilt. Die verteilte Reflexion entsteht auf die gleiche Weise wie beim DBR-Laser. Die Abkürzung DFR-Laser (Distributed Feedback Bragg Reflector) steht für das Funktionsprinzip des Lasers mit verteilter Rückkopplung. Die Breite des Spektrums eines DFB-Lasers liegt ebenfalls weit unter einem Nanometer.

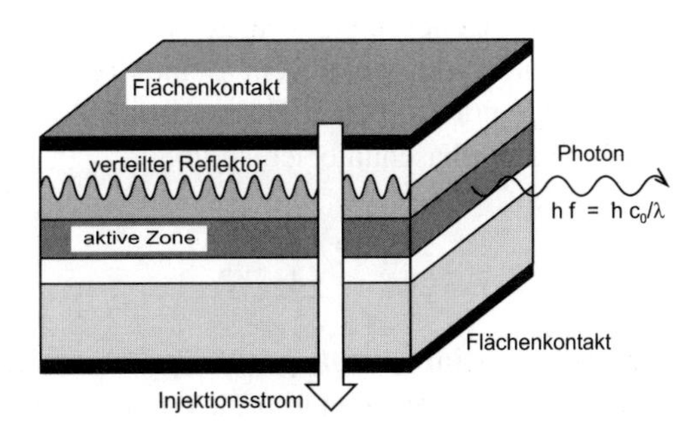

Abb. 2.41: *DFB-Laser [6]*

2.3.4 Vertical Cavity Surface Emitting Laser (VCSEL)

Die meisten Laserdioden sind Kantenemitter. Der Injektionsstrom fließt quer zur Längsachse des Resonators. Die Abstrahlung des Lichts aus einem schmalen Streifen an einer Seitenfläche führt, wie weiter oben erläutert, zu relativ großen Divergenzwinkeln bei unsymmetrischer Abstrahlung. **Abb. 2.42** zeigt am Beispiel einer Laserdiode mit einer Wellenlänge von $\lambda = 980$ nm das alternative Konzept des oberflächenemittierenden Lasers (VCSEL). Das Licht wird senkrecht zur Schichtenstruktur des Lasers in Stromflussrichtung ausgekoppelt.

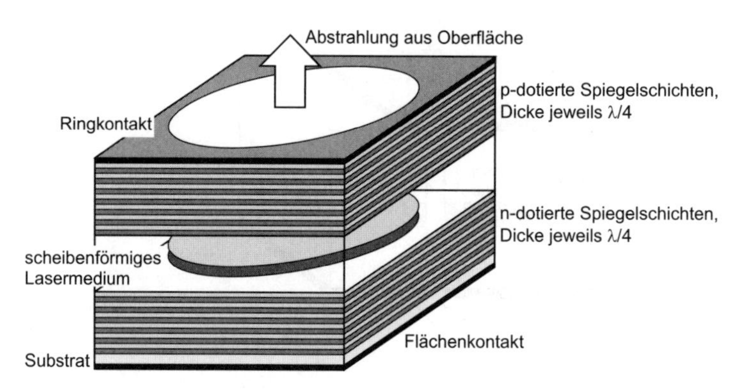

Abb. 2.42: *Aufbau und Funktionsprinzip des VCSEL. [6]*

Als aktive Zone dient ein einzelner Quantentopf aus InGaAs, der zwischen Barrieren aus GaAlAs eingebettet ist. Darüber und darunter ist jeweils eine Reihe von Schichten angeordnet, die abwechselnd aus GaAs und AlAs bestehen. Man unterscheidet den n-dotierten Bereich in dem die Schichten aus n-dotiertem Material bestehen, und den p-dotierten Bereich in dem die Schichten aus p-dotiertem Material bestehen. Zur Erzeugung einer verteilten Reflexion bei der gewünschten Wellenlänge λ^* im Halbleiter beträgt die Dicke jeder einzelnen Schicht $\lambda^*/4$. Die Anzahl der GaAs/AlAs-Doppelschichten liegt auf beiden Seiten der aktiven Zone typischerweise in der Größenordnung von 20. Durch die Brechzahlunterschiede zwischen GaAs- und AlAs-Schichten wird jeweils ein kleiner Teil des Lichts reflektiert, der Reflexionsfaktor beträgt allerdings nur ca. 0,5%. Der optische Wegunterschied der beiden reflektierten Wellen entspricht einem Phasenunterschied von π.

$$n^* \cdot 2 \cdot \frac{\lambda^*}{4} = \frac{\lambda}{2}$$

Eine der beiden Reflexionen erfolgt beim Übergang vom optisch dichteren zum optisch dünneren Medium. Dabei entsteht bei senkrechtem Einfall ein weiterer Phasensprung von π. Insgesamt beträgt der Phasenunterschied also 2π. Durch konstruktive Interferenz aller reflektierten Wellen erhält man, je nach Anzahl der Doppelschichten, insgesamt sehr hohe Reflexionsfaktoren. Die Resonatorlänge liegt nur bei wenigen µm, was zu sehr hohen Resonatorverlusten führt. Durch die hohen resultierenden Reflexionsfaktoren der verteilten Reflektoren lässt sich die für den Laserbetrieb erforderliche Schwellstromdichte und damit die thermische Belastung der Diode trotzdem in Grenzen halten, so dass ein Betrieb ohne zusätzliche Kühlung möglich ist. Die hohen Reflexionsfaktoren führen allerdings zu relativ geringen ausgekoppelten Leistungen. Der differentielle Wirkungsgrad eines VCSEL beträgt daher nur wenige Prozent.

VCSEL's weisen eine Reihe von Vorteilen auf. Infolge der kurzen Resonatorlänge ist das Spektrum monomodig. Die Lichtaustrittsfläche ist kreisförmig und nicht streifenförmig wie beim Kantenemitter. Der Strahlquerschnitt ist daher rotationssymmetrisch, ohne Astigmatismus. Die relativ große Lichtaustrittsfläche (∅ ≅ 10 ... 20 µm) führt zu reduzierter Beugung und damit zu einer Abstrahlung mit geringem Divergenzwinkel. Die Auskopplung des Lichts durch die Oberfläche ermöglicht die kompakte monolithische Anordnung mehrerer VCSEL's in einer Matrixstruktur. Ein weiterer Vorteil besteht darin, dass die einzelnen Laser noch auf dem Halbleiterwafer getestet werden können; Kantenemitter hingegen können nur einzeln, nach Zersägen des Halbleiterwafers, getestet werden.

2.4 Senderschaltungen

Sämtliche Treiberschaltungen für die Intensitätsmodulation von LED´s bzw. Laserdioden basieren auf dem Prinzip der spannungsgesteuerten Stromquelle. **Abb. 2.43** zeigt die einfachste Treiberschaltung, die sich gut für die Ansteuerung von LED´s eignet.

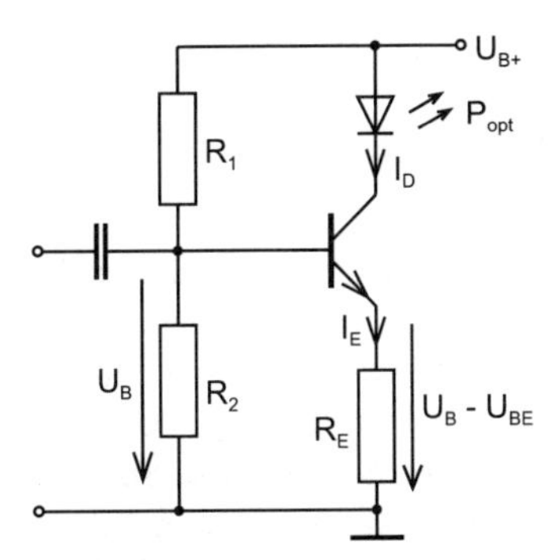

Abb. 2.43: *Einfache Treiberschaltung für LED's*

Bei großer Stromverstärkung des Transistors ist der Strom durch die LED ungefähr gleich groß wie der Strom durch den Emitterwiderstand:

$$I_E = \frac{U_B - 0{,}65V}{R_E} \cong I_D$$

Um einen hohen Innenwiderstand der Stromquelle zu gewährleisten, darf der Emitterwiderstand nicht kleiner als einige hundert Ohm sein. In Verbindung mit Transistorkapazitäten entsteht daher ein Tiefpass mit relativ niedriger Grenzfrequenz. Der Anwendungsbereich der einfachen Schaltung ist dadurch recht begrenzt. Für einfache Versuche ist sie jedoch durchaus geeignet.

Höhere Bandbreiten erreicht man bei Ansteuerung der LED bzw. der Laserdiode mit einem Differenzverstärker. **Abb. 2.44** zeigt das Prinzip einer derartigen Schaltung. Die Umschaltung des Stroms erfolgt mit dem Differenzverstärker, der aus den Transistoren T_1 und T_2 besteht. Transistor T_3 wirkt als Konstantstromquelle. Da dieser Strom nicht ein- bzw. ausgeschaltet, sondern nur in seiner Richtung umgeschaltet wird, arbeitet die Schaltung sehr schnell. Über das Messsignal der Monitordiode wird die aus dem Transistor T_4 und dem Operationsverstärker bestehende gesteuerte Stromquelle gesteuert, die den Vorstrom liefert.

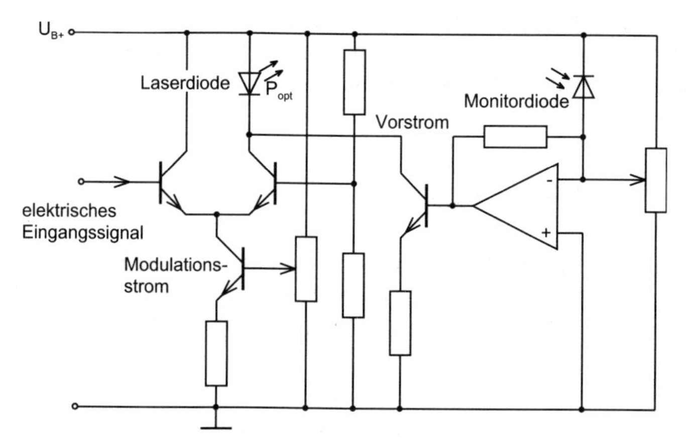

Abb. 2.44: *Treiberschaltung für Laserdioden, schematisch*

Die im Vergleich zu LED´s wesentlich empfindlicheren Laserdioden erfordern zusätzlich eine Reihe von Regelkreisen bzw. Schutzschaltungen. **Abb. 2.45** zeigt das Blockschaltbild des in [43] entwickelten Lasersenders. Die Schaltung enthält Vorrichtungen zum Schutz der Laserdiode gegen Zerstörung durch Überhitzung, durch Überstrom und durch zu große Sperrspannungen. Zur Vermeidung von Strom- bzw. Spannungsspitzen beim Zuschalten der Versorgungsspannung dient eine Soft-Start-Einrichtung, die außerdem ein langsames Einsetzen der Arbeitspunktregelung mit definierten Verhältnissen sicherstellt. Die detaillierte Ausführung dieser Schaltung zeigt **Abb. 2.46**. Deutlich wird die enorme Komplexität einer fehlersicheren und zuverlässigen Treiberschaltung für Laserdioden, die bei einfachen Anwendungen für den Einsatz einer unempfindlicheren LED sprechen kann.

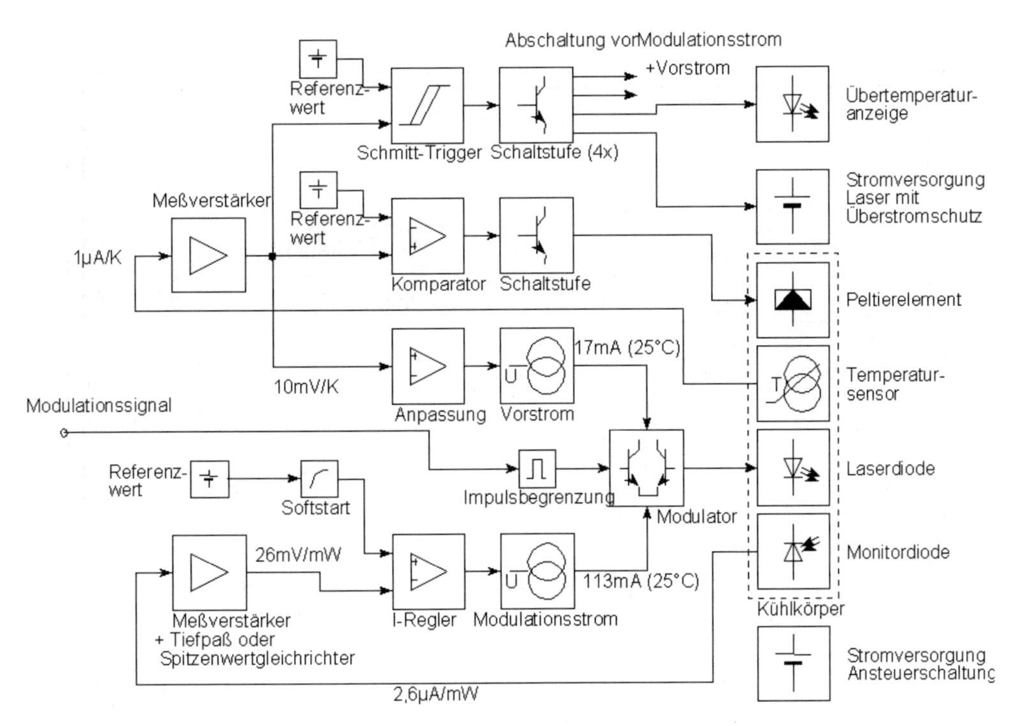

Abb. 2.45: *Blockschaltbild einer Treiberschaltung für Laserdioden mit Schutzschaltung*

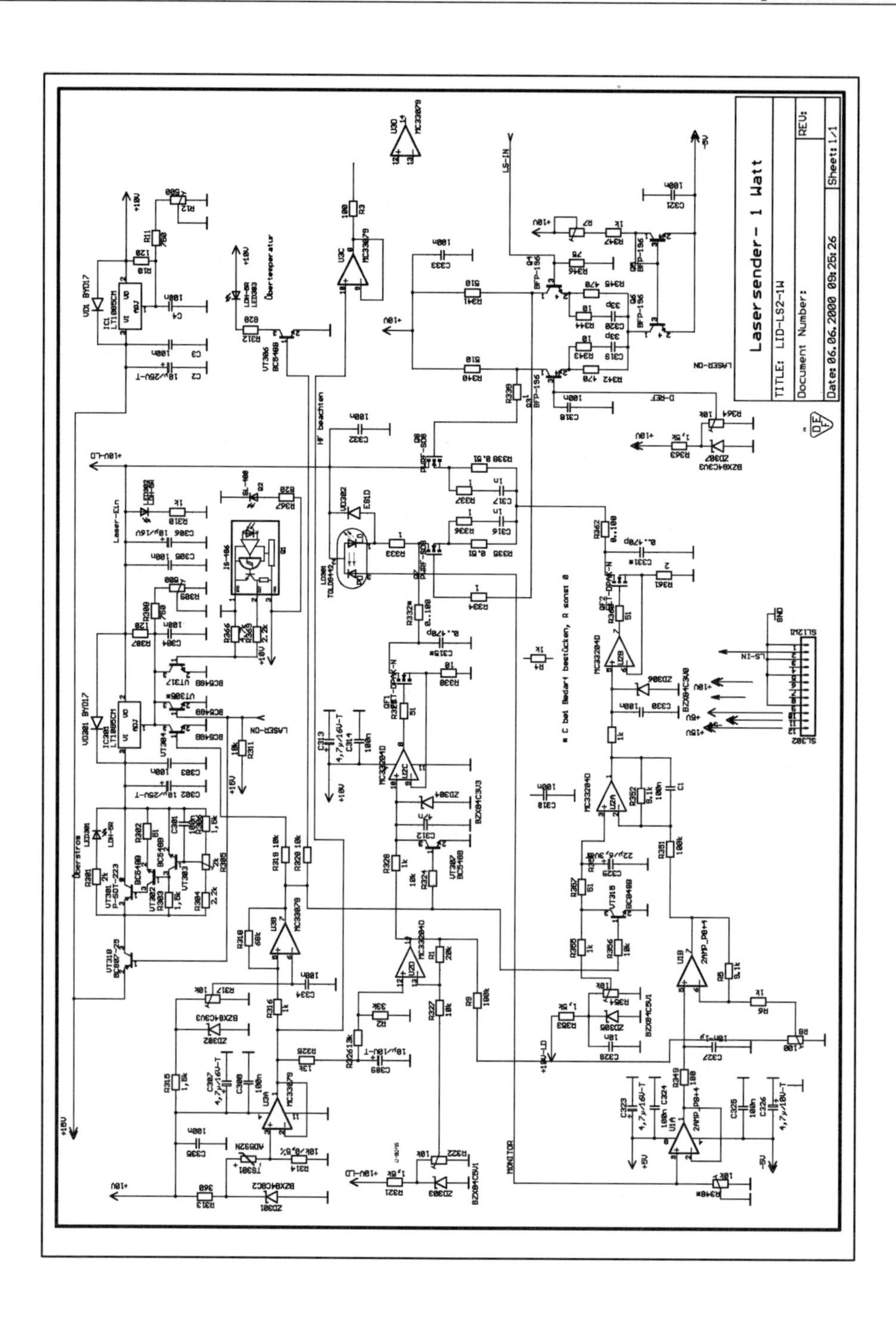

Abb. 2.46: *Realisierte Treiberschaltung für Laserdioden mit Schutzschaltungen (detailliert)*

3 Leitungs- oder Übertragungselemente

3.1 Physikalische Prinzipien der Übertragung

Wellenoptik und Strahlenoptik

Die Maxwell'schen Gleichungen stellen die Basis für die physikalisch exakte theoretische Beschreibung der Lichtausbreitung in optischen Systemen mit Methoden der **Wellenoptik** bzw. **physikalischen Optik** dar. Gesucht werden jeweils Lösungen der Wellengleichung unter Berücksichtigung problemspezifischer Randbedingungen, z.B. zur Beschreibung der elektromagnetischen Felder in einem Lichtwellenleiter. Analytische Lösungen findet man nur für einfache Spezialfälle. Der mathematische Aufwand ist allerdings auch in diesen Fällen beträchtlich.

Die einfachste Form der Wellenausbreitung ist die ebene Welle. Nimmt man eine Ausbreitung in x-Richtung an, so ergibt sich z.B. folgende Formulierung

$$\vec{E}(x,t) = \vec{E}_0 \cdot \cos(2\pi t/T - 2\pi x/\lambda)$$

Man erhält eine sowohl zeitlich (Periodendauer T bzw. Frequenz f = 1/T) als auch räumlich (Periodendauer λ bzw. Ortsfrequenz 1/λ) eine harmonische Schwingung. Senkrecht zur Ausbreitungsrichtung (x-Richtung) ist die ebene Welle unendlich ausgedehnt.

Beim Durchlaufen einer Strecke der Länge λ erfolgt eine Phasendrehung um 2π = 360°. Das gleiche gilt, wenn die Position eines Beobachters nicht verändert wird, nach Ablauf der Zeitdauer T. Durch eine (theoretisch eigentlich nicht mögliche) seitliche Begrenzung der ebenen Welle erfolgt der Übergang zum Lichtstrahl. Ein Lichtstrahl repräsentiert eigentlich ein Strahlenbündel, das bei Querabmessungen, die wesentlich größer sind als die Wellenlänge λ eine ausreichende Annäherung an die ebene Welle darstellt und die mathematische Beschreibung erheblich vereinfacht. Man spricht von der **Strahlenoptik** bzw. **geometrischen Optik**. Die Strahlenoptik ist exakt für λ → 0. In ausreichender Näherung gilt sie, wenn optische Komponenten (Linsen, Prismen, Glasfasern etc.) sehr viel größer sind als die Wellenlänge.

Beispiel 1: Kameralinse mit ∅ ≅ 1 cm, Wellenlänge λ ≅ 1 μm (sehr gute Genauigkeit)

$$\varnothing \cong \mathbf{10000} \times \lambda$$

Beispiel 2: Glasfaser mit ∅ ≅ 100 μm, Wellenlänge λ ≅ 1 μm (gute Genauigkeit)

$$\varnothing \cong \mathbf{100} \times \lambda$$

Beispiel 3: Glasfaser mit ∅ ≅ 10 µm, Wellenlänge $\lambda \cong 1$ µm (schlechte Genauigkeit)

$$\varnothing \cong \mathbf{10} \times \lambda$$

Für die meisten Anwendungen ist die geometrische Optik völlig ausreichend.

Polarisation des Lichts

Die elektrische Feldstärke $\vec{E}(x,t)$ und die magnetische Feldstärke $\vec{H}(x,t)$ sind vektorielle Größen, die senkrecht zueinander und zu ihrer Ausbreitungsrichtung ausgerichtet sind. Die Richtungen der Vektoren beschreiben die Schwingungsebenen der Wellen. Daraus ergibt sich die Polarisation(-srichtung) $\vec{E}(x,t)$ des Lichts.

Die x-y-Ebene definieren wir als Schwingungsebene bei vertikal polarisiertem Licht

Die x-z-Ebene definieren wir als Schwingungsebene bei horizontal polarisiertem Licht

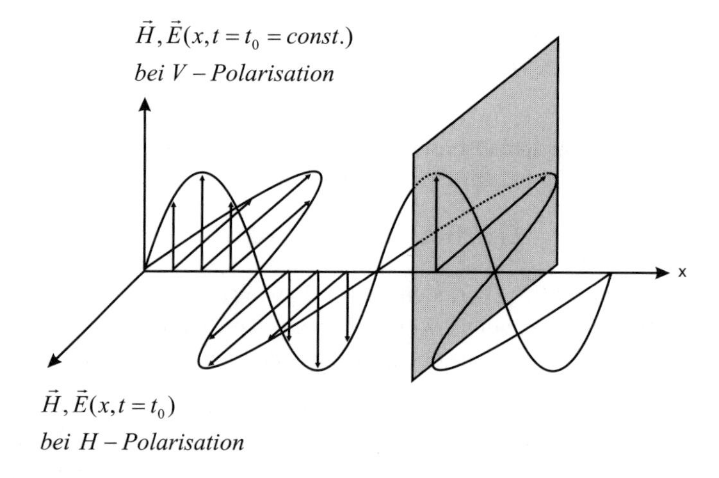

Abb. 3.1: *Polarisationsrichtungen elektromagnetischer Wellen [37]*

Es kann auch eine Überlagerung von H- und V-polarisiertem Licht auftreten. In Abhängigkeit von der relativen Phasenverschiebung der beiden Wellenzüge (H, V) und von den Amplituden der beiden Anteile entsteht zirkulare Polarisation (gleiche Amplituden, Phasenverschiebung 90°), lineare Polarisation mit schräg stehender Schwingungsebene (Phasenverschiebung 0°) oder elliptische Polarisation (allgemeiner Fall). Bei zirkularer bzw. elliptischer Polarisation dreht sich die Schwingungsebene mit der Zeit um die x-Achse.

Lichtausbreitung im freien Raum

Im freien Raum breitet sich das Licht ungerichtet nach allen Seiten aus. Bei konstanter Brechzahl des Ausbreitungsmediums verlaufen die Lichtstrahlen gerade. Die optische Leistungsdichte p ist umgekehrt proportional zum Quadrat der Entfernung r von einer isotrop in alle Raumrichtungen strahlenden Lichtquelle.

Raumwinkel des Vollraums: $\Omega_{tot} = 4\pi$

Beleuchtete Fläche im Abstand r: $A = r \cdot \Omega_{tot} = 4\pi \cdot r^2$

Beispiel 1: Gesamtleistung P = 100 mW, isotrope Abstrahlung

Radius $r_1 = 1$ m → Leistungsdichte $p = P/4\pi \cdot r_1^2 \cong 8$ mW/m²

Radius $r_2 = 1$ km → Leistungsdichte $p = P/4\pi \cdot r_2^2 \cong 8$ nW/m²

Beispiel 2: Gesamte Strahlungsleistung der Sonne:

$p \cong 1000$ W/m², $r \cong 150 \cdot 10^9$ m (Erde) → $P = p \cdot 4\pi \cdot r^2 \cong 2{,}8 \cdot 10^{26}$ W

Grundlegend ist das Fermat'sche Prinzip: Das Licht nimmt immer den Weg mit der kürzesten Laufzeit. Daraus resultieren gekrümmte Lichtwege bei räumlich inhomogenem Brechzahlverlauf des Ausbreitungsmediums, z.B. infolge unterschiedlicher Temperaturen und Luftdrücke in der Atmosphäre. Praktisch genutzt wird dies beim Lichtwellenleiter mit Gradientenprofil. Aus dem Fermat'schen Prinzip lassen sich alle Grundgesetze der geometrischen Optik ableiten.

Abb. 3.2 verdeutlicht die Führung des Lichts in einem dielektrischen Wellenleiter mittels Totalreflexion.

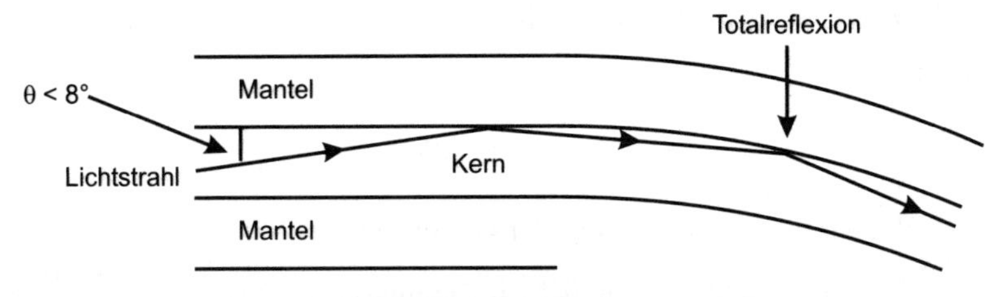

Abb. 3.2: *Führung des Lichts in einem dielektrischen Wellenleiter [22]*

An der Grenze zwischen einem Medium (z.B. Glas) mit niedrigerer Brechzahl und einem Medium mit höherer Brechzahl wird ein Teil des Lichts reflektiert. Nimmt man verlustfreie Materialien an, so findet keine Absorption des Lichts statt und der nicht reflektierte Anteil des Lichts dringt, unter Änderung seiner Ausbreitungsrichtung (Brechung), in das andere Medium ein. Wie in **Abb. 3.3** dargestellt, liegen die Lichtstrahlen, die das ankommende, das reflektierte sowie das transmittierte Licht repräsentieren, in einer Ebene.

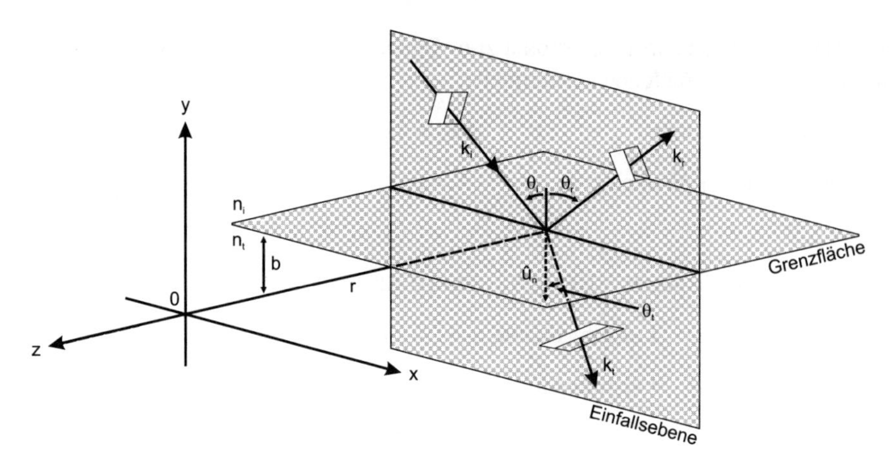

Abb. 3.3: Reflexion und Brechung des Lichts an einem Brechzahlsprung [22],[56]

Reflexionsgesetz: $\theta_i = \theta_r$

Brechungsgesetz nach Snellius: $n_i \cdot \sin(\theta_i) = n_t \cdot \sin(\theta_t)$

Reflexionsfaktoren (Anteil der reflektierten Leistung)

Polarisation (Schwingungsrichtung) parallel zur Einfallsebene

$$R_p = \left(\frac{\tan(\theta_i - \theta_t)}{\tan(\theta_i + \theta_t)} \right)^2$$

Polarisation (Schwingungsrichtung) senkrecht zur Einfallsebene

$$R_s = \left(\frac{\sin(\theta_i - \theta_t)}{\sin(\theta_i + \theta_t)} \right)^2$$

Transmissionsfaktoren (Anteil der transmittierten Leistung)

Polarisation (Schwingungsrichtung) parallel zur Einfallsebene

$$T_p = 1 - \left(\frac{\tan(\theta_i - \theta_t)}{\tan(\theta_i + \theta_t)} \right)^2$$

Polarisation (Schwingungsrichtung) senkrecht zur Einfallsebene

$$T_s = 1 - \left(\frac{\sin(\theta_i - \theta_t)}{\sin(\theta_i + \theta_t)} \right)^2$$

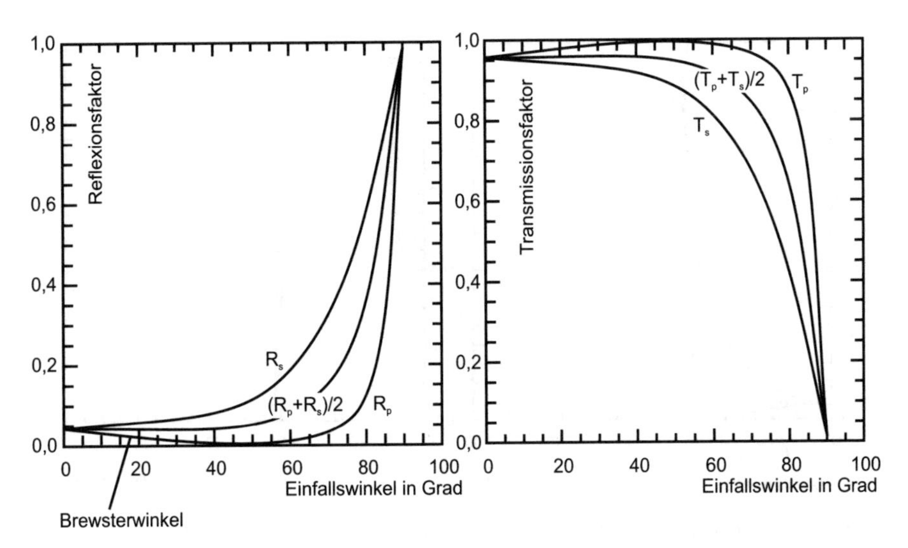

Abb. 3.4: Reflexions- und Transmissionsfaktoren beim Übergang von Luft ($n_i = 1$) in Glas

Bei senkrechtem Einfall gilt: $R = R_p = R_s = \left(\frac{n_t - n_i}{n_t + n_i} \right)^2$ und $T = 1 - R$

Totalreflexion

Abb. 3.5 zeigt die Reflexions- und Transmissionsfaktoren beim Übergang von Glas (n_t = 1,5) in Luft (n_i = 1). Man erkennt, dass ab einem bestimmten Grenzwinkel das Licht vollständig reflektiert wird. Bei der **Totalreflexion** wird das einfallende Licht vollständig reflektiert, während bei allen anderen Arten von Spiegeln, z.B. bei metallbedampften Glasscheiben, immer ein gewisser Anteil des einfallenden Lichts absorbiert wird. Ohne die Totalreflexion wäre eine ökonomische optische Nachrichtenübertragung unmöglich. Der Grenzwinkel für Totalreflexion ergibt sich aus der Umformung des Brechungsgesetzes nach Snellius.

$$\sin(\theta_t) = \frac{n_i}{n_t} \cdot \sin(\theta_i)$$

Beim Übergang des Lichts von einem optisch dichteren in ein optisch dünneres Medium wird der Quotient n_i/n_t größer als 1. Wenn dann gilt: $\sin(\theta_i) \geq n_t/n_i$, dann gilt auch $\sin(\theta_t) \geq 1$. Da der Sinus eines Winkels nicht größer als 1 werden kann, wird der Transmissionsfaktor gleich null bzw. der Reflexionsfaktor gleich eins.

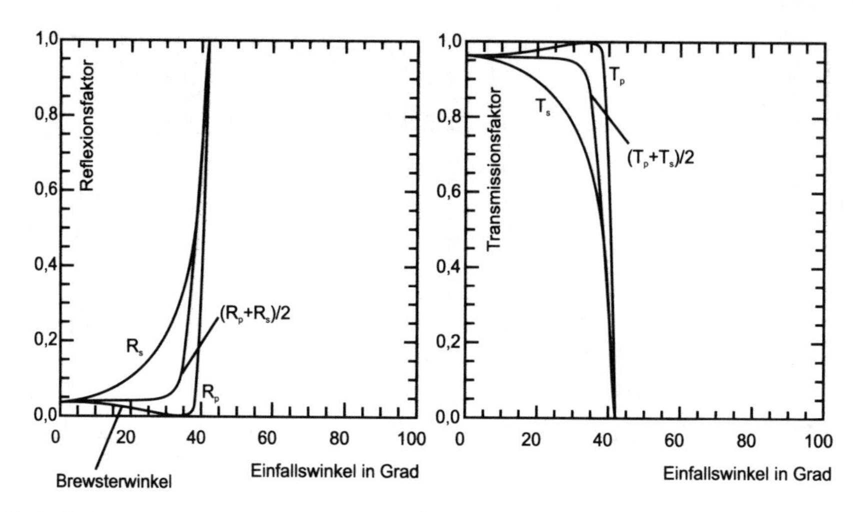

Abb. 3.5 *Reflexions- und Transmissionsfaktoren beim Übergang von Glas (n_i =1,5) in Luft (n_t = 1)*

3.2 Lichtwellenleiter (LWL)

Im Gegensatz zur herkömmlichen elektrischen Übertragungstechnik basiert die optische Übertragungstechnik auf sogenannten dielektrischen Wellenleitern. Die übertragenen Signale sind also nicht elektrische Ströme oder Spannungen, sondern elektromagnetische Felder. Dies gilt auch für den Fall der Freiraumübertragung. LWL führen die elektromagnetischen Felder, die in Form von elektromagnetischen Wellen auftreten.

3.2.1 Aufbau von Lichtwellenleitern

LWL können aus Glas (vorwiegend Quarzglas) oder aus Kunststoffen aufgebaut werden. Es existieren auch Mischformen mit Glaskern und Kunststoffmantel.

Die in **Abb. 3.6** zeigt schematisch einige Bauformen von Lichtwellenleitern. Der Brechzahlverlauf im Kern kann über dem Querschnitt konstant sein (Stufenprofil) oder von innen nach außen variieren (Gradientenprofil). Der Schichtwellenleiter, der auch als dielektrische Platte bezeichnet wird, ist die Grundstruktur der integrierten Optik. LWL mit elliptischem Kernquerschnitt werden als polarisationserhaltende LWL genutzt. Für spezielle Anwendungen gibt es außerdem LWL mit zusätzlichen Schichten (mehrstufige Profile).

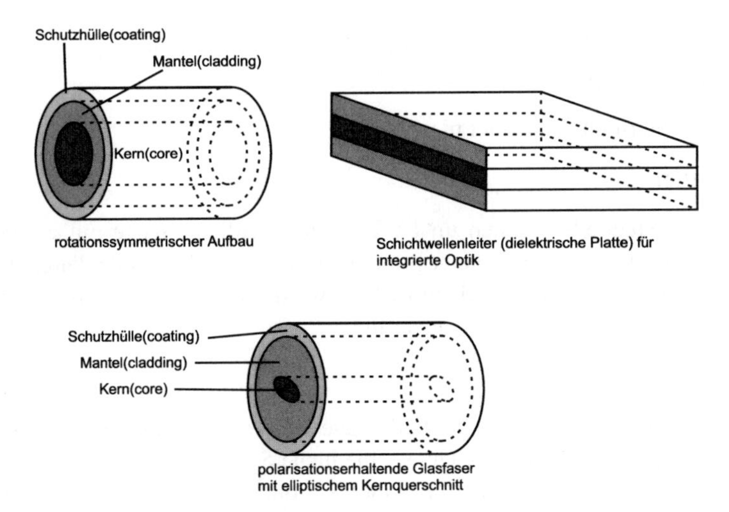

Abb. 3.6: *Bauformen von Lichtwellenleitern*

Die in **Abb. 3.6** dargestellten LWL-Typen, die aus dem Kern (Core), dem Mantel (Cladding) und der Schutzhülle (Coating = dünne Kunststoffschicht) bestehen, eignen sich für die Anwendung im Labor oder auch innerhalb von Geräten. Für den Aufbau von Nachrichtenübertragungsstrecken sind zusätzliche Schutzschichten erforderlich, die auch mehrere LWL umgeben können. Näheres dazu wird im Abschnitt Lichtleitfaserkabel erläutert.

3.2.2 Dispersion von Lichtwellenleitern

Unter Dispersion versteht man generell die Auswirkung von Laufzeitunterschieden verschiedener Signalanteile. Dadurch wird die Übertragungsbandbreite bzw. die Übertragungskapazität begrenzt. **Abb. 3.7** zeigt schematisch die Auswirkung von Dispersion bei der Übertragung einer Gruppe von Rechteckimpulsen.

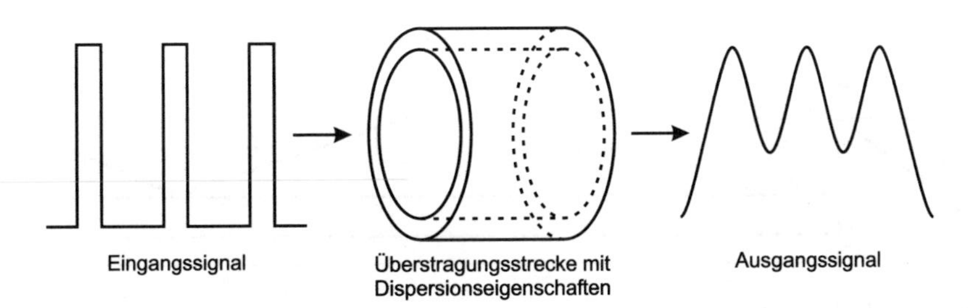

Abb. 3.7: *Auswirkung der Dispersion, schematisch*

Durch das Verschleifen bzw. die Verbreiterung der Impulse ist man gezwungen, auf der Sendeseite einen relativ großen Zeitabstand zweier aufeinanderfolgender Impulse einzuhalten. Somit verringert sich die Bitrate (= Anzahl übertragener Impulse pro Sekunde) und damit die Übertragungskapazität.

Bei Lichtwellenleitern unterscheidet man:

Modendispersion

Verschiedene Signalanteile nehmen im LWL unterschiedliche Wege mit unterschiedlichen Laufzeiten. Die Modendispersion hängt prinzipiell nicht von der Wellenlänge des Lichts ab. Sie würde auch bei monochromatischem Licht bzw. in LWL, die aus Gläsern mit wellenlängenunabhängigen Brechzahlen bestehen, auftreten.

Chromatische Dispersion

Das griechische Wort Chroma bedeutet Farbe. Diese Dispersionsart hängt also von der Farbe bzw. der Wellenlänge des Lichts ab. Unterschiedliche Spektralanteile durchlaufen den LWL mit verschiedenen Geschwindigkeiten. Bei monochromatischem Licht würde keine chromatische Dispersion auftreten. Aus diesem Grund ermöglichen Laser mit ihrem schmalen optischen Spektrum prinzipiell höhere Übertragungskapazitäten als LED's mit ihrem breiten optischen Spektrum. Die **chromatische Dispersion** unterteilt sich in die **Materialdispersion**, die durch die Wellenlängenabhängigkeit der Brechzahlen der LWL-Medien verursacht wird, und die **Wellenleiterdispersion**, die durch den Einfluss des geometrischen Aufbaus des LWL auf die Ausbreitungsgeschwindigkeiten unterschiedlicher Spektralanteile verursacht wird.

Modendispersion

Abb. 3.8 zeigt schematisch den Strahlengang bei der Einkopplung eines Lichtstrahls am Ende eines LWL mit Stufenprofil. Da die Mantelbrechzahl n_M grundsätzlich niedriger ist als die Kernbrechzahl n_K, tritt für sehr kleine Winkel des einfallenden Lichts zum Lot auf das Ende des LWL am Übergang vom Kern zum Mantel des LWL Totalreflexion auf.

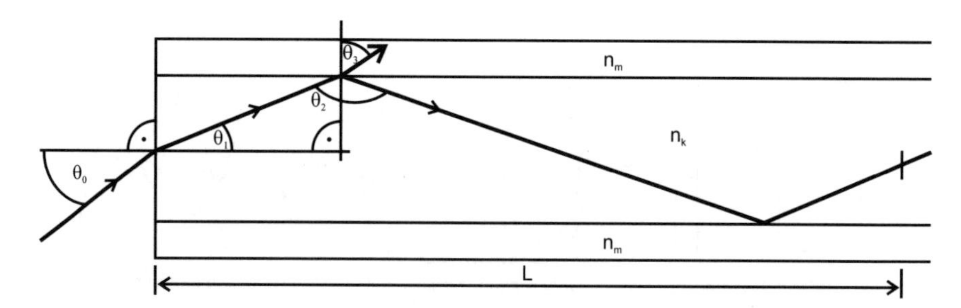

Abb. 3.8 Entstehung der Modendispersion

Für das Auftreten der Totalreflexion an der Kern – Mantel-Grenze muss folgende Bedingung erfüllt sein:

$$\sin(\theta_2) \geq \frac{n_M}{n_K}$$

Im rechtwinkligen Dreieck gilt:

$$\cos(\theta_1) = \sin(\theta_2) \geq \frac{n_M}{n_K}$$

Die Cosinus-Funktion lässt sich durch die Sinusfunktion ausdrücken und man erhält nach Quadrieren:

$$\cos^2(\theta_1) = 1 - \sin^2(\theta_1) \geq \frac{n_M}{n_K}$$

Mit dem Brechungsgesetz nach Snellius gilt mit der Brechzahl n_0 des umgebenden Mediums ($n_0 \cong 1$ für Luft) folgende Gleichung für den Übergang vom umgebenden Medium in den Kern des LWL:

$$\sin(\theta_1) = \frac{n_0}{n_K} \cdot \sin(\theta_0)$$

und damit:

$$1 - \left(\frac{n_0}{n_K}\right)^2 \cdot \sin^2(\theta_0) \geq \left(\frac{n_M}{n_K}\right)^2 \quad \Rightarrow \quad \sin^2(\theta_0) \leq \left(\frac{n_K}{n_0}\right)^2 - \left(\frac{n_M}{n_0}\right)^2$$

Nach Wurzelziehen erhält man folgende Bedingung für den Einkoppelwinkel θ_0:

$$\theta_0 \leq \arcsin\left(\frac{1}{n_0}\sqrt{n_K^2 - n_M^2}\right)$$

Im Grenzfall der Gleichheit spricht man vom Akzeptanzwinkel θ_A des LWL:

$$\theta_A = \arcsin\left(\frac{1}{n_0}\sqrt{n_K^2 - n_M^2}\right)$$

In LWL -Datenblättern wird anstelle des Akzeptanzwinkels θ_A üblicherweise die Numerische Apertur NA angegeben:

$$NA = \sin(\theta_A) = \frac{1}{n_0}\sqrt{n_K^2 - n_M^2}$$

Zahlenbeispiel: $n_0 = 1$, $n_K = 1{,}515$, $n_M = 1{,}5$

$$NA \cong 0{,}21 \qquad \theta_A \cong 12°$$

Die Brechzahldifferenz von einem Prozent zwischen Kern und Mantel ist ein typischer Wert. Der recht kleine Akzeptanzwinkel stellt erhebliche Anforderungen an die Abstrahlung der Lichtquelle.

Ein interessanter Spezialfall ergibt sich bei folgendem Zahlenbeispiel:

$$n_0 = 1, \quad n_K = 1{,}5, \quad n_M = n_0 = 1 \qquad \rightarrow NA \cong 1{,}12$$

Da die Numerische Apertur den Sinus des Akzeptanzwinkels darstellt und somit betragsmäßig nicht größer als 1 werden kann, wird in diesem Fall das eingekoppelte Licht bei Einkoppelwinkeln θ_0 bis 90° verlustfrei geführt. Zu beachten sind allerdings die winkelabhängigen Reflexionsverluste beim Übergang des Lichts von Luft in Glas an der Stirnfläche des LWL.

Die kürzeste Laufzeit t_{min} in einem LWL der Länge L erhält man bei einem Winkel $\theta_2 = 90°$. Das Licht verläuft dann genau parallel zur Längsachse des LWL.

$$t_{\min} = \frac{L \cdot n_K}{c_0 \cdot \sin\left(\theta_{2\max} = 90^o\right)} = \frac{L \cdot n_K}{c_0}$$

Die längste Laufzeit t_{max} erhält man bei einem Winkel $\theta_2 = arcsin(n_M/n_K)$. Dieser Winkel tritt auf, wenn das Licht genau unter dem Akzeptanzwinkel in den LWL eingekoppelt wird. Bei kleineren Werten von θ_2 gibt es keine Totalreflexion. Es wird dann bei jedem Auftreffen des Lichts auf die Kern – Mantel-Grenze ein Teil des Lichts aus dem LWL abgestrahlt, so dass schon nach einer kurzen Wegstrecke die Leistung des optischen Signals verschwindend klein wird.

$$t_{\max} = \frac{L \cdot n_K}{c_0 \cdot \sin\left(\theta_{2\min}\right)} = \frac{L \cdot n_K}{c_0 \cdot n_M / n_K} = \frac{L \cdot n_K^2}{c_0 \cdot n_M} = t_{\min} \cdot \frac{n_K}{n_M}$$

Die Modendispersion ergibt sich aus der maximal auftretenden Laufzeitdifferenz Δt.

$$\Delta t = t_{\max} - t_{\min} = t_{\min} \cdot \left(\frac{n_K}{n_M} - 1 \right) = t_{\min} \cdot \frac{n_K - n_M}{n_M}$$

Die bezogene Brechzahldifferenz $\frac{n_K - n_M}{n_M}$ liegt in der Größenordnung von ca. 1%. Mit den oben bereits benutzten Zahlenwerten $n_K = 1{,}515$ und $n_M = 1{,}5$ folgt bei einer Länge $L = 1$ km:

$$t_{min} = 5\ \mu s \quad \text{sowie} \quad \Delta t = 50\ ns$$

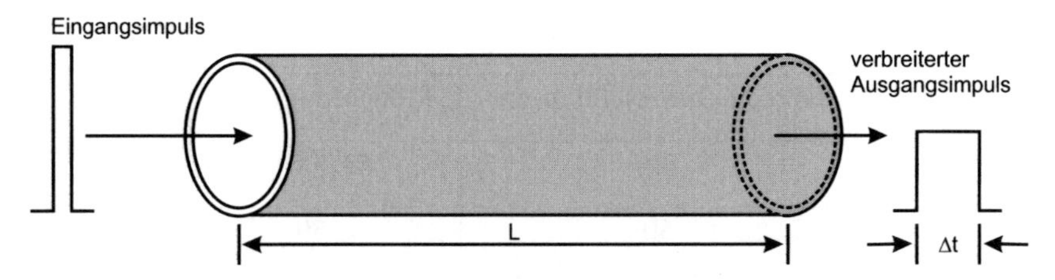

Abb. 3.9: *Impulsantwort eines Multimode-Stufenprofil-LWL*

Maximale Bitrate (theoretisch):

$$f_{B\max} = \frac{1}{\text{Mindestabstand zweier Eingangsimpulse}} = \frac{1}{\Delta t}$$

Mit $\frac{n_K - n_M}{n_M} = 1\%$ erhält man: $f_{B\max} = 20$ MHz bei L = 1 km

Aufgrund der Modendispersion lassen sich die in Kapitel 1 herausgestellten hohen Übertragungskapazitäten mit Multimode-Stufenprofil-LWL nicht erreichen.

Ausgehend von der Geometrischen Optik (gültig für $\lambda \to 0$) kann der Winkel θ_2 beliebige Werte zwischen dem Grenzwinkel für Totalreflexion und 90° annehmen. Bei Berücksichtigung der Wellennatur des Lichts stellt man fest, dass nur für bestimmte Winkel θ_{2M} mit M = 1, 2, 3, 4, ... M_{max} konstruktive Interferenz auftritt. Licht, das sich auf anderen Wegen ausbreitet, wird durch destruktive Interferenz ausgelöscht. In [29] findet man detaillierte Herleitungen der charakteristischen Gleichungen des Schichtwellenleiters und des Stufenprofil-LWL mit rotationssymmetrischem Querschnitt. Für einen Schichtwellenleiter mit Kerndicke d gilt folgende Gleichung:

$$\underbrace{2d \cdot \frac{2\pi}{\lambda} \cdot \sqrt{n_K^2 - n_m^2 \sin^2(\theta_2)}}_{\text{Phasendrehung auf Wegdifferenz}} - \underbrace{4 \cdot \arctan\left(\frac{\sqrt{\sin^2(\theta_2) - (n_M / n_K)^2}}{\cos(\theta_2)} \right)}_{\text{2 x Phasendrehung bei Totalreflexion}} = M \cdot 2\pi$$

M ist die (ganzzahlige) Modenummer. Für jeden Wert von M lässt sich θ_2 numerisch bestimmen. Die Anzahl M_{max} der ausbreitungsfähigen Wellen (Lichtwege, Winkel) lässt sich für Stufenprofil-LWL mit rotationssymmetrischem Querschnitt mit Hilfe des Strukturparameters V als Ergebnis umfangreicher feldtheoretischer Berechnungen angeben.

$$M_{\max} = \frac{V^2}{2} \quad mit \quad V = \frac{\pi d}{\lambda} \cdot \sqrt{n_K^2 - n_M^2} = \frac{\pi d}{\lambda} \cdot NA$$

$$M_{\max} = \frac{1}{2} \left(\frac{\pi d}{\lambda} \cdot NA \right)^2$$

Tab. 3.1: *Modenanzahl für NA = 0,1 und λ = 1550 nm*

Kerndurchmesser d in µm	Modenanzahl i_{max}
100	≅ 200
50	≅ 50
20	8
10	2
5	1

Bei sehr kleinen Kerndurchmessern kann sich das Licht jeweils nur auf einem einzigen Weg durch den LWL ausbreiten. Man spricht dann von Monomodebetrieb. Die Modendispersion existiert in diesem Fall nicht mehr und man erhält die bereits erwähnten hohen Übertragungskapazitäten.

Chromatische Dispersion

In Monomode-LWL entfällt naturgemäß die Modendispersion, so dass die wesentlich schwächere chromatische Dispersion wirksam wird.

Materialdispersion

Ihre Ursache ist die Abhängigkeit der Brechzahl eines Glases, z. B. SiO_2, von der Wellenlänge des Lichts. Je größer die spektrale Breite $\Delta\lambda$ der Lichtquelle ist, desto stärker wirkt die Materialdispersion.

Als Ausgangspunkt für die theoretische Herleitung dient die Phasenkonstante β.

$$\beta = \frac{2\pi n(\lambda)}{\lambda}$$

Beim Durchlaufen einer Strecke der Länge $\lambda/n(\lambda)$ im Material mit der Brechzahl n(λ) erfolgt demnach eine Phasendrehung der elektromagnetischen Welle um 2π bzw. 360°. Die Ableitung der Phasenkonstanten β nach der Frequenz f liefert die Gruppenlaufzeit t_{gr}, die für die Impulsübertragung maßgebend ist.

$$t_{gr} = L\frac{1}{2\pi}\cdot\frac{\partial\beta}{\partial f}$$

Mit der Kettenregel der Differentiation folgt: $t_{gr} = \frac{L}{2\pi} \cdot \frac{\partial \beta}{\partial \lambda} \cdot \frac{\partial \lambda}{\partial f}$

$$\lambda = \frac{c_0}{f} \rightarrow \frac{\partial \lambda}{\partial f} = -\frac{c_0}{f^2} = -\frac{\lambda^2}{c_0}$$

Mit der Produktregel der Differentiation folgt: $\frac{\partial \beta}{\partial \lambda} = \frac{2\pi}{\lambda} \cdot \frac{\partial n(\lambda)}{\partial \lambda} - 2\pi n(\lambda) \cdot \frac{1}{\lambda^2}$.

Nach Einsetzen in die Gleichung für t_{gr} erhält man:

$$t_{gr} = -\frac{L}{2\pi} \cdot \left(\frac{2\pi}{\lambda} \cdot \frac{\partial n(\lambda)}{\partial \lambda} - \frac{2\pi}{\lambda} \cdot \frac{n(\lambda)}{\lambda} \right) \cdot \frac{\lambda^2}{c_0} = \frac{L}{c_0} \cdot \underbrace{\left(n(\lambda) - \lambda \cdot \frac{\partial n(\lambda)}{\partial \lambda} \right)}_{n_{gr}(\lambda) = Gruppenbrechzahl}$$

Die Materialdispersion ergibt sich letztendlich als Impulsverbreiterung Δt bezogen auf die spektrale Breite $\Delta\lambda$ der Lichtquelle.

$$\Delta t = K(\lambda) \cdot L \cdot \Delta \lambda$$

Der Materialdispersionskoeffizient $K(\lambda)$ wird durch Differentiation der Gruppenbrechzahl nach der Wellenlänge berechnet.

$$K(\lambda) = \frac{1}{c_0} \cdot \frac{\partial n_{gr}(\lambda)}{\partial \lambda} = \frac{1}{c_0} \cdot \left(\frac{\partial n(\lambda)}{\partial \lambda} - \frac{\partial n(\lambda)}{\partial \lambda} - \lambda \frac{\partial^2 n(\lambda)}{\partial \lambda^2} \right) = -\frac{\lambda}{c_0} \frac{\partial^2 n(\lambda)}{\partial \lambda^2}$$

Um handliche Größen zu erhalten, wird als physikalische Einheit für $K(\lambda)$ ps/(km·nm) verwendet. Die Länge L des LWL wird üblicherweise in km angegeben, die spektrale Breite $\Delta\lambda$ der Lichtquelle in nm und die Impulsverbreiterung Δt in ps.

Rechenbeispiel für Quarzglas (SiO_2)

$$n(\lambda) = c_1 + c_2 \cdot \lambda^2 + c_3 / \lambda^2$$

c_1, c_2, c_3 sind die Sellmeierkoeffzienten des Glases, die aus Tabellenwerken [61] entnommen werden können. Für SiO_2 gilt:

$c_1 = 1{,}45084$ $\qquad$ $c_2 = -3{,}34 \cdot 10^{-9}\ \mathrm{nm}^{-2}$ $\qquad$ $c_3 = 2{,}92 \cdot 10^{3}\ \mathrm{nm}^{2}$

Abb. 3.10 zeigt die mit diesen Zahlenwerten berechneten Kurven. Die geringste Materialdispersion erhält man bei einer Wellenlänge von ca. 1300 nm. Noch günstiger wäre ein solches Minimum bei einer Wellenlänge im Bereich von 1500 nm bis 1600 nm, in dem die Dämpfung eines Quarzglas-LWL minimal ist. Um dies zu erreichen, kann die Wellenleiterdispersion, die immer zusammen mit der Materialdispersion auftritt und, im Gegensatz zur Materialdispersion, durch den geometrischen Aufbau des LWL in weiten Grenzen variiert werden kann, dienen.

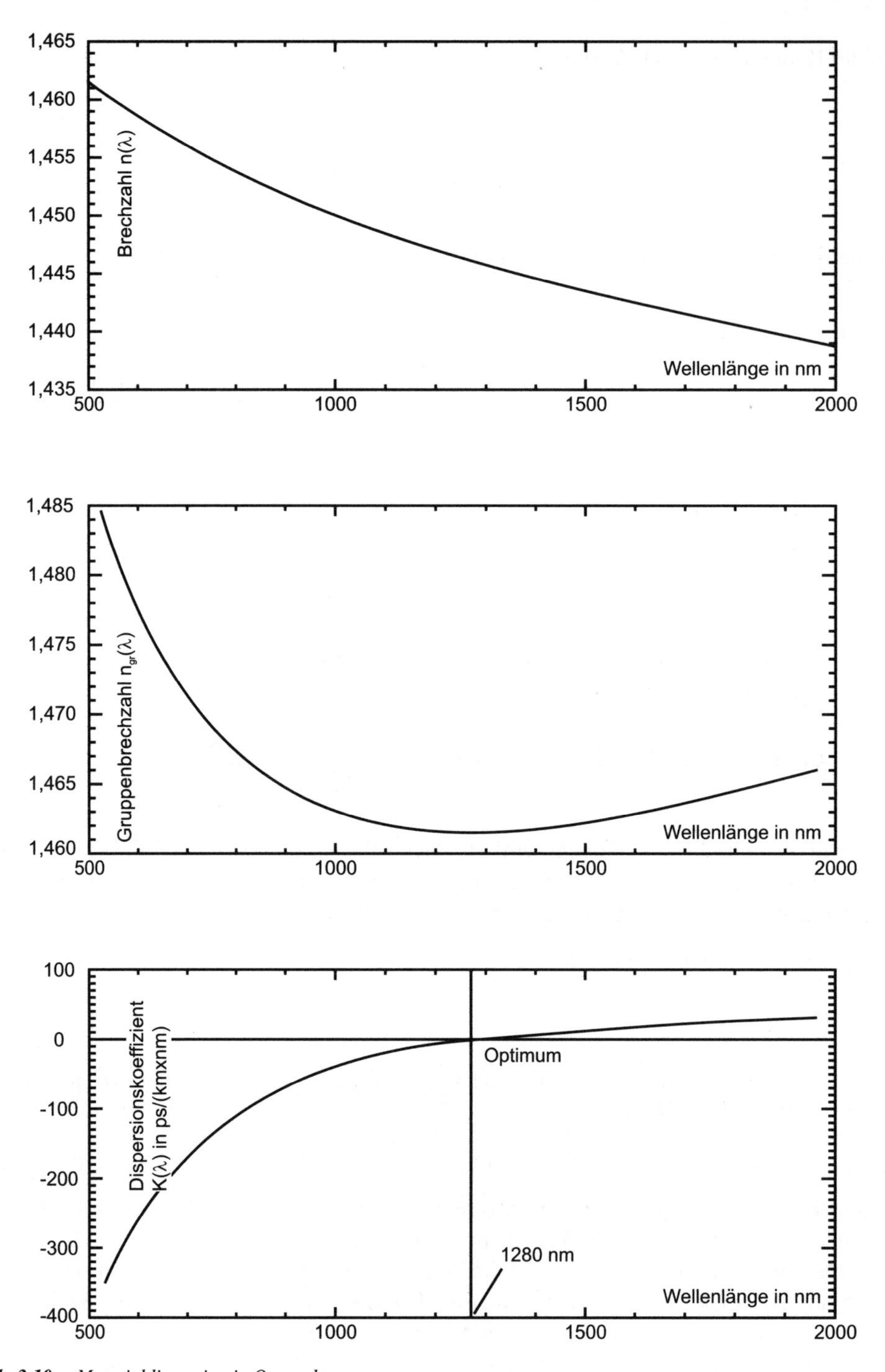

Abb. 3.10: *Materialdispersion in Quarzglas*

Wellenleiterdispersion

Die Wellenleiterdispersion kann praktisch nur in Monomode-LWL beobachtet werden. Sie wird nicht von der Wellenlängenabhängigkeit des Glases beeinflusst und träte also auch dann auf, wenn die Brechzahl des Glases konstant wäre.

Im Monomode-LWL breitet sich auf Grund des dünnen Kerns ein erheblicher Teil des optischen Signals im Mantel aus. Da die Ausbreitungsgeschwindigkeit aufgrund der kleineren Brechzahl im Mantel höher ist als im Kern, entsteht ein Laufzeitunterschied, die Wellenleiterdispersion. Die Leistungsaufteilung zwischen Kern und Mantel hängt zum einen von der Wellenlänge des Lichts, zum anderen vom geometrischen Aufbau des LWL ab. Sie ist wesentlich schwächer als die Materialdispersion.**Abb. 3.11** zeigt schematisch einige unterschiedliche Feldverteilungen in Kern und Mantel eines Monomode-LWL.

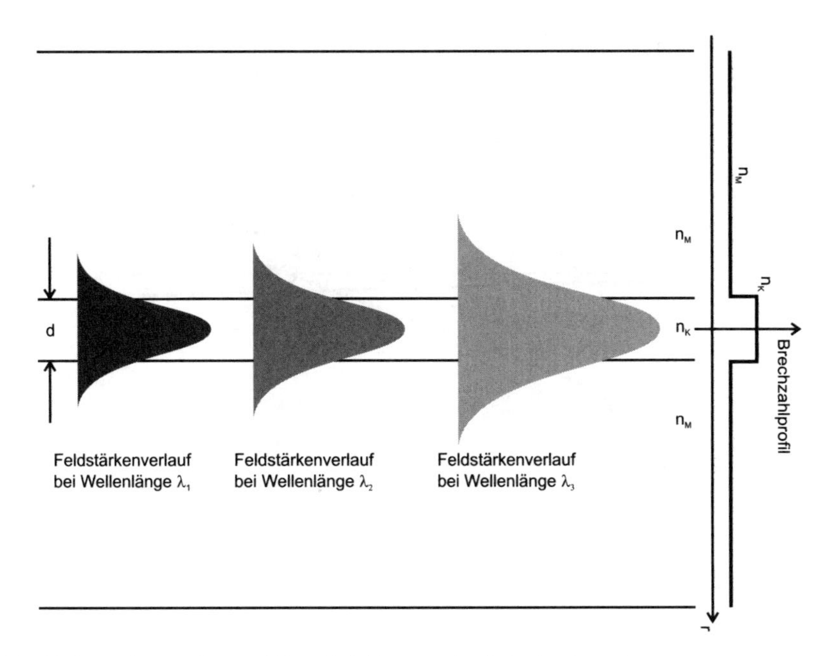

Abb. 3.11: Feldverteilung in Kern und Mantel als Funktion der Wellenlänge

Sowohl die Materialdispersion als auch die Wellenleiterdispersion sind vorzeichenbehaftet und können sich bei bestimmten Wellenlängen kompensieren. Es gibt deshalb für einen Monomode-LWL eine Wellenlänge, für welche die gesamte chromatische Dispersion gleich Null wird. Diese Wellenlänge, mit minimaler chromatischer Dispersion, liegt bei ca. 1300 nm. Siehe dazu **Abb. 3.12**.

Chromatische Dispersion: $\Delta t_{chr} = \left(\Delta t_{Mat} + \Delta t_{Well}\right) \cdot \Delta\lambda \cdot L$

Zahlenbeispiel: Eine Übertragungsstrecke mit einer Monomodefaser mit Δt_{chr} = 3,5 ps/(nm·km) wird einmal mit einer LED, einmal mit einer Laserdiode als Sender betrieben.

Ergebnis:	LED	Laserdiode
$\Delta\lambda / \text{nm}$	40	0,1
Δt_{chr} /(ps/km)	140	0,35
Max Bitrate bei $L = 1\text{km}$ in Bit/s	$\cong 7 \cdot 10^9$	$\cong 3 \cdot 10^{12}$

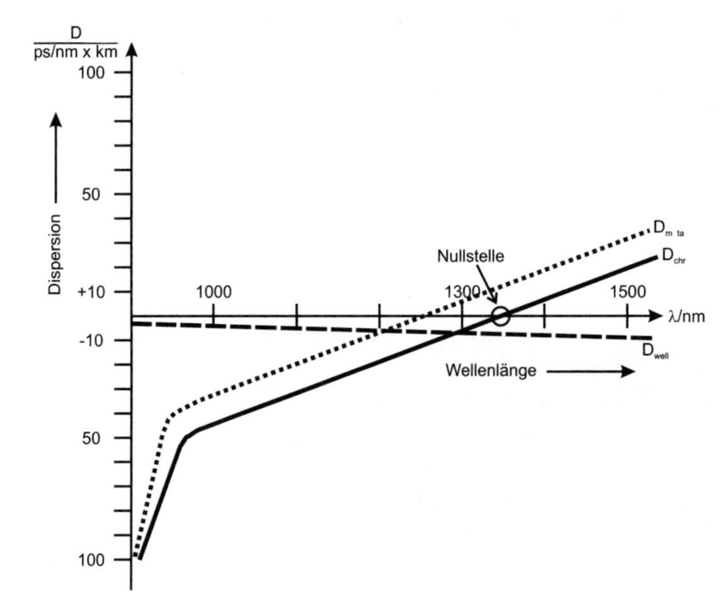

Abb. 3.12: *Kombination von Materialdispersion und Wellenleiterdispersion [27]*

Diese Interpretation der Wellenleiterdispersion legt die Annahme nahe, dass die Ausbreitungsgeschwindigkeiten optischer Signale zwischen $v_{\min} = c_0 / n_K$ und $v_{\max} = c_0 / n_M$ liegen müssen. Tatsächlich liegen sie, wie im Zusammenhang mit der Modendispersion hergeleitet, zwischen $v_{\min} = c_0 / n_K \cdot n_M / n_K$ und $v_{\max} = c_0 / n_K$.

Betrachtet man die weiter oben bereits angegebene Gleichung zur Berechnung der Ausbreitungswinkel θ_2, bei denen konstruktive Interferenz des Lichts auftritt, so erkennt man eine Abhängigkeit von der Wellenlänge λ. Anders ausgedrückt bedeutet dies, dass jeder diskrete Ausbreitungswinkel θ_{2M} streng genommen eine Funktion der Wellenlänge ist.

$$\underbrace{2d \cdot \frac{2\pi}{\lambda} \cdot \sqrt{n_K^2 - n_m^2 \sin^2(\theta_2)}}_{\text{Phasendrehung auf Wegdifferenz}} - \underbrace{4 \cdot \arctan\left(\frac{\sqrt{\sin^2(\theta_2) - (n_M / n_K)^2}}{\cos(\theta_2)}\right)}_{\text{2 x Phasendrehung bei Totalreflexion}} = M \cdot 2\pi$$

Bei Monomodebetrieb tritt nur ein einziger, allerdings wellenlängenabhängiger Ausbreitungswinkel θ_2 auf. **Abb. 3.13** zeigt schematisch die Abhängigkeit von der Wellenlänge. Prinzipiell ist die Strahlenoptik bei Monomodebetrieb physikalisch nicht anwendbar; sie dient hier nur der Veranschaulichung. Die unterschiedlichen Weglängen, die aus den unterschiedlichen Ausbreitungswinkeln als Funktion der Wellenlänge resultieren, führen zu Laufzeitunterschieden und damit zu Dispersion.

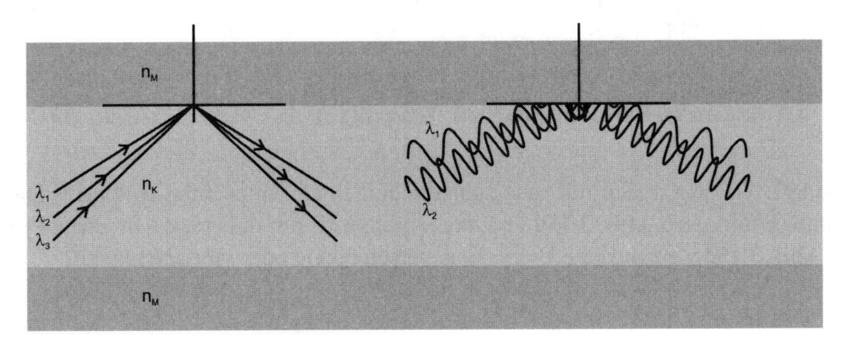

Abb. 3.13: Ausbreitungswinkel als Funktion der Wellenlänge

Dispersionsverschiebung bzw. Dispersionsabflachung

Im Wellenlängenbereich oberhalb von 1300 nm haben die beiden Arten der chromatischen Dispersionen in Quarzglas entgegengesetzte Vorzeichen und kompensieren sich. Während sich die Materialdispersion durch Dotierung des Glases nur geringfügig verändern lässt, kann die Wellenleiterdispersion durch Variation des Brechzahlprofils erheblich beeinflusst werden. Damit ist es möglich, LWL herzustellen, deren Nullstelle der chromatischen Dispersion zur Wellenlänge 1550 nm verschoben ist (dispersionsverschobene LWL) oder deren Dispersionswerte im gesamten Wellenlängenbereich von 1300 nm bis 1550 nm sehr niedrig liegen (dispersionsabgeflachte bzw. dispersionskompensierte LWL). In **Abb. 3.14** ist die chromatische Dispersion ohne Dispersionsverschiebung (1), mit Dispersionsverschiebung (2) und mit Dispersionsabflachung (3) dargestellt.

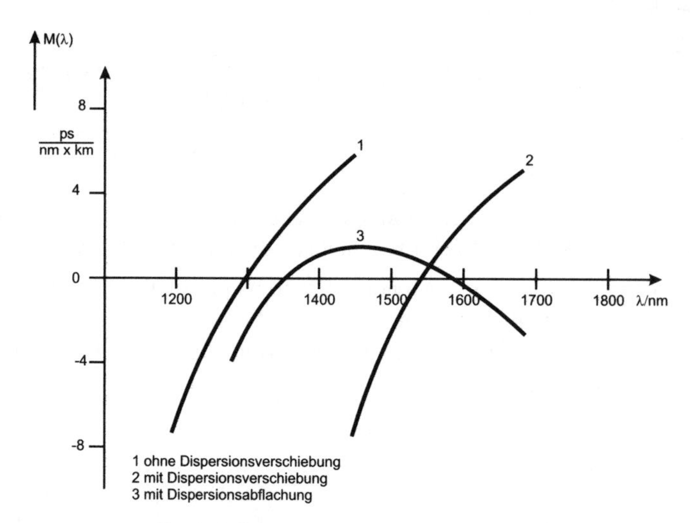

Abb. 3.14: *Chromatische Dispersion als Funktion der Wellenlänge [33]*

Monomode-LWL lassen sich mit unterschiedlichen Brechzahlprofilen aufbauen. Das „normale“ Stufenprofil nach **Abb. 3.15a** und das Stufenprofil mit reduzierter Brechzahl im Mantel nach **Abb. 3.15b** weisen keine Dispersionsverschiebung oder -abflachung auf.

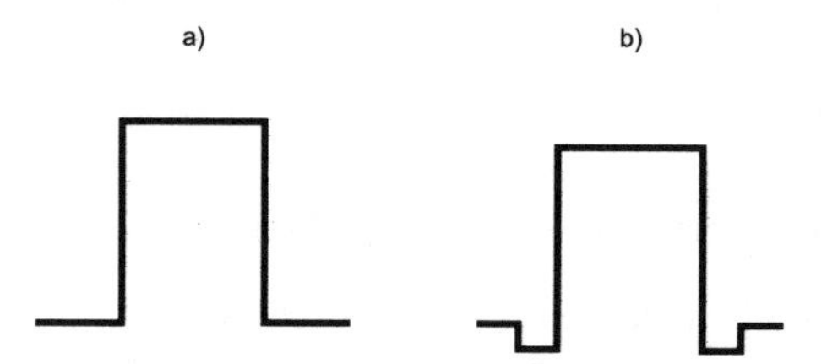

Abb. 3.15: *Profilstrukturen von LWL ohne Dispersionsverschiebung [33]*

Das segmentierte Profil mit dreieckigem Kern nach **Abb. 3.16a**, das Dreieckprofil nach **Abb. 3.16b** und das segmentierte Profil mit zweifach gestufter Brechzahl im Mantel nach **Abb. 3.16c** führen zu Dispersionsverschiebung.

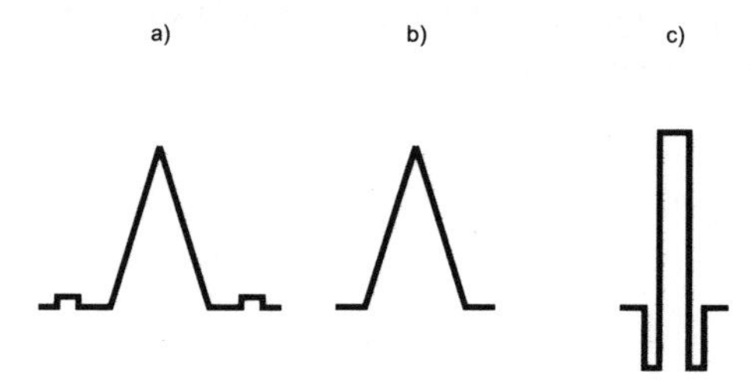

Abb. 3.16: *Profilstrukturen von LWL mit Dispersionsverschiebung [33]*

Das segmentierte Profil mit vierfach gestufter Brechzahl im Mantel nach **Abb. 3.17a** und das W-Profil nach **Abb. 3.17b** führen zu Dispersionsabflachung.

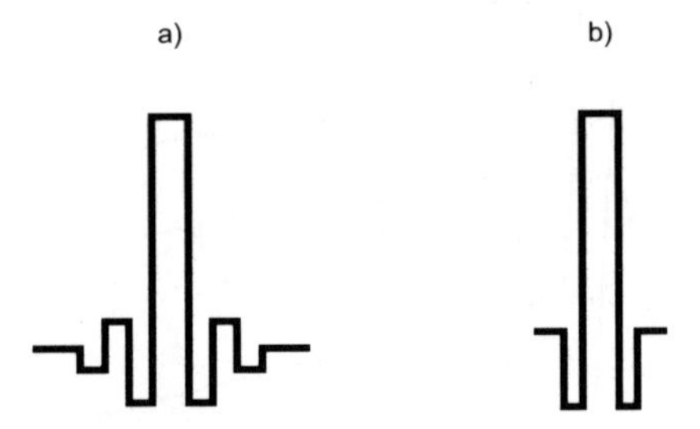

Abb. 3.17: *Profilstrukturen von LWL mit Dispersionsabflachung [33]*

3.2.3 Dämpfung von Lichtwellenleitern

Die Dämpfung eines LWL wird durch den Faktor η beschrieben. Er ist das Verhältnis der optischen Ausgangsleistung P_a zur Eingangsleistung P_e und bestimmt den maximal möglichen Abstand zwischen dem Sender und dem Empfänger. Die Angabe erfolgt häufig in dB.

$$a = -10\log(\eta)dB = -10\log\frac{P_a}{P_e}dB$$

In der Originalveröffentlichung zur Optischen Nachrichtenübertragung von Kao und Hockham, 1966, ging man von einer maximal zulässigen Dämpfung von 20 dB/km aus. Dies würde bedeuten, dass nach einem km LWL-Übertragungsstrecke die Leistung des optischen Signals auf ein Prozent reduziert wird. Bereits 1980 wurde unter Laborbedingungen ein Spitzenwert von 0,2 dB/km erreicht, der heute als Standardwert unter Betriebsbedingungen gilt. Die Umrechnung in einen Transmissionsfaktor ergibt:

$$\frac{1}{\eta} = 10^{-0,2/10} = 10^{-0,02} \cong 0,955 = 95,5\%$$

Im Vergleich zu Koaxialkabeln ist dieser Faktor als hervorragender Wert anzusehen. Nach einem km LWL-Übertragungsstrecke wird die Leistung des optischen Signals typischerweise also nur auf ca. 95% Prozent reduziert. In **Abb. 3.18** sind typische Dämpfungsursachen schematisch dargestellt.

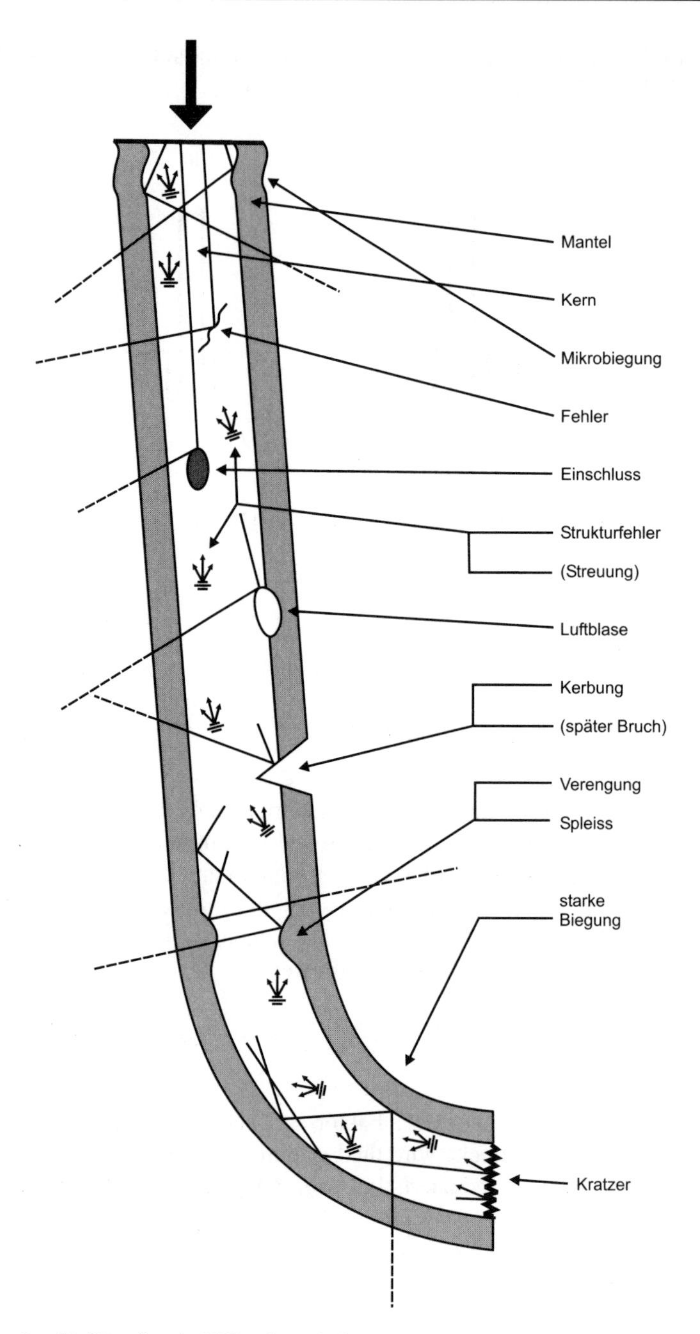

Abb. 3.18: *Ursachen für Dämpfung in LWL, schematisch*

Ausschlaggebend ist die Reinheit des Glases. Um nur mäßige Übertragungsverluste von nur wenigen dB/km zu erhalten, darf auf ca. 10^7 ... 10^9 Siliziumatome nur ein Fremdatom kommen. Diese Reinheit ist mit den Reinheitsanforderungen bei der Halbleiterherstellung zu vergleichen. Im Vergleich zu Fensterglas, bei dem Licht schon nach wenigen Zentimeter Eindringtiefe 50% Leistungsabfall erfährt, sinkt die eingekoppelte optische Leistung bei LWL, je nach Qualität des Glases und der Wellenlänge des Lichtes, erst bei mehr als einem Kilometer auf den halben Wert (siehe obiges Zahlenbeispiel). Zur Reduzierung der Dämpfung sind im Laufe der Zeit erhebliche Fortschritte erzielt worden **Abb. 3.19**.

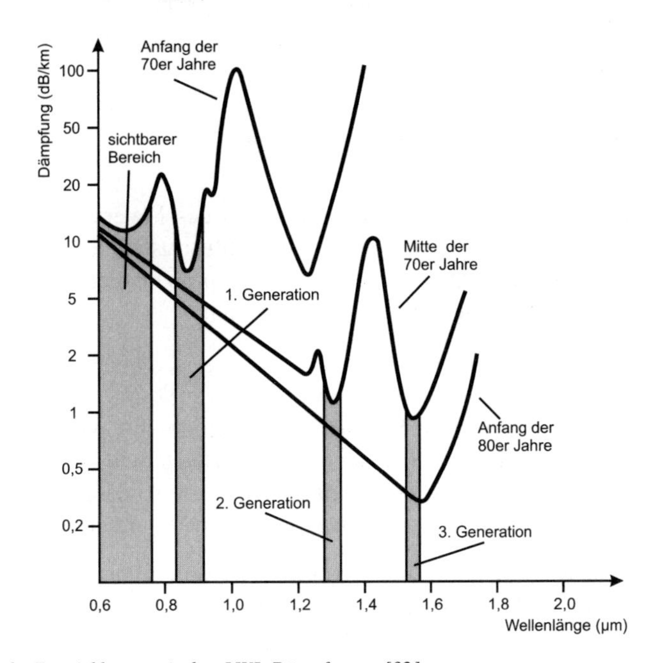

Abb. 3.19: *Zeitliche Entwicklung typischer LWL-Dämpfungen [32]*

Die Übertragung im Wellenlängenbereich um λ = 850 nm wird heutzutage kaum noch genutzt. Wie man in **Abb. 3.20** erkennt, stellt das durch Wasser verursachte lokale Dämpfungsmaximum bei $\lambda \cong$ 1400 nm kein wesentliches Problem mehr dar.

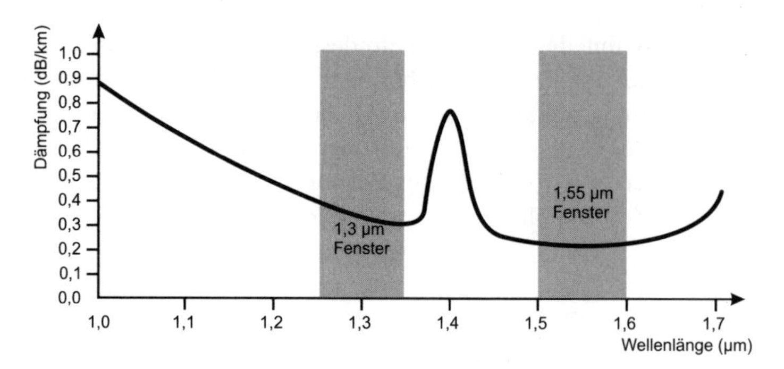

Abb. 3.20: *Typische LWL-Dämpfungen , Stand der Technik [Internet]*

Ursachen der Dämpfung sind einmal die Eigenschaften des Materials selbst, zum anderen sind es Einflüsse von außen, wie beispielsweise Abstrahlverluste durch mechanische Deformationen oder durch eine radioaktive Bestrahlung. Die prinzipiellen Einflüsse, die zur Eigendämpfung der Lichtausbreitung in LWL beitragen sind:

Streuung

Streuung ist eine Materialeigenschaft. Sie kann aber auch durch Geometriefehler des LWL wie z.B. Beschädigungen, Biegungen, Fehler bei der Herstellung verursacht werden. Es findet ein Wechsel der Ausbreitungsrichtung des Lichts statt, so dass ein Teil der optischen Energie den LWL verlässt (**Abb. 3.18**). Es findet dabei keine Energieumwandlung statt.

Typische Materialfehler sind Blasen, Inhomogenität, Verunreinigungen und winzige Risse. Derartige Fehler können während der Herstellung eines LWL entstehen. Außerdem entsteht auch bei einem völlig homogenen Material, durch die im mikroskopischen Maßstab amorphe Struktur des Glases die Rayleighstreuung. Die dadurch verursachten Streuverluste nehmen proportional mit λ^{-4} ab.

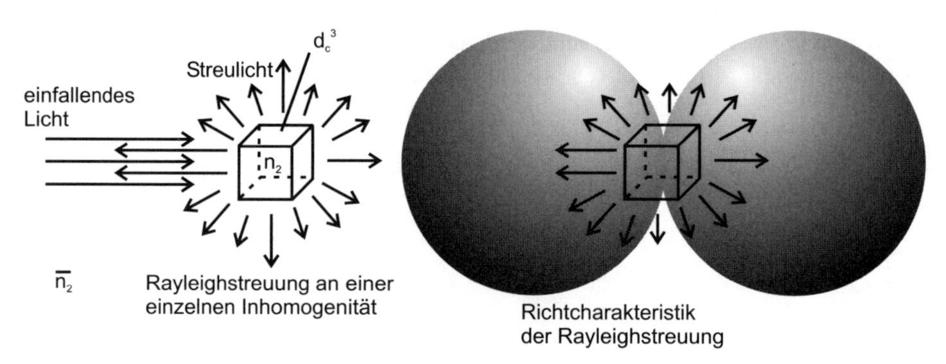

Abb. 3.21: *Geometrische Modellvorstellung zur Entstehung der Rayleighstreuung, schematisch*

Mit steigender Wellenlänge beeinflussen diese kleinen Unregelmäßigkeiten das Licht also immer weniger. Sie entstehen durch örtliche Unterschiede in der Zusammensetzung und Dichte des Materials die klein gegenüber der Wellenlänge sind. Die Rayleigh-Streuung stellt die untere Grenze der Dämpfung in LWL dar.

Extinktionskoeffizient

$$\alpha_s = \frac{4\pi^3}{3\lambda^4} \cdot \sigma_{n^2}^2 \cdot d_c^3$$

$$d_c^3 = \textit{mittleres Volumen der Streukörper}$$

$$\sigma_{n^2} = \frac{1}{N_{Streukörper}} \cdot \sum_{i=1}^{N_{Streukörper}} \left(n^2 - \overline{n^2}\right)^2 = \textit{mittlere Schwankung des Quadrates der Brechzahl}$$

Die Raman- und die Brillouin-Streuung treten nur bei sehr großen Leistungsdichten auf und sind nichtlineare Effekte. Sie stellen die obere Grenze für die optische Leistung dar, die in einem LWL transportiert werden kann. Bei den für die Informationsübertragung benötigten Energien sind sie ohne Bedeutung.

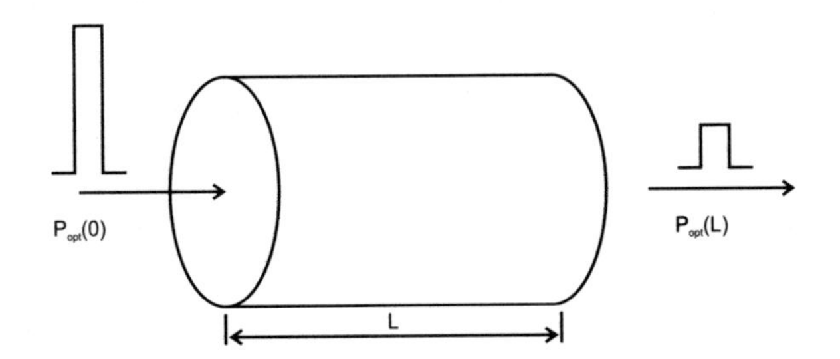

Abb. 3.22: *Signaldämpfung über der LWL-Länge durch Rayleighstreuung*

Rechenbeispiel: Dämpfung = 0,2 dB/km → α_s = ?

$$P_{opt}(L) = P_{opt}(0) \cdot e^{-\alpha_s \cdot L} = P_{opt}(0) \cdot 10^{-0{,}2\frac{1}{km} \cdot L/10}$$

$$e^{-\alpha_s \cdot L} = 10^{-0{,}2\frac{1}{km} \cdot L/10}$$

$$-\alpha_s \cdot L = \ln\left(10^{-0{,}2\frac{1}{km} \cdot L/10}\right) = \left(-0{,}2\frac{1}{km} \cdot L/10\right) \cdot \ln(10)$$

$$\alpha_s = 0{,}02\frac{1}{km} \cdot \ln(10) = 0{,}046\frac{1}{km}$$

Absorption

Absorption ist immer eine Materialeigenschaft. Sie beschreibt die Umwandlung von Lichtenergie der Übertragungswellenlänge λ in eine andere Energieform (meistens Wärme) oder in Licht einer anderen Wellenlänge, z.B. durch Fluoreszenz.

Man unterscheidet Eigenabsorption (**intrinsische** Absorption) und Absorption durch Verunreinigungen (**extrinsische** Absorption). Die materialbedingte Eigenabsorption wird zum einen durch Elektronenübergänge im Ultraviolett-Bereich (UV-Absorption) verursacht, zum anderen durch Wechselwirkung zwischen Molekülschwingungen und Photonen (IR-Absorption).

Extrinsische Absorptionsverluste entstehen durch im Glas verbleibenden Metall-Ionen wie z.B. Chrom, Eisen, Kupfer, Kobalt. Wichtig ist außerdem die Absorption durch OH^--Ionen. Die Absorption durch Metall-Ionen wird durch Elektronenübergänge zwischen den Energieniveaus der Atome erzeugt. Für Dämpfung kleiner als 10 dB/km muss der Anteil der Metall-Ionen unter 10^{-5} liegen. **Tab. 3.2** zeigt, wie sich die Verluste bei bestimmten Fremdatomen erhöhen. In einem LWL aus Quarzglas (SiO_2) bewirkt z.B. eine Konzentration von einem Fe-Ion auf 10^6 Siliziumatome eine Dämpfung von 130 dB bei einer Wellenlänge von 850 nm. Eine Chrom-lonen-Konzentration von eins zu einer Million erhöht die Dämpfung sogar auf 1300 dB.

Tab. 3.2: *Anstieg der Dämpfung in dB/km durch eine Metallionen-Konzentration von jeweils 10^{-6} bei $\lambda = 850$ nm*

Metallion	Glassorte	
	Quarzglas (SiO_2)	Natriumborsilikat ($Na_2O\ B_2O_3\ SiO_2$)
Cr	1300 dB/km	25 dB/km
Fe	130 dB/km	15 dB/km
Cu	22 dB/km	500 dB/km
Co	24 dB/km	10 dB/km

Dämpfung in Kunststoff- und kunststoffummantelten Lichtwellenleitern

Transparente Kunststoffe stellen eine Alternative zu Glas für LWL an. Dabei kann beispielsweise der Glaskern mit einem Kunststoff ummantelt sein. Man spricht dann auch von einer PCS (Plastic-Clad-Silica)-Faser oder auch von einer Glas-Kunststoff-Faser. Infolge des leicht zugänglichen LWL-Kerns eigenen sich PCS-Fasern gut zur Herstellung von Kopplern. Bei Kunststoff-Kunststoff-Fasern sind der Kern und der Mantel, aus Kunststoff aufgebaut sein. Man spricht auch von Kunststofffasern bzw. Plastikfasern oder Polymerfasern.

Sowohl PCS-Fasern als auch Kunststoff-LWL unterscheiden sich im Hinblick auf die spektrale Verteilung und die Stärke der Dämpfung erheblich von den Glas-Glas-LWL. PCS-

Fasern weisen eine niedrige Dämpfung des Kernmaterials, in der Regel Quarzglas, auf. Die hohe Dämpfung des Kunststoffmantels trägt nur wenig zur Gesamtdämpfung bei, da bei den üblicherweise großen Kerndurchmessern und hohen Numerischen Aperturen der überwiegende Teil des Lichts im Kern geführt wird. Meistens dient Silikonharz mit einer Brechzahl von ca. 1,40 bei 850 nm als Mantelmaterial. Daneben findet auch Teflon Verwendung. Seine niedrige Brechzahl von 1,34 führt zu einer besonders hohen Numerischen Apertur, was die Lichteinkopplung vereinfacht. Die Dämpfung von PCS-Fasern wird von radioaktiver Bestrahlung nur wenig beeinflusst.

Abb. 3.23 zeigt die typische, spektrale Verteilung der Dämpfung einer PCS-Faser. Da die Dämpfung nahezu ausschließlich vom Kernglas abhängt, lassen sich mit Quarzglas als Kernmaterial Dämpfungen unter 10 dB/km, im Bereich zwischen 800 nm und 850 nm erreichen. Sie eignen sich für Systeme geringerer Reichweite (bis zu einigen 100 m), z.B. in Fahrzeugen oder Flugzeugen (Gewicht!) wo der im Vergleich zu Glas-Glas-LWL nur eine untergeordnete Rolle spielt.

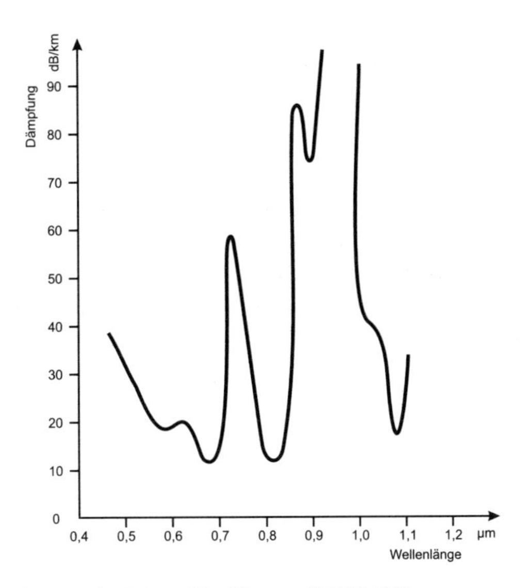

Abb. 3.23: *Spektraler Dämpfungsverlauf eines Glas-Kunststoff-LWL [32]*

Bei reinen Kunststoff- oder Plastikfasern sind die Verluste so groß, dass entweder die Dämpfung pro Meter oder die Transmission in Prozent angegeben wird. **Abb. 3.24** zeigt ein typisches Beispiel. Kunststofffasern eignen sich für Entfernungen bis etwa 100 m. Typische Kerndurchmesser liegen bei 1 mm. Dies ermöglicht den Einsatz von kostengünstigen LEDs als Sendeelemente. Der hohe Brechzahlunterschied zwischen Kern und Mantelmaterial führt zu Akzeptanzwinkeln bis ca. 70°. Auffallend in **Abb. 3.24** ist der Anstieg der Dämpfung mit steigender Wellenlänge. Da man bei Kunststofffasern in Zukunft mit wesentlich günstigeren Dämpfungswerten rechnet, werden sich aufgrund ihrer problemlosen und kostengünstigen Handhabung die Einsatzmöglichkeiten stark erweitern.

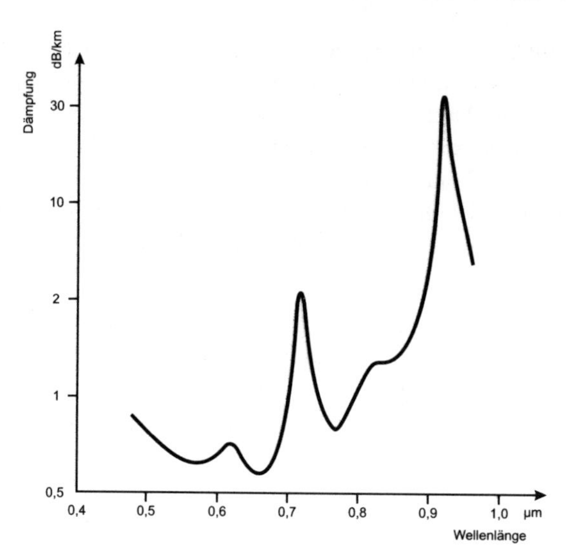

Abb. 3.24: Spektraler Dämpfungsverlauf eines Kunststoff-LWL [32]

3.2.4 Monomodefaser

Abb. 3.25 zeigt die gängigen Kategorien von Lichtwellenleitern. Man erkennt beim Monomode(Einmoden)- LWL den kleinen Kerndurchmesser. Mit der oben bereits angegebenen Strukturkonstante, die aus wellenoptischen Berechnungen der elektrischen und magnetischen Feldstärke im rotationssymmetrischen Stufenprofil-LWL resultiert erhält man folgende Bedingung für Monomodebetrieb:

$$V = \frac{\pi d}{\lambda} \cdot \sqrt{n_K^2 - n_M^2} = \frac{\pi d}{\lambda} \cdot NA \leq 2{,}405$$

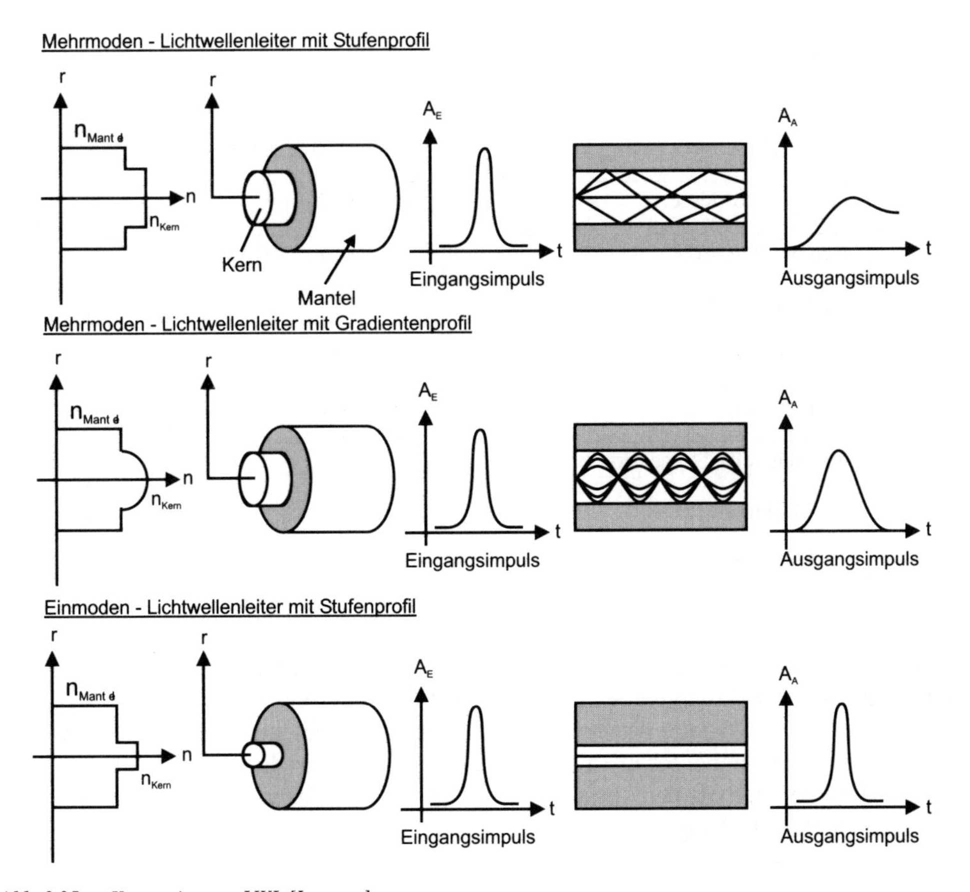

Abb. 3.25: *Kategorien von LWL [Internet]*

Durch Umstellen lässt sich bei gegebenem Kerndurchmesser d und gegebener Numerischer Apertur NA die Grenzwellenlänge (Cut Off-Wellenlänge) λ_C für Monomodebetrieb angeben.

$$\frac{\pi d}{2{,}405} \cdot NA \leq \lambda$$

Zahlenbeispiel: $d = 9\ \mu\text{m}, NA = 0{,}1 \rightarrow \lambda_C \cong 1180\ \text{nm}$

Infolge des sehr kleinen Kernradius sind die Anforderungen an die mechanische Präzision bei der Handhabung von Monomode-LWL (Steckverbindungen, Ankopplung an Laserdioden bzw. Photodioden) extrem hoch. Der große Vorteil von Monomode-LWL ist die extrem hohe Übertragungskapazität von ca. 50 GBit/s·km. **Tab. 3.3** zeigt typische technische Daten von Momomode-LWL.

Tab. 3.3 Charakteristische Daten eines Monomode-LWL [27]

Felddurchmesser:	$2\omega_0 = 9\ \mu m \pm 1\ \mu m$
Außendurchmesser:	$D\ = 125\ \mu m$
Grenzwellenlänge:	$\lambda_C = 1100 \ldots 1280$ nm
Dämpfungsbelag bei:	
$\lambda = 1300$ nm	0,4 dB/km
$\lambda = 1550$ nm	0,2 dB/km
Chromatische Dispersion bei:	
$\lambda = 1300$ nm	3,5 ps/(nm km)
$\lambda = 1550$ nm	20 ps/(nm km)

Abb. 3.26 zeigt schematisch den Verlauf der elektrischen Feldstärke im Monomode-LWL. Der Übergang der Feldstärke bzw. der Leistungsdichte vom Kernbereich in den Mantelbereich ist fließend, so dass die Angabe des Durchmessers d problematisch ist. Der Durchmesser $2\omega_0$ des elektromagnetischen Feldes, der an Stelle von d in die obige Gleichung eingesetzt wird, ist definiert als der Abstand der Radialwerte, bei denen die normierte Feldstärke E(r)/E(0) auf $1/e \cong 0{,}37$ abgefallen ist.

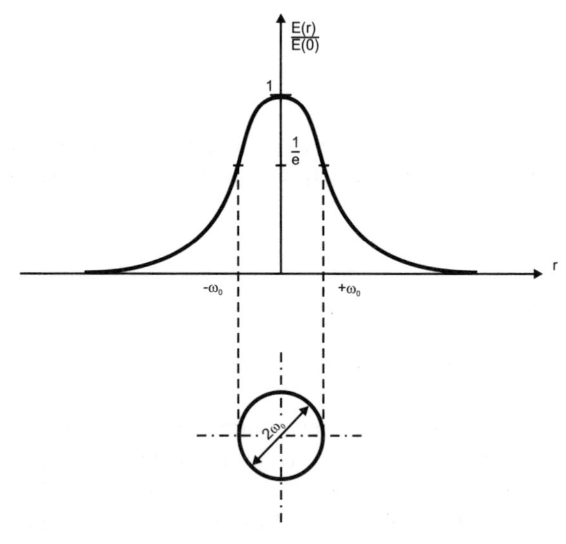

Abb. 3.26: Feldverlauf und Definition des Felddurchmessers [27]

Der genaue Verlauf der Kurve E(r)/E(0) als Funktion von r wird stückweise durch verschiedenartige Besselfunktionen beschrieben. Eine einfache aber ausreichend genaue Näherung wird durch eine Gaußglocke erzielt.

$$\frac{E(r)}{E(0)} \cong e^{-(r/\omega_0)^2}$$

Die folgende Näherungsformel beschreibt den Zusammenhang zwischen dem Felddurchmesser und der Strukturkonstanten *V* bzw. der Numerischen Apertur *NA*.

Näherungsformel:

$$2\omega_0 \cong \frac{2{,}6 \cdot d}{V} = \frac{2{,}6 \cdot \lambda}{\pi \cdot NA} \cong \frac{0{,}83 \cdot \lambda}{NA}$$

Bei größerer Wellenlänge bzw. bei kleinerer Numerischer Apertur vergrößert sich der Felddurchmesser.

Polarisationsmodendispersion

Die Polarisation des Lichts, die in Multimode-LWL keine Rolle spielt, führt in Monomode-LWL zu einer weiteren Dispersionsart. Monomode-LWL führen eigentlich **zwei** Schwingungsmoden mit zueinander orthogonaler Polarisation. Bei LWL mit perfekt rotatationssymmetrischem Querschnitt breiten sich diese beiden Schwingungsmoden mit exakt gleichen Geschwindigkeiten aus.

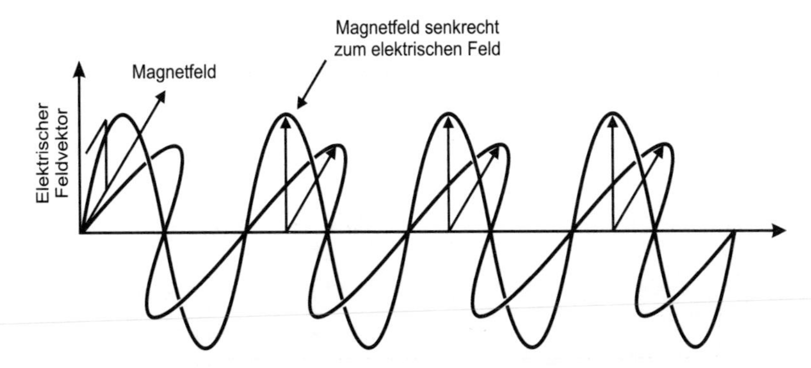

Abb. 3.27: *Elektrische und magnetische Felder im Monomode-LWL [22]]*

In der Realität ist die Rotationssymmetrie des Querschnitts eines LWL nie ganz perfekt. Daher sind die Ausbreitungsbedingungen der beiden orthogonalen Schwingungsmoden unterschiedlich, was zu leicht unterschiedlichen Ausbreitungsgeschwindigkeiten führt. Dieser Effekt wird Polarisationsmodendispersion (PMD) genannt. Probleme entstehen bei Übertragungsraten von mehr als 2.5 GBit/s.

Spezielle LWL mit unsymmetrischem Kernquerschnitt (**Abb. 3.6**) werden verwendet, um den Effekt zu unterdrücken, entweder durch starke Dämpfung eines der beiden Schwingungsmoden oder durch Beibehaltung der Polarisationsverhältnisse am LWL-Anfang und Verwendung eines Polarisationsfilters am LWL-Ende.

3.2.5 Gradientenfaser

Die Impulsverbreiterung durch Leistungsübertragung auf mehreren Moden unterschiedlicher Ausbreitungsgeschwindigkeit führt in vielen Fällen zu nicht ausreichenden Übertragungsraten. Andererseits ist die Handhabung von Monomode-LWL aufgrund des winzigen Kerndurchmessers sehr aufwendig. Eine entscheidende Verbesserung bringt die Einführung des Gradienten-LWL nach **Abb. 3.28**. In einem solchen LWL besitzt der Kern keine gleichmäßige optische Dichte, sondern einen mit dem Radius abnehmenden Brechungsindex, was man auch als Brechzahlprofil bezeichnet **Abb. 3.29**.

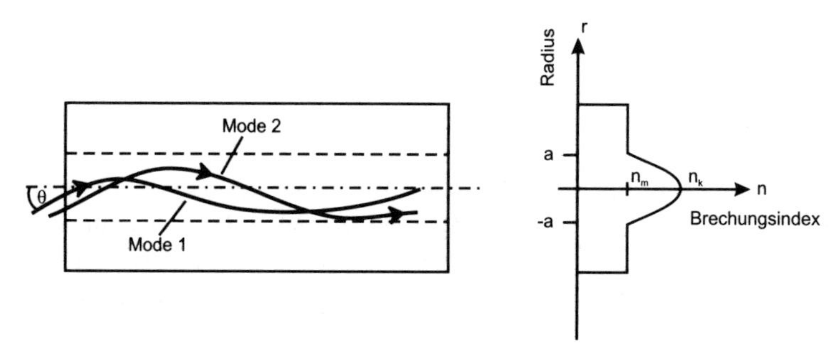

Abb. 3.28: *Lichtausbreitung im Gradienten-LWL [27]*

Das Brechzahlprofil folgt meist angenähert einem Potenzgesetz, mit dem Profilexponenten g:

$$n(r) = n_K \cdot \sqrt{\left(1 - \frac{n_K^2 - n_M^2}{n_K^2} \cdot \left(\frac{r}{a}\right)^g\right)} \qquad \textit{für } r \le a \qquad \textit{Brechzahlprofil}$$

$$n(r) = n_M = \text{konst.} \qquad \textit{für } r > a \qquad \textit{Mantel}$$

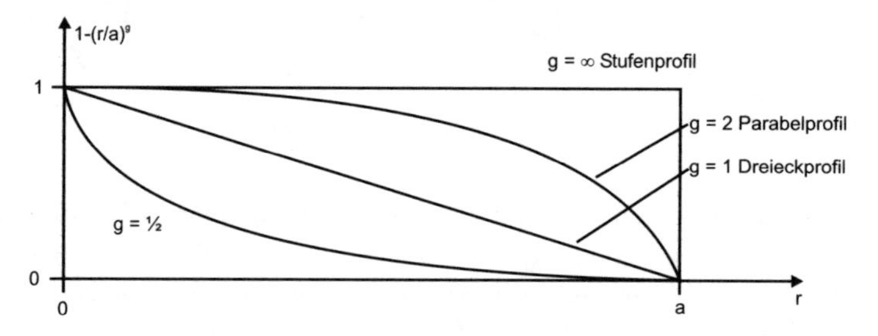

Abb. 3.29: *Brechzahlprofile bei verschiedenen Profilexponenten*

Durch die kontinuierliche Änderung des Brechungsindex im Faserkern wird ein Strahl, der nicht parallel zur Achse in die Faser eingekoppelt wird, in wellenförmige Bahnen gebrochen. An Stelle von Totalreflexion ergibt sich eine reine Brechung des Lichts. Es existiert ebenfalls ein Akzeptanzwinkel θ_A und eine Numerische Apertur. Wie in der Stufenindexfaser sind auch im Gradienten-LWL mehrere Moden ausbreitungsfähig. Durch aufwändige wellentheoretische Untersuchungen lässt sich zeigen, dass die Zahl der Moden

$$i_{\max} = \frac{g}{2 \cdot (g+2)} \cdot V^2$$

beträgt. Der Strukturparameter hängt wie oben bereits erläutert von der Wellenlänge λ des Lichtes, dem Kerndurchmesser d und der Numerischen Apertur NA ab. Entscheidend ist, dass die Ausbreitungsgeschwindigkeit v eines Mode direkt vom Brechungsindex abhängt.

$$v = \frac{c_0}{n(r)}$$

Im Bereich des Kernrandess breitet sich das Licht wegen des niedrigeren Brechungsindex schneller aus als im Inneren des Kerns. Der längere Weg auf der wellenförmigen Bahn kann damit fast zu Null kompensiert werden, so dass schließlich alle Moden näherungsweise die gleiche Ausbreitungsgeschwindigkeit besitzen. Gradienten-LWL zeigen deshalb nur sehr geringe Modendispersion.

Die Laufzeitkompensation gelingt nur für eine bestimmte Wellenlänge, die sogenannte Betriebswellenlänge des LWL. Da jede Lichtquelle ein Spektrum endlicher Breite Δλ besitzt, entsteht die sogenannte Profildispersion. Das Brechzahlprofil und die Geometrie des LWL unterliegen außerdem fertigungstechnischen Toleranzen, was zusätzliche Abweichungen bei der Laufzeitkompensation verursacht. Der optimale Profilexponent liegt nahe bei g = 2 ($g_{opt} \cong$ 1,98 **Abb. 3.30**).

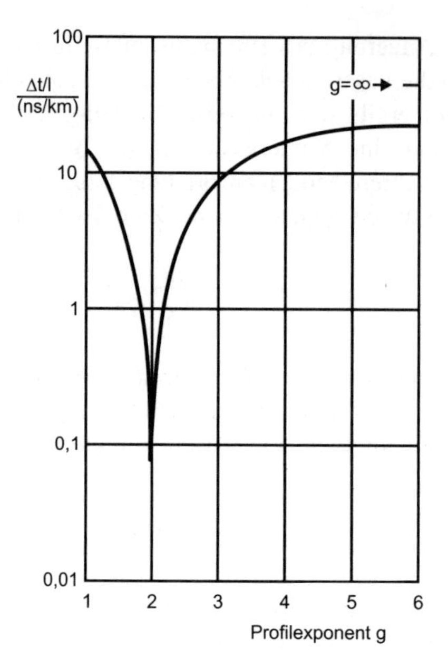

Abb. 3.30: *Modendispersion als Funktion des Profilexponenten [17]*

Maximale Laufzeitdifferenz bei Stufenprofil (g = ∞):

$$\frac{\Delta t_{Stufe}}{L} = \frac{n_K}{c_0} \cdot \frac{n_K - n_M}{n_M} = 50 \frac{\text{ns}}{\text{km}}$$

Maximale Laufzeitdifferenz bei Gradientenprofil ($g = g_{opt}$):

$$\frac{\Delta t_{grad}}{L} = \frac{n_K}{c_0} \cdot \frac{n_K - n_M}{n_M} \cdot \left(\frac{n_K - n_M}{8 \cdot n_M} \right) = 62{,}5 \frac{\text{ps}}{\text{km}}$$

Angenommen wurde jeweils $\frac{n_K - n_M}{n_M} = 0{,}01$

Wenn man die Materialdispersion in die Optimierung mit einbezieht, dann erhält man einen Optimalwert $g_{opt}^{\cdot} \cong 2{,}03$ (**Abb. 3.31**).

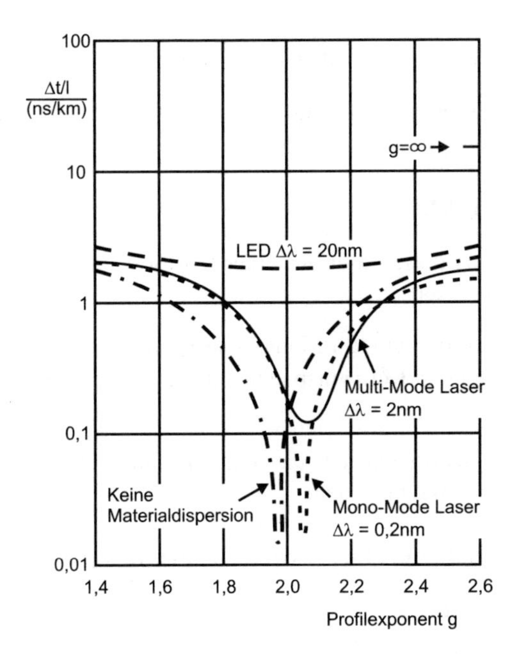

Abb. 3.31: *Modendispersion als Funktion des Profilexponenten unter Berücksichtigung der Materialdispersion [17]*

Da ein Brechzahlprofil immer nur mit endlicher Genauigkeit hergestellt werden kann, stellt das Parabelprofil ($g = 2$) eine gute Wahl dar. **Tab. 3.4** zeigt typische technische Daten von Gradienten-LWL.

Tab. 3.4: *Charakteristische Daten eines Gradienten-LWL [27]*

Geometrie:	d = 50 µm D = 125 µm
Profilparameter:	g = 2 ± 0,2
Numerische Apertur:	NA = 0,2 ± 0,02 $\theta_A \cong 12°$
Dämpfungsbelag bei: λ = 850 nm λ = 1300 nm λ = 1550 nm	 2,5 dB/km 0,5 dB/km 0,4 dB/km
Bandbreite-Entfernung bei λ = 1300 nm	1 GHz km abhängig von Δλ
Residuale Modendispersion	0,44 ns/km abhängig von Δλ

3.2.6 Herstellung von Lichtleitfasern

Die Herstellung von Lichtleitfasern erfolgt sowohl bei Kunststoff-LWL als auch bei Glas-LWL in mehreren Schritten [33][52].

3.2.6.1 Glasfaser-LWL

Bei fast allen Verfahren wird die Faser aus einer Vorform gezogen. Die Vorform ist aufgebaut wie eine vergrößerte Faser:

- Maßstabsgerechte Vergrößerung für Mantel und Kern
- Brechzahlen für Mantel und Kern entsprechen denen des späteren LWL

Beim ersten Herstellungsschritt entsteht die Vorform, aus der man die Faser unter großer Hitze im zweiten Herstellungsschritt zieht.

3.2.6.2 Herstellung der Vorform durch Glasschmelzen

Stabrohrmethode (rod in tube)

Ein Glasstab wird bei Einhaltung geringer Toleranzen in ein Glasrohr geringerer Brechzahl geschoben. Es lassen sich Mehrmoden-Stufenprofil-LWL herstellen. Die Dämpfung beträgt 500-1000 dB/km [33].

Doppeltiegelmethode (keine feste Vorform)

Kern und Mantelglas werden in geschmolzenem Zustand aus zwei Tiegeln zusammengeführt (compound melting). Es werden Mehrkomponentengläser eingesetzt, z.B.:

- Alkali-Bleisilikat
- Natrium-Borsilikat

Der Ionenaustausch zwischen Kern- und Mantelglas ermöglicht auch Gradientenprofilfasern (Selfoc-Methode). Die Dämpfung beträgt 5-20 dB/km bei 850 nm [33].

Anwendung: Dickkern-LWL mit einem Kerndurchmesser größer als 200 µm.

Glasphasentrennungs-Methode

Ein Stab Natrium-Borsilikatglas wird bei 1200 °C geformt und danach über einige Stunden bei 600 °C gelagert. Es stellt sich eine Trennung von einer Natrium-Boratglasphase in einer SiO_2-Glasmatrix ein (Phase Separable Glass). Die Übergangsmetalle (z. B. Fe und Cu) sammeln sich in der Natrium-Boratglasphase. Die Übergangsmetalle werden mit einer Säure ausgelaugt. Es entsteht eine poröse Vorform. Durch Tränken mit einer hochreinen Salzlösung (z. B. Cäsiumnitrat) kann die Brechzahl erhöht werden. Durch Waschen der äußeren Schicht lässt sich im Mantel eine niedrigere Brechzahl einstellen. Die Dämpfung beträgt 10-50 dB/km bei 850 nm [33].

Glasstab

Als Vorform dient ein Quarzglasstab. Dieser wird beim Ausziehen mit einem klaren Kunststoff (Plastic Clad) niedriger Brechzahl beschichtet. Die Dämpfung beträgt 5-50 dB/km bei 850 nm [33].

3.2.6.3 Herstellung der Vorform durch Glasabscheidung aus der Gasphase

Extrem dämpfungsarme LWL lassen durch die Abscheidung des Glases aus der Gasphase herstellen (Vapor Deposition). Diese heute wichtigen Verfahren werden im Folgenden beschrieben [33].

OVD- oder OVPO-Verfahren (Outside Vapor Deposition oder Outside Vapor Phase Oxidation)

Mit einem Knallgasbrenner wird zunächst ein Substratstab aus einem der folgenden Materialien erhitzt:

- Quarzglas
- Al_2O_3
- Graphit

Der Brenner lässt sich entlang des drehenden Rohlings bewegen, so dass immer eine schmale Zone erhitzt werden kann. Dem Brenner werden die gasförmigen Dotierungsstoffe zudosiert, z.B. die Metallhalogenide:

- $SiCl_4$
- $GeCl_4$
- $TiCl_4$
- BCl_3 s
- PCl_3

Im Brenner wandeln sich die Zusatzstoffe in die entsprechenden Oxide um, die sich auf dem Rohling ablagern. Sie bilden radial die Bereiche verschiedener Brechzahlen für Kern und Mantel des LWL. Durch die Beeinflussung der Gaszusammensetzung lassen sich z. B. auch Gradientenprofilfasern herstellen (**Abb. 3.32** und **Abb. 3.33**).

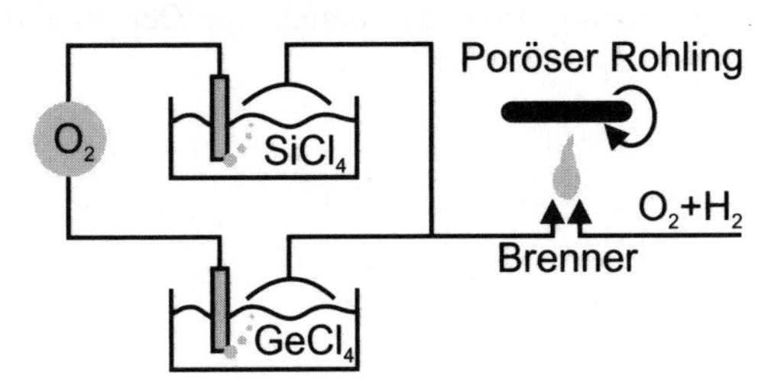

Abb. 3.32: *Prinzip des OVD-Verfahrens*

Nach Fertigstellung des Aufbaus der verschiedenen Schichten für Kern und Mantel wird der Rohling entfernt. Durch einen thermischen Prozess bei 1400 °C bis 1600 °C entsteht aus dem Zylinder eine fester, blasenfreier und transparenter Glasstab. Zur Verringerung der OH-Absorption des entstehenden LWL spült man den Zylinder beim Sintern ständig mit Thionylchlorid ($SOCl_2$) bzw. einer Mischung aus Chlorgas und Helium.

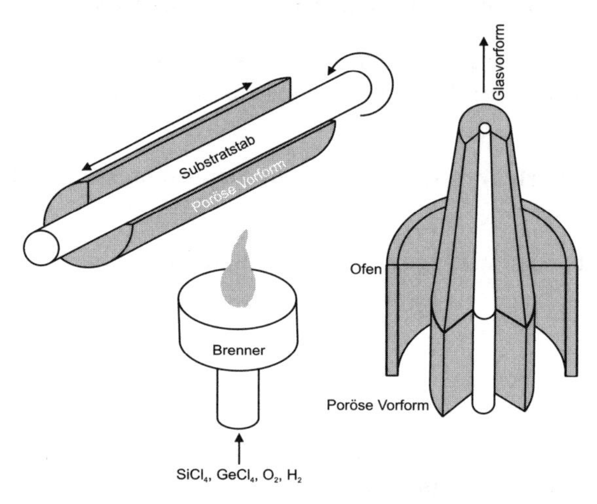

Abb. 3.33: *Aufbringen der Schichten beim OVD-Verfahren und Sinterung*

Die Innenöffnung (Center Hole oder Dip) (**Abb. 3.33**) wird in einer weiteren Behandlungsphase mit einem Ringbrenner durch Kollabieren des Zylinders beseitigt. Dabei entsteht durch Verdampfen von Dotierstoffen in der Mitte der Vorform eine unerwünschte Brechzahlerniedrigung.

MCVD-Verfahren (Modified Chemical Vapor Deposition)

In einer Anordnung wie in **Abb. 3.34**, wird ein sich drehendes Quarzglasrohr innerhalb einer schmalen Zone auf 1600 °C erhitzt. Ein Gasgemisch aus Sauerstoff und den Dotierungsmaterialien in Form von Halogenidverbindungen wird durch das Quarzglasrohr geleitet. Es werden viele dünne Schichten von feinen Teilchen an der Rohrinnenseite abgeschieden, die durch die anschließende Erhitzung zu Glas schmelzen. Der Reaktionsprozess läuft ohne Flamme ab.

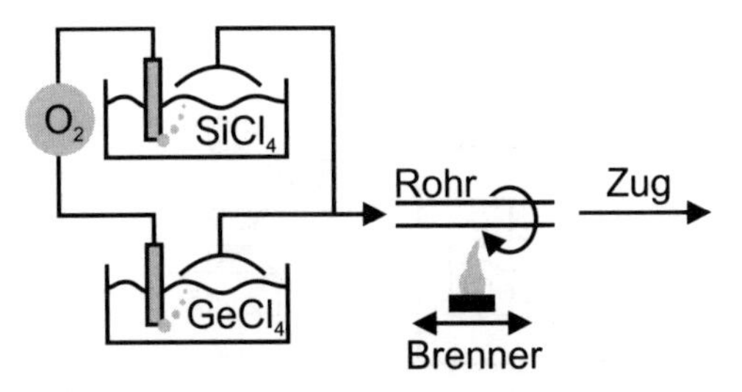

Abb. 3.34: Abscheiden der gasförmigen Dotierungsmaterialien und Sintern im Rohr

Das Quarzglasrohr bildet den äußeren Teil des Mantels. Der innere Teil des Mantels sowie das Kernmaterial entstehen durch Abscheidung aus der Gasphase. So lassen sich in Abhängigkeit des Dotierungsmaterials die Brechzahlen einstellen. Die Anzahl der Schichten ist auf ca. 50-100 begrenzt. Bei Werten darüber entstehen zu große thermische Spannungen im Rohr. Anschließend muss noch die Innenöffnung des Rohres beseitigt werden. Dies gelingt durch Erhitzung über 1900 °C. Das Rohr kollabiert zu einem Stab (**Abb. 3.35**). Maßnahmen zur Trocknung sind nicht erforderlich. Das feuchte Heizgas gelangt nicht an die Innenseite des Rohres. Es ist nicht mit einer erhöhten OH-Absorption zu rechnen. Auch hier tritt eine Erniedrigung der Brechzahl im Kernbereich auf.

PCVD-Verfahren (Plasma-activated Chemical Vapor Deposition)

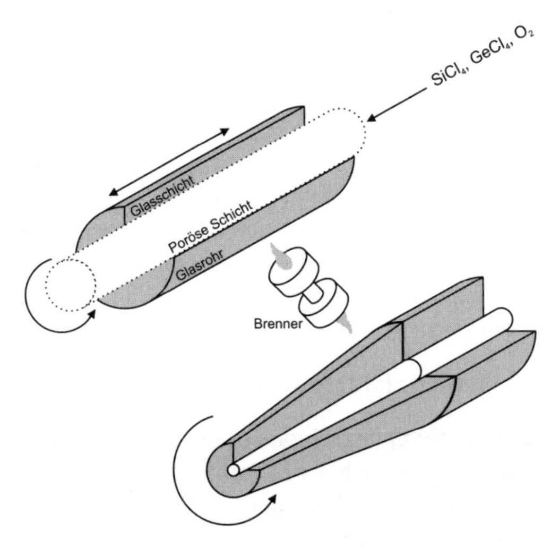

Abb. 3.35: Kollabieren des Rohres

Das PCVD-Verfahren ist eine Variante des MCVD-Verfahrens. Der Unterschied besteht in der Reaktionstechnik. Mit Hilfe eines Mikrowellengenerators wird ein nicht isothermes Plasma erzeugt (**Abb. 3.36**).

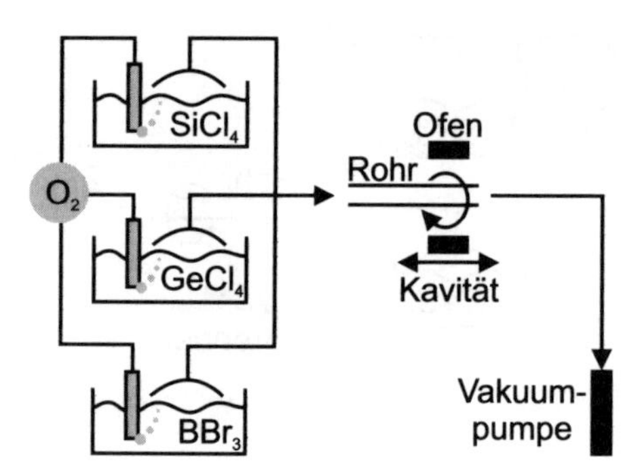

Abb. 3.36: Erzeugen und Abscheiden des Plasmas im Rohr

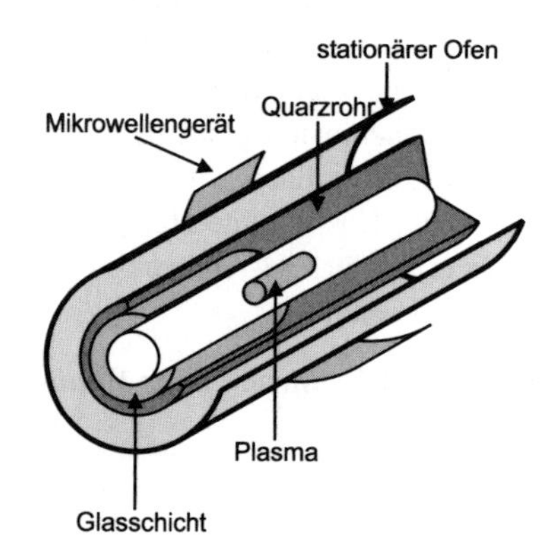

Abb. 3.37: Abscheidung im Detail

Trotz der hohen Plasmatemperatur muss das Rohr auf ca. 1000 °C mit einer Begleitheizung erhitzt werden, um den Schmelzpunkt zu erreichen. Das innere des Quarzrohres wird mit der Vakuumpumpe auf ca. 1 kPa gehalten. Das Rohr muss nicht rotieren, da kein Glasstaub entsteht und das Plasma sich rotationssymmetrisch direkt als Glasschicht absetzt (**Abb. 3.37**). Mit diesem Verfahren lassen sich größere Schichtdicken erzeugen.

VAD-Verfahren (Vapor Phase Axial Deposition)

Bei diesem Verfahren werden die Quarzschichten auf das Ende eines Substratstabes aufgeschmolzen. Der Substratstab bewegt sich schraubenförmig. Er bewegt sich mit der gleichen Geschwindigkeit nach oben, wie Material aus der Gasphase angelagert wird. Der Abstand zu den Brennern bleibt konstant (**Abb. 3.38**).

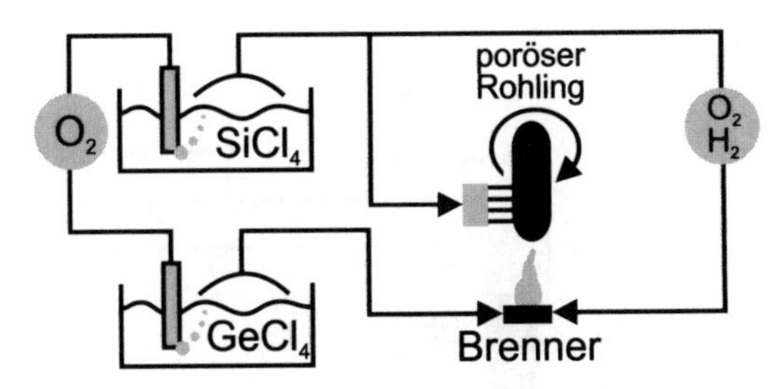

Abb. 3.38: *Prinzip des VAD-Verfahrens*

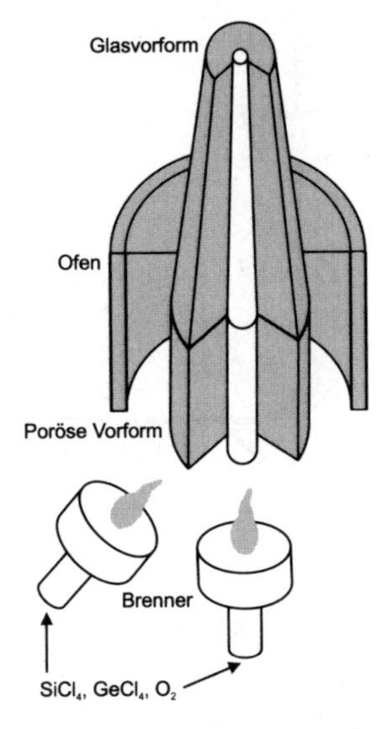

Abb. 3.39: *Sinterung bei gleichzeitiger Schrumpfung mit ringförmiger Heizung*

Durch die verschiedenen Gaszusammensetzungen, die eingestellten Temperaturen und die Anordnung der Brenner lässt sich der Brechzahlverlauf einstellen. Auch das Gradientenprofil kann so hergestellt werden. Es entsteht zunächst eine poröse Vorform. Mit Hilfe einer ringförmigen Heizung (**Abb. 3.39**) schmelzen die angelagerten Partikel zu Glas, wobei die Vorform auf das Endmaß schrumpft. Zur Entfeuchtung wird mit Chlorgas gespült. Das Verfahren erlaubt die Herstellung nahezu beliebig langer Vorformen.

3.2.6.4 Faserziehen

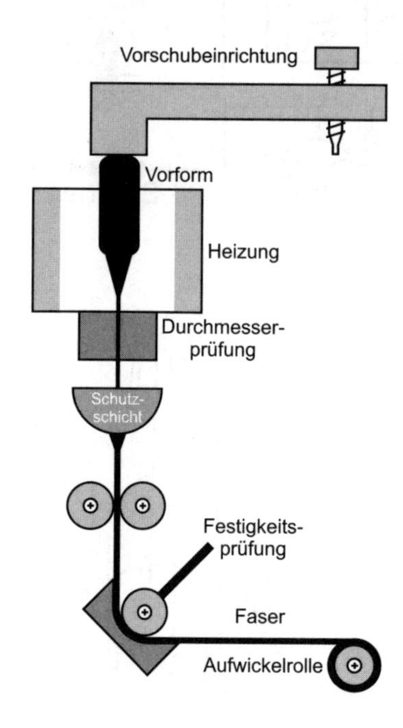

Abb. 3.40: Faserziehen

Die Vorform wird in einer in vertikaler Richtung verstellbaren Halterung befestigt (**Abb. 3.40**). Das untere Ende der Vorform wird mit Hilfe eines Ofens auf 2000 °C erhitzt. Die Faser kann dann von der schmelzenden Vorform nach unten abgezogen werden. Zur Einhaltung der Abmessungen ist der Ziehprozess und der Vorschub der Vorform einer Regelung unterworfen. Typische Ziehgeschwindigkeiten betragen 300m/min. Trotz der Durchmesserreduzierung der Vorform im Verhältnis 300:1 durch das Ziehen der Faser, bleibt das Brechzahlprofil als auch das Durchmesserverhältnis von Kern und Mantel erhalten. Der LWL wird noch mit einer Schutzschicht (Coating) überzogen.

3.2.6.5 Kunststoff-LWL

Gradientenprofil-LWL befinden sich noch in der Entwicklung. Die Herstellung teilt sich im Unterschied zur Glas-LWL in die folgenden Schritte [52]:

- Reinigung der Ausgangsstoffe
- Polymerisation
- Formung der Fasergeometrie
- Aufbringen des Fasermantels

Die Güte der Ausgangsstoffe ist für die Dämpfung von entscheidender Bedeutung. Häufige Gründe für Verunreinigungen der Ausgangsmaterialien sind:

- Hemmstoffe in den Monomeren zur Unterdrückung der frühzeitigen Polymerisation
- Nebenprodukte aus der Monomerherstellung
- Wasser, Metalle und Staubpartikel

Bei der Polymerisation werden aus den Einzelmolekülen Makromoleküle (Polymere) hergestellt. Es sind Zusatzstoffe erforderlich. Wichtig ist die Auswahl eines Verfahrens, bei dem möglichst wenig dieser Zusatzstoffe benötigt werden. Zusätzlich ist darauf zu achten, dass keine Verunreinigungen durch die Maschinen entsteht.

Die Herstellung erfolgt nach den folgen Verfahren:

1. Faserziehen aus der Vorform
2. Schubextrusion
3. Kontinuierliche Extrusion
4. Spinn-Schmelz-Verfahren

Zu 1.: Das Verfahren wurde schon bei den Glas-LWL vorgestellt. Die Vorform besteht hier aus einem Polymerzylinder der konzentrisch mit einem Mantelglas umhüllt ist. Der Gesamtprozess ist diskontinuierlich und aufwendig. Das Verfahren eignet sich zur Herstellung von Gradientenprofilfasern.

Zu 2.: Unter Vakuum gelangen in der folgenden Reihenfolge die Substanzen in den Polymerisationsbehälter:

- Monomer
- Initiator und Polymerisationsregler

Die Polymerisation findet bei 180°C statt. Nach Abschluss der Polymerisation werden die Ventile zur Vakuumpumpe und zu den Vorratsbehältern geschlossen. Mit Stickstoff wird ein Überdruck aufgebaut, der das Polymer durch die Düse drückt und so die Faser erzeugt. In einem weiteren Schritt erfolgt die Beschichtung mit dem Mantelmaterial (**Abb. 3.41**). Das Verfahren ist diskontinuierlich und deshalb nicht für die großtechnische Herstellung geeignet.

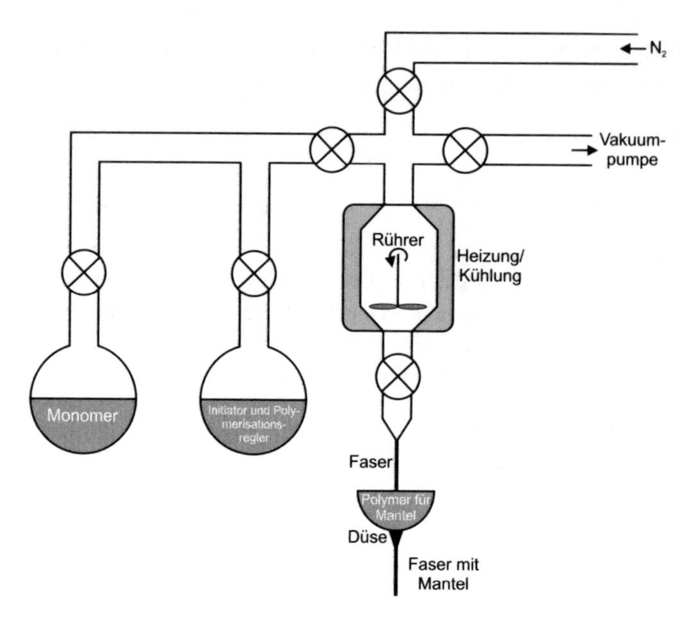

Abb. 3.41: *Schubweise Polymerisation von Kunststoff-LWL-Fasern [52]*

Zu 3.: Das in **Abb. 3.42** gezeigte Verfahren ist zur kontinuierlichen Produktion von Fasern geeignet.

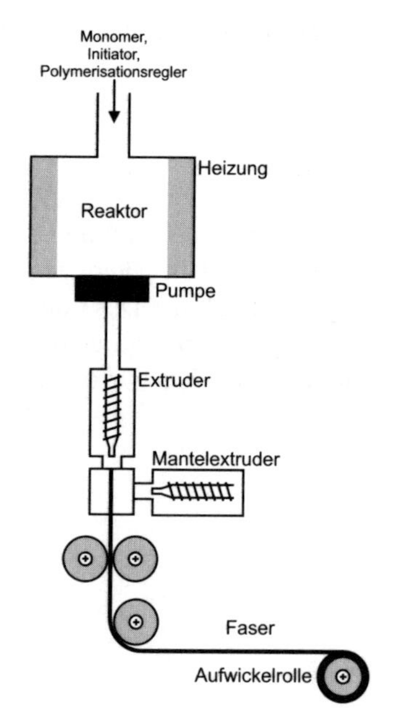

Abb. 3.42: *Kontinuierliche Extrusion*

Im Reaktor wird das Gemisch bis zu 80% vorpolymerisiert. Mit einer Pumpe wird es in den Extruder befördert. Das Material wird dort entgast und das verbleibende Monomer abgesaugt und in den Reaktor zurückgefördert. Das gleiche Verfahren ist für den Mantel erforderlich. Die geometrische Form wird durch die Düse vorgegeben.

Zu 4.: Das Polymer wird geschmolzen und durch einen Spinnkopf gedrückt (**Abb. 3.43**). Ein Teil der Düsen des Kopfes dient der geometrischen Formgebung der Faser. Die äußeren Düsen dienen der Zufuhr des Mantelpolymers. Es entsteht eine vollständig ummanteltet Faser.

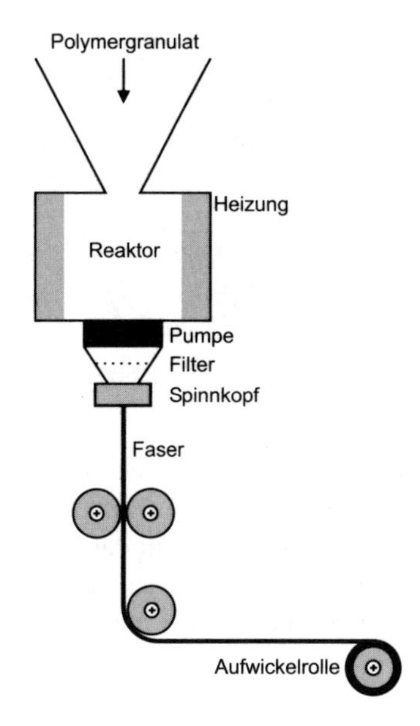

Abb. 3.43: *Spinn-Schmelz-Verfahren*

Nach der Herstellung mit ihrer geometrischen Formgebung müssen die Fasern noch einem Streckprozess unterworfen werden. Dabei erhalten die Polymermoleküle eine spezielle Orientierung. Nach dem Streckprozess hat die Faser dann den Enddurchmesser. Der Streckprozess hat maßgeblichen Einfluss auf die mechanischen Eigenschaften der Faser. Eine dieser Kenngrößen ist die Zugfestigkeit.

3.2.7 Lichtleitfaserkabel

Ungeschützte LWL sind unter praktischen Gesichtspunkten nicht einfach einsetzbar. Die wesentlichen Gründe hierfür sind:

- Die niedrige Bruchdehnung im Bereich einige mm/m
- Erhöhung der Dämpfung bei jeder Art von mechanischer Beanspruchung

Die Aufgaben der Kabeltechnik besteht im:

- Schutz des LWL vor mechanischen Belastungen
- Schutz des LWL vor Witterungseinflüssen
- Aufbau einer formstabilen Struktur

Die Industriestandards für optische und mechanische Eigenschaften der LWL sind z. B. in den Normen EN187000, EN50173 und IEC60794 festgelegt [33].

3.2.7.1 Hohlader und Bündelader

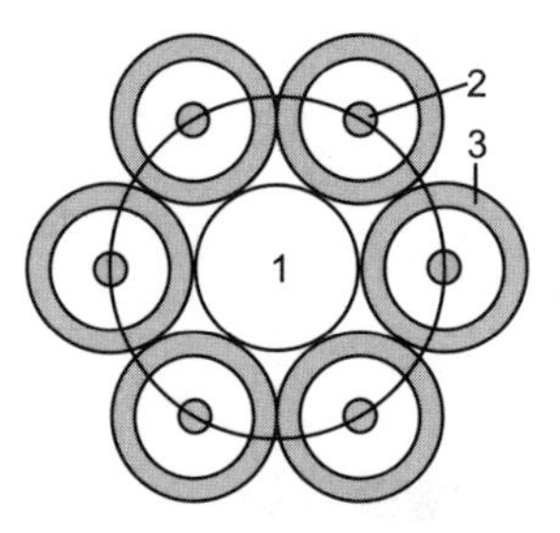

Abb. 3.44: *Lage des LWL in der Hohlader (1 Zentralelement, 2 LWL, 3 Schutzhülle)*

Die Hohladertechnik bietet eine Möglichkeit diesen Schutz zu gewährleisten. **Abb. 3.44** zeigt den Querschnitt durch ein Hohladerkabel ohne mechanische Belastung [33]. Die Hohlader besteht aus einem Kunststoffröhrchen mit dem darin befindlichen LWL. Dieser ist dort reibungsarm gelagert und wird durch das Röhrchen mit seinen Materialeigenschaften geschützt. Der Aufbau ähnelt dem des Koaxialkabels mit einer Kupferader.

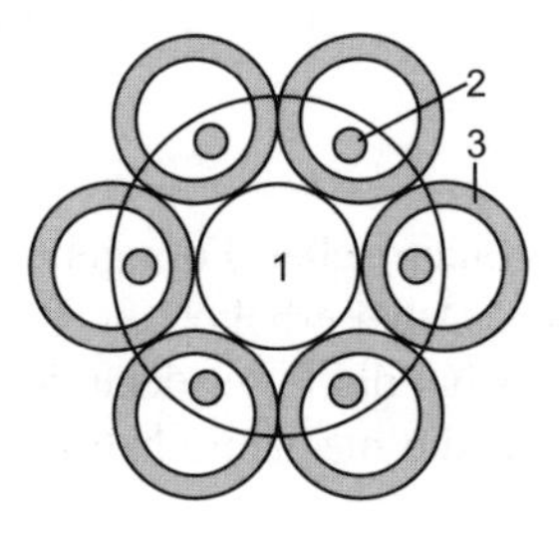

Abb. 3.45: *Lage des LWL in der Hohlader bei Dehnung (1 Zentralelement, 2 LWL, 3 Schutzhülle)*

Der geringe Reibungskoeffizient wird mit Hilfe einer Innenbeschichtung des Röhrchens erzielt. Das Röhrchen besteht z. B. aus Kombinationen aus Polyester und Polyamid. Der LWL hat einige zehntel Millimeter Spiel zum Mantel. Dieses Spiel bietet eine Art Längenspeicher, insbesondere wenn die einzelnen Hohladern gegeneinander verseilt sind. Der LWL wir also bei kleinen Dehnungen nicht belastet. Die verschiedenen Belastungszustände zeigen die **Abb. 3.45** und **Abb. 3.46**.

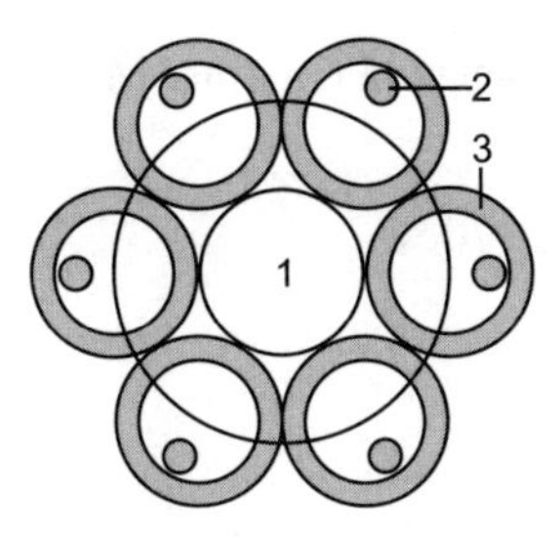

Abb. 3.46: *Lage des LWL in der Hohlader bei Stauchung (1 Zentralelement, 2 LWL, 3 Schutzhülle)*

Bedingt durch diesen Aufbau überträgt sich die Dehnung des Kabels erst bei 5 mm/m bis 10 mm/m auf den LWL und erhöht dann die Dämpfung. Der gleiche Effekt wird auch bei der temperaturbedingten Kontraktion erreicht.

Außer in runder Form sind noch die Bändchentypen üblich. **Abb. 3.47** zeigt drei verschiedene Arten des Aufbaus. Es werden zwei oder mehr Hohladern mit den folgenden Verfahren verbunden:

- Folienverbindung (Sandwich)
- Verbindung durch verkleben der Seiten (Edge Bonded)
- Verbinden durch Umhüllung (Encapsulated)

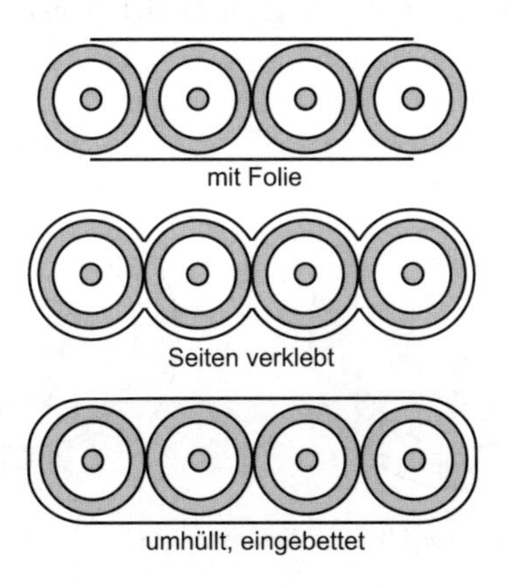

Abb. 3.47: *Bändchentypen*

Nach Beschädigung einer Hohlader kann Wasser eindringen. Es können als Folge bei Frost folgende Probleme auftreten:

- Bruch der Faser
- Mikrokrümmungen (microbending)

Die Hohlader werden deshalb vorbeugend mit einer Masse gefüllt. Die Masse weist folgende Eigenschaften auf:

- Temperaturbereich –30 °C bis +70 °C
- Nicht tropfend
- Nicht frierend
- Geschmeidig
- Schwer entflammbar
- Abwaschbar und abstreifbar
- Chemisch neutral
- Volumenstabil (kein Quellen etc.)

Zur Reduzierung des Querschnittes von LWL-Kabeln und damit zur Verbesserung der Handhabbarkeit werden auch Hohladern mit mehreren LWL hergestellt (**Abb. 3.48**). Bei diesen Kabeln spricht man von Bündeladern. Typische Durchmesserrichtwerte sind:

Hohlader mit einer LWL: 1,4 mm

Bündelader 2-12 LWL: 1,8 mm – 3,5 mm

Maxibündelader >12 LWL: 6 mm

Diese Kabeltypen unterscheiden sich nur durch ihre äußeren Abmessungen und die Anzahl der LWL. Bei der Bündelader sind die LWL zusätzlich gegeneinander verseilt. So wird eine größere Stabilität erreicht.

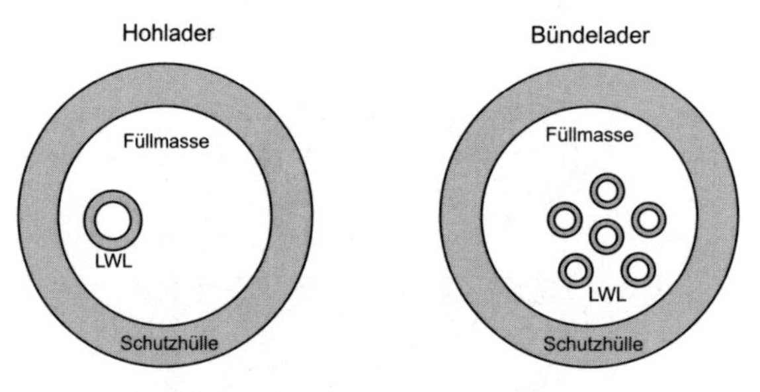

Abb. 3.48: *Hohlader und Bündelader mit LWL und Füllmasse [33]*

Die Schutzhülle in Form des Röhrchens besteht aus zwei Schichten. **Abb. 3.49** zeigt schematisch den Längenspeicher.

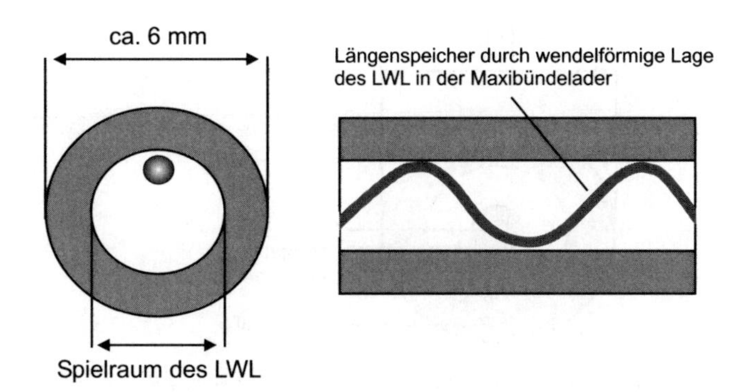

Abb. 3.49: *Längenspeicher*

Um den Anschluss von Steckern zu erleichtern, werden Aufteilungsadapter eingesetzt. Ein LWL mit 250 µm Durchmesser in der Hohlader wird in ein Röhrchen mit 900 µm Außendurchmesser eingeführt. Der direkte Anschluss eines Steckers ist dann möglich.

Typische Temperaturbereiche:

Transport- und Lagertemperatur:	-20 °C bis 50 °C
Verlegtemperatur:	5 °C bis 40 °C
Betriebstemperatur:	0 °C bis 55 °C

Anwendung finden diese Kabel bei Übertragungsstrecken, die trotz unterschiedlichster Umgebungsbedingungen eine hohe Übertragungsqualität gewährleisten müssen.

Beispiele für Sonderkabel dieser Art:

- Seekabel
- Selbsttragende Luftkabel
- Schachtkabel für Bergbau

3.2.7.2 Festader oder Vollader

Bei der Festader wird im Gegensatz zur Hohlader eine Schutzhülle unmittelbar auf den Mantel der Faser aufgebracht (Coating). **Abb. 3.50** und **Abb. 3.51** zeigen den prinzipiellen Aufbau von Glas- und Kunststoff-LWL.

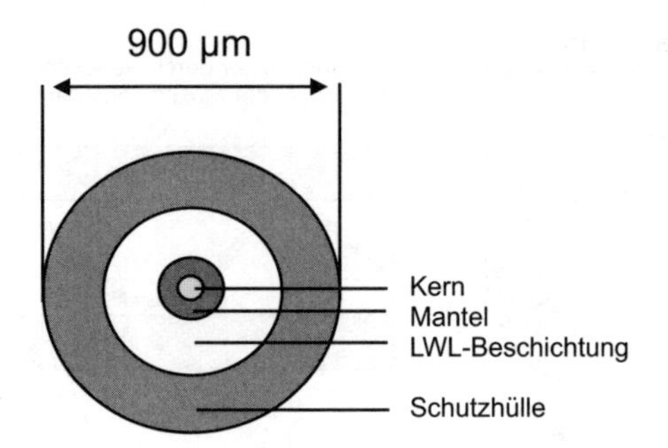

Abb. 3.50: *Festader Glas-LWL (1 Schutzhülle, 2 LWL-Beschichtung, 3 Mantel, 4 Kern) [33]*

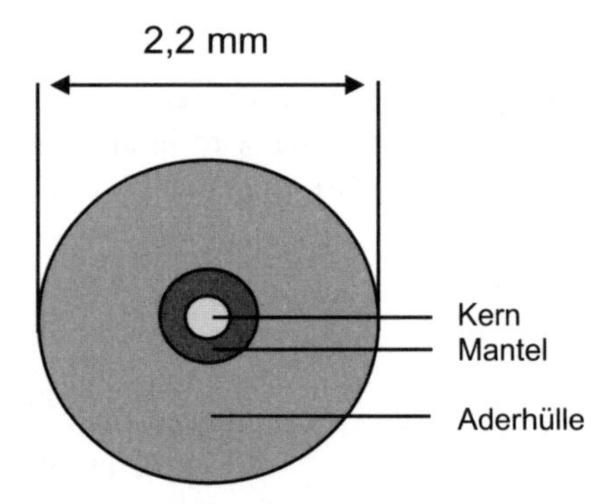

Abb. 3.51: *Kunststoffader(1 Kern, 2 Mantel, 3 Aderhülle) [33]*

Der einfache Aufbau bewirkt eine Durchmesserreduzierung im Vergleich zur Hohlader. Den schlechteren mechanischen Schutz durch den fehlenden Längenspeicher kann man zum Teil durch zusätzlichen Einsatz von Zugelementen (Fäden oder Gewebe aus Aramidgarn) kompensieren.

Die Festader hat im Vergleich zur Hohlader die folgenden Vorteile:

- Kleinerer Biegeradius
- Kleinerer Durchmesser
- Geringeres Gewicht
- Bei der Konfektionierung ist die Schutzhülle einfacher zu entfernen und damit der Stecker leichter anzuschließen

Der Durchmessernennwert der Festader bei Glas-LWL beträgt 0,9 mm (+/-0,1 mm). Das Nenngewicht beträgt ca. 0,8 kg/km. Die Betriebstemperatur liegt zwischen –5 °C und +70 °C. Bei Kunststofflichtwellenleitern mit Schutzhülle beträgt der Außendurchmesser 2,2 mm bei 1mm Manteldurchmesser.

Beispiele für Einsatzbereiche von Festaderkabel:

- Kurze Strecken für temporäre Verbindungen (Pigtail)
- Übertragung innerhalb von Maschinen und Geräten zur Verbindung verschiedener LWL-Systeme
- Verkabelung in trockenen Gebäuden, oder über 0 °C

3.2.7.3 Kabelkonstruktionen

Der konstruktive Kabelaufbau richtet sich nach den Erfordernissen der Anwendung. Zum Erreichen ausreichender mechanischer Stabilität eines LWL-Kabels mit Hohl- oder Bündeladern werden diese um einen gemeinsamen Kern, das Zentralelement, verseilt. Aufgabe des Zentralelementes ist:

- Knickschutz oder Stützung der LWL
- Zugentlastung (Beispiel Luftkabel)

Vorwiegend durch die Verseilung erhalten die LWL die innere „Beweglichkeit", um den folgenden Beanspruchungen innerhalb der spezifizierten Grenzen ohne Einfluss auf die Übertragungseigenschaften ausgesetzt werden zu können:

- Zugbeanspruchung
- Stauchbeanspruchung
- Quetschbeanspruchung
- Biegebeanspruchung

Bei LWL-Kabeln wird im wesentlichen die Lagenverseilung verwendet. Man unterscheidet:

- LWL-Lagenkabel
- LWL-Bündelkabel

Abb. 3.52: *Lagenkabel (Ortsnetz)*

Abb. 3.53: *Lagenkabel mit Bündeladern (Fernnetz) [33]*

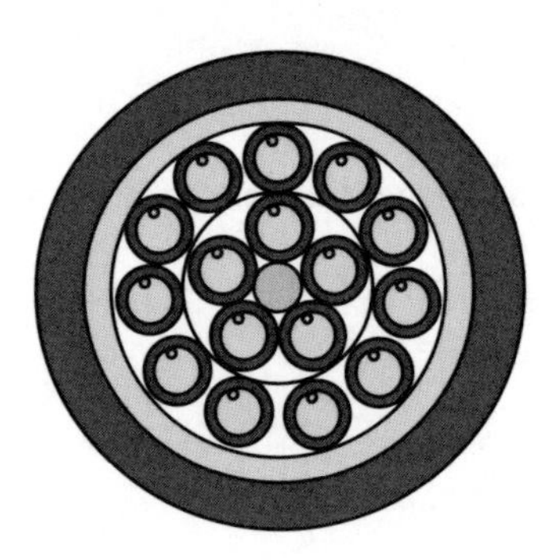

Abb. 3.54: *Lagenkabel (Ortsnetz) [33]*

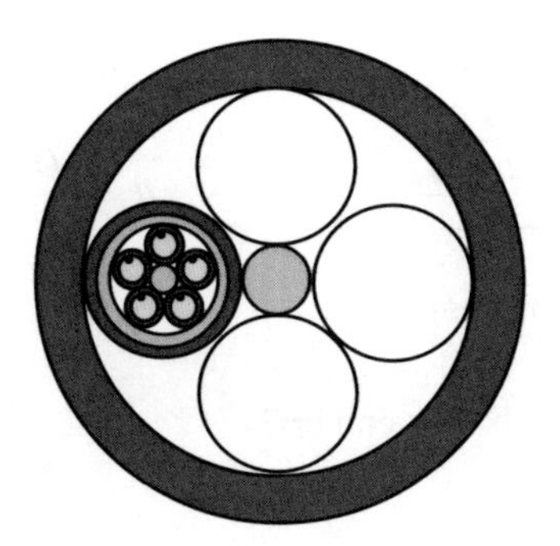

Abb. 3.55: *Bündelkabel (Ortsnetz) [33]*

Ergänzend sollen hier noch die Kammerkabel erwähnt werden, bei denen die Verseilelemente in spiralförmigen Nuten des Zentralelementes geführt werden.

Zur Verbesserung der mechanischen Eigenschaften oder zur Erfüllung von Zusatzfunktionen werden zusätzlich folgende Verseilelemente verwendet:

- Blindelemente (Hohlader ohne LWL)
- Voll-PE-Elemente
- Cu-Adernpaare
- Metall- oder Garnarmierungen

Als Kabelseele wird die Gesamtheit der Verseilelemente, also LWL einschließlich der Zusatzkomponenten mit der meist darüber liegenden Bewicklung, bezeichnet. Die verbleibenden Hohlräume der Kabelseele werden bei wasserdichten Kabeln ähnlich wie die Hohladern verfüllt.

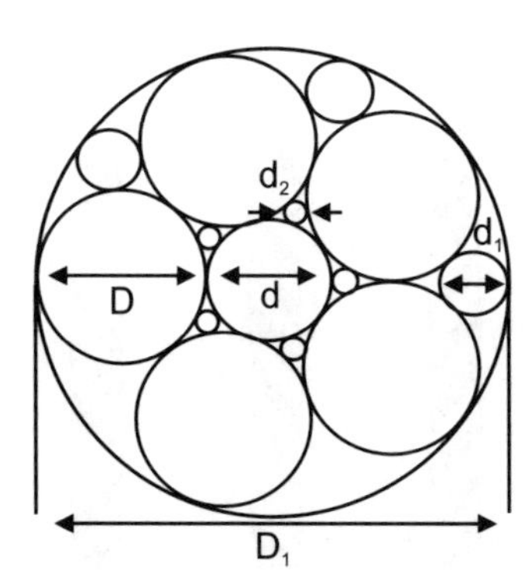

Abb. 3.56: *Aufbauprinzip der Kabelseele*

Geometrische Zusammenhänge in der Kabelseele (**Abb. 3.56**) [33]:

$$D_1 = D \cdot (a \cdot e + 1) \qquad d = D \cdot (a \cdot e - 1)$$

$$d_1 = \frac{D}{2} \cdot \frac{(1+a-b)^2}{2+a-b} \qquad d_2 = \frac{D}{2} \cdot \frac{(1-a+b)^2}{2-a+b}$$

mit n = Anzahl der Verseilelemente und:

$$a = \frac{1}{\sin\frac{\pi}{n}} \qquad b = \frac{1}{\tan\frac{\pi}{n}} \text{ (b=0, wenn n=2)} \qquad c = \frac{1}{\sin\alpha} \qquad e = \sqrt{c^2 + \frac{1-c^2}{a^2}}$$

Der Winkel α ist darin die Verseilsteigung, die in Grad angegeben wird und wie folgt definiert ist:

$$\alpha = \arctan\frac{S}{2 \cdot \pi \cdot R} \qquad L = S \cdot \sqrt{1 + \left(\frac{2 \cdot \pi \cdot R}{S}\right)^2}$$

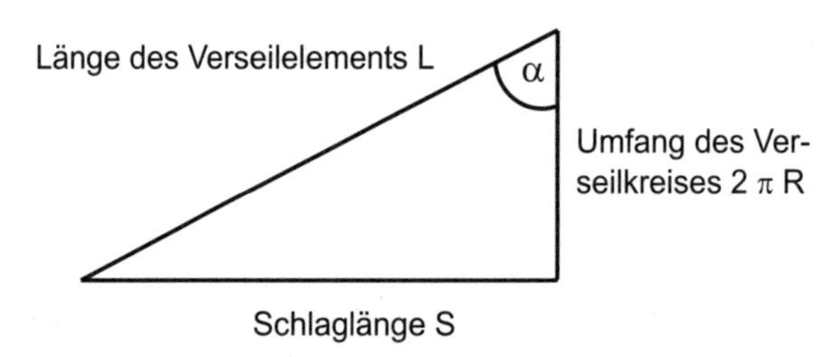

Abb. 3.57: *Abhängigkeit zwischen Schlaglänge, Verseilsteigung und der Länge des Verseilelements (α Verseilsteigung, Schlaglänge S, Länge des Verseilelements L, Radius des Verseilkreises R) [33]*

Bei der Verseilung unterscheidet man die in **Abb. 3.58** angegebenen Verseildrehungen.

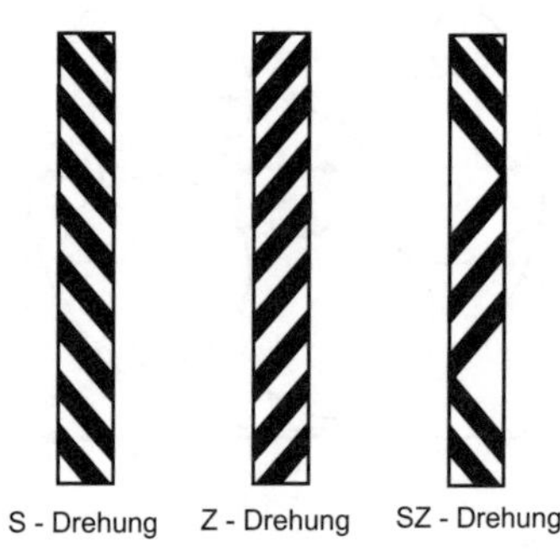

Abb. 3.58: *SZ-Verseilung (1 S-Drehung, 2 Z-Drehung, 3 SZ-Drehung) [33]*

Die Verseilung führt zur Vergrößerung der Länge der Verseilelemente, da die einzelnen Verseilkomponenten schraubenförmig um das Zentralelement gelegt werden. Der erforderliche Verseilzuschlag Z wird in Prozent angegeben:

$$Z = \frac{L-S}{S} \cdot 100\% = \left(\sqrt{1 + \left(\frac{2 \cdot \pi \cdot R}{S} \right)^2} - 1 \right) \cdot 100\% = \left(\frac{1}{\sin \alpha} - 1 \right) \cdot 100\%$$

Bei Kabeln aller Art wird der minimale Krümmungsradius als Richtgröße bei der Verlegung benötigt, um die Beschädigung oder die Veränderung der technischen Eigenschaften beim praktischen Gebrauch zu vermeiden. Der Krümmungsradius ρ der Schraubenlinie (Verseilung) lässt sich wie folgt angeben:

$$\rho = R \cdot \left(1 + \left(\frac{S}{2 \cdot \pi \cdot R} \right)^2 \right)$$

Ein typischer Wert für ein Standard-LWL beträgt $\rho = 65mm$. Bei Bündelkabeln kann sich die Überlagerung mehrerer Verseilungen und damit mehrerer Krümmungsradien ergeben. Der zulässige Krümmungsradius bei Überlagerung von 2 Radien ρ_1 und ρ_2 lässt sich wie folgt berechnen:

$$\frac{1}{\rho} \leq \frac{1}{\rho_1} + \frac{1}{\rho_2}$$

Die maximal zulässige Dehnung und Kontraktion der LWL in den Adern sind von großer Bedeutung. Die Grenzwerte lassen sich wie folgt angeben:

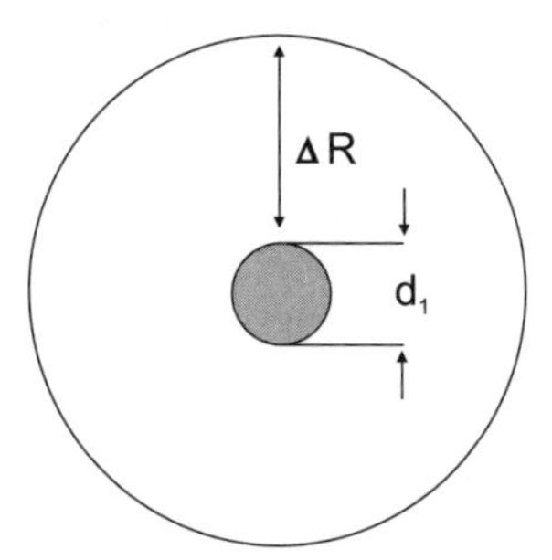

Abb. 3.59: *Hohlader mit Abstand Faser zu Röhrchen* ΔR und Faserdurchmesser d_1

Dehnung der Ader [33]:

$$\varepsilon_D = \frac{\Delta L}{L} = \sqrt{1 + \left(\frac{2 \cdot \pi \cdot R}{S} \right)^2 \cdot \left(\frac{2 \cdot \Delta R}{R} - \frac{\Delta R^2}{R^2} \right)} - 1$$

Kontraktion der Ader (Temperatur):

$$\varepsilon_K = \frac{\Delta L}{L} = \sqrt{1 + \left(\frac{2 \cdot \pi \cdot R}{S}\right)^2 \cdot \left(\frac{2 \cdot \Delta R}{R} + \frac{\Delta R^2}{R^2}\right)} - 1$$

Bei Bündeladern wird der gemeinsame Abstand der LWL zum Innendurchmesser des Röhrchens berücksichtigt.

Die maximale Zugkraft lässt sich mit der Formel berechnen:

$$F_{\max} = \sum_{i=1}^{n} E_i \cdot A_i \cdot \varepsilon_D$$

Darin bedeuten

E_i: Elastizitätsmodul in N/m²

A_i: Querschnittsfläche in m²

der verwendeten Materialien im Kabel. In der Praxis sind nur die Materialien des Zentralelementes und der Zugelemente bei der Berechnung von Interesse, weil sie die größten Elastizitätsmodule aufweisen.

Die Kennzeichnung erfolgt in Anlehnung an die Richtlinie DIN VDE 0888 [33]. In **Tab. 3.5** teilen sich die Innenkabel auf in:

Mehrfaserinnenkabel: Anwendung in Gebäuden und zwischen Gebäuden, z. B. in Rohrverlegung, Fiber to the Desk

Aufteilungskabel: Individuelle Führung und Aufteilung von LWL bei rauer Umgebung, nur kurze und mittlere Längen (teuer)

Verbindungskabel: Kurze meist vorkonfektionierte Kabel, z. B. für Rangierverteiler, kleiner Biegeradius.

Tab. 3.5: Kurzzeichen für den Aufbau von Kabeln in Anlehnung an DIN VDE 0888 [33][55][59]

Kurzkennzeichen für Außen- und Innenkabel in Anlehnung an DIN VDE 0888

1 2 3 4 5 6 7 8 9 10 11 12 13 14 15

Verseilaufbau
LG Lagenverseilung
BD Bündelverseilung
u unverseilt

Dispersionskoeffizient K bei Monomode-LWL
Bandbreite bei Multimode-LWL in MHz für 1km

Bezugswellenlänge
A 650 nm beiMehrmoden-LWL
B 850 nm bei Mehrmoden-LWL
F 1310 nm bei Einmoden-LWL
H 1500 nm bei Einmoden-LWL

Maximaler Dämpfungskoeffizient in dB/km

Durchmesser des Mantels in µm

Felddurchmesser in µm bei Monomode-LWL
Kerndurchmesser in µm bei Multimode-LWL

Faserart
E Monomode-LWL Glaskern/Glasmantel
G Gradientenindex-LWL Glaskern/Glasmantel
S Stufenindex-LWL Glaskern/Glasmantel
K Stufenindex-LWL Glaskern/Kunststoffmantel
P Stufenindex-LWL Kunststoffkern/Kunststoffmantel

Elementzahl (Anzahl der LWL im Kabel)

2. Mantel
Y PVC
11Y Polyurethan
H Halogenfreies Material
B Bewehrung
BY Bewehrung mit PVC-Schutzhülle
B2Y Bewehrung mit PE-Schutzhülle
N Nichtmetallischer Nagetierschutz

1. Mantel
H Halogenfreies Material
(L) Aluminiumband als Dampfsperre
(D) Kunststoffdampfsperre
(ZN) Metallfreie Zugentlastung
B Bewehrung
Y PVC
2Y PE
11Y Polyurethan

Füllung
F Verseilhohlräume der Kabelseele zum Schutz vor Feuchtigkeit gefüllt
Q Kabelseele ungefüllt (Längswasserdicht durch Quellmedien)

Kabelseele
S Metallenes Element

Aderaufbau
F Faser ohne Hülle
V Vollader/Kompaktader (nur Innenkabel)
H Hohlader, ungefüllt
W Hohlader, gefüllt
B Bündelader, ungefüllt
D Bündelader, gefüllt

(ZS) Metallenes Zug- und Stützelement in der Kabelseele

Kabeltyp
A Außenkabel
AT Aufteilbare Außenkabel
I Innenkabel
IT Aufteilbare Innenkabel

Die Positionen 2, 4, 5 und 7 dürfen gegebenenfalls entfallen!

In [55] sind die zugehörigen Farbkennzeichnungen angegeben.

3.3 Freiraumübertragung

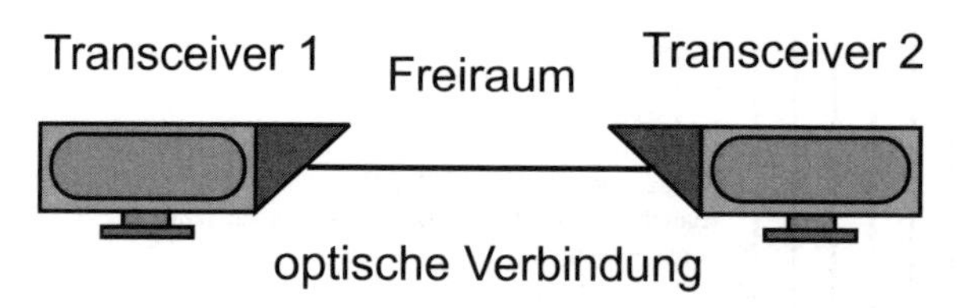

Abb. 3.60: Prinzip der Freiraumübertragung

Abb. 3.61: Produktbeispiel Transceiver mit Mikrowellenbackup (Quelle: CBL GmbH, Münster)

Ergänzend zur fasergebundenen Übertragung besteht die Möglichkeit der freien Übertragung von Lichtstrahlung. Ähnlich wie bei der Richtfunktechnik mit Funkwellen werden hier über gerichtete Lichtwellen Informationen übertragen. Das Prinzip und ein Produktbeispiel zeigen **Abb. 3.60** und **Abb. 3.61**. Der wesentliche Vorteil der optischen Freiraumübertragung besteht darin, dass die Frequenzen aufgrund der Höhe der Trägerfrequenz, im Gegenteil zur Richtfunktechnik, eine größere Bandbreite aufweisen. Für optische Freiraumübertragung gelten jedoch ähnliche Gesetze wie für die Funkübertragung.

Die wesentliche Problematik besteht in den sich ändernden physikalischen Eigenschaften des Übertragungsmediums, der Atmosphäre. Die Auswirkungen auf die optischen Systeme sind größer als die, die von den Richtfunksystemen bekannt sind. Den Haupteinfluss haben die folgenden fünf Faktoren:

- Intensitätsmodulation des Lichtstrahls durch Turbulenzen
- Streuung an den Molekülen von diversen Gasen und Aerosolen

- Schnee, Regen, Dunst u.s.w.
- Ablenkung beziehungsweise Auslenkung des optischen Strahls durch den Brechungsindexgradient der Luft respektive der Atmosphäre (z. B. Linsenwirkung)
- Unterbrechung des Strahls durch nicht oder nur schwer kalkulierbare Faktoren wie Vogelflug oder ähnliche bewegliche Hindernisse

Zusätzlich zu diesen durch die Umwelt vorgegebenen Randbedingungen ist noch zu berücksichtigen:

- Die geometrische Grunddämpfung des Signals in Abhängigkeit der Strahldivergenz und der Größe der Empfangsfläche
- Schwankungen des Senders und Empfängers bedingt durch Temperatureinflüsse, Erschütterungen, Wind etc.

In Abhängigkeit der Streckenlänge ergeben sich etwa folgende Grunddämpfungen:

Tab. 3.6: *Grunddämpfung bei der Freiraumübertragung bei* $\lambda = 633\,\text{nm}$

Streckenlänge	**Dämpfung**
50 m	8 dB
100 m	15 dB
200 m	20 dB
400 m	25 dB
800 m	32 dB
1600 m	38-39 dB

Bei kurzen Übertragungsstrecken bis zu einigen 100 Metern besteht bei geeigneten Einstrahlgeräten eine Übertragungssicherheit, die im Jahresdurchschnitt etwa bei 99% liegt. Diese Sicherheit reicht für Übertragungen von speichergestützten Informationen aus. Eher ungeeignet sind diese Systeme bei der Übertragung von Informationen wie Sprache und Bildern, bei denen sich ein Zeitversatz direkt auf die Qualität auswirken würde.

Große Bedeutung hat die optische Freiraumübertragung durch den Datenaustausch zwischen Rechnern mit Sendern im Infrarotbereich erlangt. Das Prinzip der Übertragung ist eine Kombination der Lichtwellenleitertechnik und der Übertragung durch den freien Raum.

Das digital in seiner Intensität modulierte optische Signal wird der Sendeoptik zugeführt. Die Trennung der Optik von der Elektronik erfolgt hierbei durch den Lichtwellenleiter, der bis zur Optik das Signal transportiert. Auf der Empfangsseite befindet sich hinter der Optik ebenfalls ein Lichtwellenleiter mit dem die Strahlung nach ihrer Filterung dem optoelektrischen Wandler zugeführt wird.

Dämpfung durch die Atmosphäre

Hauptgrund für die Dämpfung durch die Atmosphäre sind die in ihr enthaltenen Gase deren Moleküle die Energie der Strahlungsquanten absorbieren. Für die in der Atmosphäre enthaltenen Gase gibt es deshalb charakteristische Wellenbereiche in denen eine solche molekulare Absorption auftritt. Im sichtbaren Bereich mit $0{,}38\,\mu\text{m} \leq \lambda \leq 0{,}78\,\mu\text{m}$ ist die molekulare Absorption gering. Im infraroten Bereich $0{,}78\,\mu\text{m} \leq \lambda \leq 25\,\mu\text{m}$ gibt es viele Absorptionsbanden. **Abb. 3.62** zeigt die Transmission der Atmosphäre in Abhängigkeit der Wellenlänge.

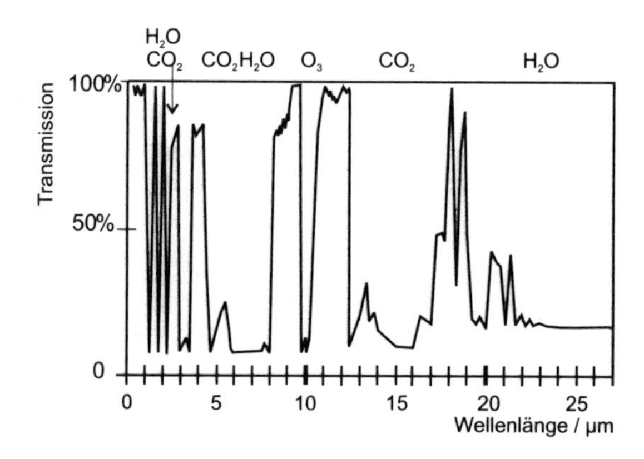

Abb. 3.62: *Molekulare Absorption [50]*

Dämpfung durch Aerosole

Nebel und Wasserdampf können die optische Freiraumübertragung entscheidend beeinflussen, weil das gesendete Licht von Wassertropfen gebrochen wird. Für die Übertragungssicherheit ist die statistische Nebelhäufigkeit und die allgemeine Sichtweite zu berücksichtigen.

Dämpfung durch Luftschichten

Mit unterschiedlichen Luftschichten, Regen und Schnee ändert sich der Brechungsindex der Luft. Veränderungen und Turbulenzen führen hier zu Abweichungen der Strahlfokussierung, Streuparameter und der Auslenkung des Strahls. Ebenfalls spielen Komponenten wie direkter Sonneneinfall in Sender und Empfänger sowie die Windgeschwindigkeiten eine bedeutende Rolle. Ebenfalls relevant ist die Art des Untergrundes auf den die Apparate montiert werden und die Höhe der Geräte über der Montagefläche. Z.B. heizt sich Asphalt bei Sonneneinstrahlung stark auf und gibt Strahlungswärme ab, die noch mehrere Meter über dem Boden messbar ist. Die Temperaturunterschiede, die dadurch in der Luft resultieren, wirken sich nachhaltig auf die Sende- und Empfangsoptik aus. Den größten Anteil bilden dabei:

- Dichteunterschiede in der Luft
- Konvektionsströmungen
- Ausdehnung der Trägermechanik

Übertragungssicherheit

Langsame statische Änderungen des Übertragungsverhaltens der Strecke müssen durch einen großen Dynamikbereich des Empfängers ausgeglichen werden. Die Sendeleistung sollte zusätzlich eine Funktion der Länge der Übertragungsstrecke sein. Eine dynamische Anpassung der Sendeleistung erfolgt heute mittels eines mitgeführten Pilotsignals.

Die Probleme durch die sich ändernde Dämpfung und die Störungen können bei optischen Systemen mit Hilfe einer räumlich redundanten Übertragungstechnik gelöst werden. Mehrere LED- oder Lasersender werden parallel geschaltet und die Strahlen äquivalent moduliert. Das Empfangssignal wird von mehreren Optiken aufgenommen und nach optischer Addition werden größere Intensitäten des Signals sowie eine Verringerung der Störungen erreicht. Diese Mehrstrahleinrichtungen erreichen große Übertragungssicherheit. In Fällen sehr schlechter Übertragungsverhältnisse stehen bei einigen Geräten (**Abb. 3.61**) zusätzlich Mikrowellenantennen für einen Notbetrieb zur Verfügung. Die Datenübertragung wird dann automatisch auf Funkbetrieb mit niedrigerer Übertragungsrate umgeschaltet.

Bestehende Systeme

Einstrahlelemente bieten sich vor allem in den Bereichen an, in denen kurze Ausfallzeiten in Kauf genommen werden können. Die Systeme können die Leistungsabstrahlung den Eigenschaften der Übertragungsstrecke anpassen. Der Dynamikbereich für die Steuerung der Sendeleistung beträgt ca. 25 dB. Die Zukunft der optischen Mehrstrahlsysteme liegt vor allem bei der Echtzeitübertragung von Daten. Sie sind in allgemeinen auch dann noch betriebssicher, wenn zu schlechte Witterungen für Einkanalsysteme herrschen.

Nachteile

Es sind die folgenden Beschränkungen zu Berücksichtigen:

- Die Hauptanwendung liegt im Kurzstreckenbereich von 2-3 km
- Die Übertragungssicherheit ist kleiner als bei LWL-Verbindungen
- Es muss eine Sichtverbindung bestehen
- Die Überbrückung größerer Distanzen erfordert einen großen Aufwand für Verstärkung und Signalaufbereitung

Vorteile

- Die einfache Installation mit optischen LWL-Schnittstellen zum Datennetz
- Die hohe Datenübertragungsrate (max. ca. 1,2 Tbit/s)

- Keine öffentlichen Auflagen bezüglich des Frequenzbandes wie beim Funk

Anwendungen

Der Einsatzschwerpunkt der Systeme ist die LAN- Kopplung zwischen Gebäuden oder Teilen von industriellen Anlagen. Bedingt durch die Wettereinflüsse sind die Systeme nicht uneingeschränkt „echtzeitfähig“.

4 Verbindungstechnik und Modulatoren

Wie in der herkömmlichen elektrischen Nachrichtenübertragungstechnik werden auch bei der optischen Übertragungstechnik eine Vielzahl von Verbindungselementen benötigt. Aufgrund der kleinen Wellenlängen (Bereich 10^{-6} m) bzw. hohen Frequenzen (Bereich 10^{14} Hz) und der winzigen Abmessungen der Querschnitte der Lichtwellenleiter (insbesondere Monomode-LWL) sind die Ansprüche an die mechanische Präzision der Verbindungselemente extrem hoch.

4.1 Verbindungselemente

Die Verbindungselemente lassen sich in drei Kategorien einordnen:

- Verbindungen Lichtquelle - LWL
- Verbindungen LWL- LWL
- Verbindungen LWL - Photodetektor

Als weitere Kategorien unterscheidet man:

- Lösbare Verbindungen
- Nicht lösbare Verbindungen

4.1.1 Ankopplung an Sende- und Empfangselemente

Kopplung Lichtquelle → LWL

Die Ankopplung einer Lichtquelle (Laserdiode, LED) an einen Lichtwellenleiter ist ohne zusätzliche abbildende optische Elemente durch Positionieren des LWL-Endes dicht vor der emittierenden Zone der Lichtquelle möglich, wenn wie in **Abb. 4.1** skizziert, die emittierende Zone der Lichtquelle nicht über die Querschnittsfläche des LWL-Kerns hinausragt **UND** sämtliche Winkel (zum Lot auf der Oberfläche der Lichtquelle), unter denen das Licht abgestrahlt wird, innerhalb des Akzeptanzwinkels des LWL liegen.

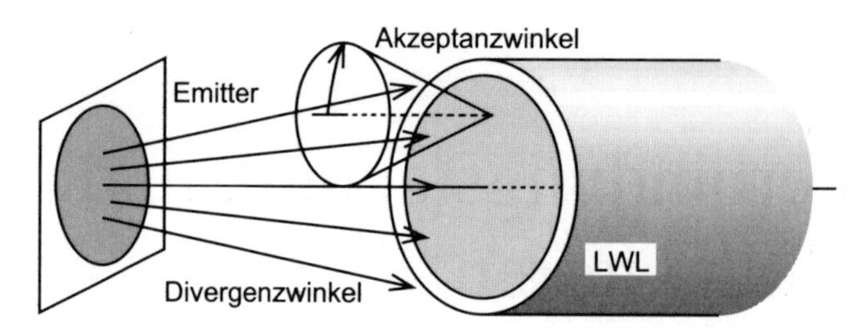

Abb. 4.1: *Kopplung Lichtquelle → LWL ohne abbildende optische Elemente*

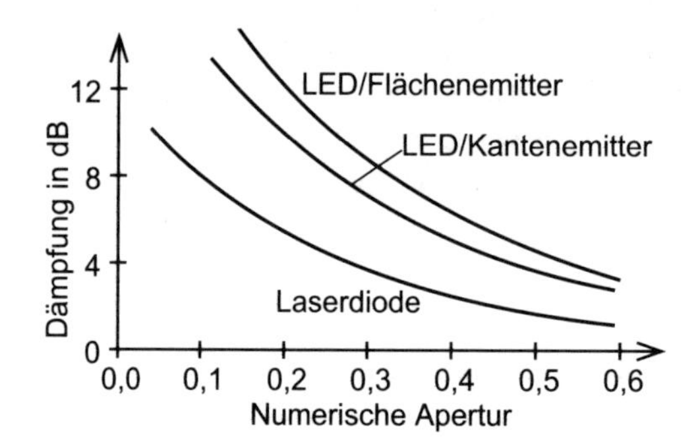

Abb. 4.2: *Koppeldämpfungen ohne abbildende optische Elemente [30]*

Wenn eine dieser Voraussetzungen nicht erfüllt ist, dann lässt sich durch abbildende optische Elemente (z. B. eine oder mehrere Linsen) eine Verbesserung des Koppelwirkungsgrades erzielen.

Dies führt allerdings zu einem deutlich höheren technischen Auswand und zu entsprechend höheren Kosten. Bei einfachen Anwendungen mit geringer Übertragungsdämpfung nimmt man bisweilen zugunsten der Wirtschaftlichkeit erhöhte Koppelverluste in Kauf.

Die Verbesserungsmöglichkeiten durch abbildende optische Elemente werden durch das elementare optische Gesetz der Lagrange'schen Invariante limitiert (**Abb. 4.4**).

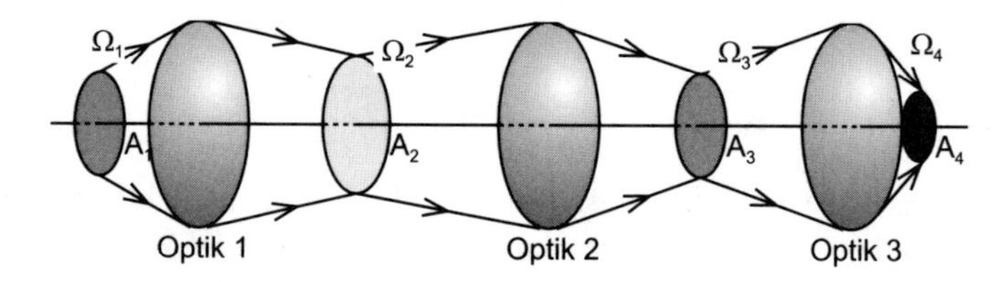

Abb. 4.3: *Veranschaulichung des Prinzips der Lagrange'schen Invariante*

Im Verlauf des Strahlengangs eines optischen Systems bleibt das Produkt aus der leuchtenden bzw. beleuchteten Fläche und dem Raumwinkel, der das Bündel von Lichtstrahlen umfasst, konstant. Dies gilt völlig unabhängig von den verwendeten abbildenden optischen Elementen.

$$A_1 \cdot \Omega_1 = A_2 \cdot \Omega_2 = A_3 \cdot \Omega_3 = \ldots = A_N \cdot \Omega_N$$

Das von einem relativ großflächigen Emitter abgestrahlte Licht lässt sich also auf eine kleinere Fläche konzentrieren. Allerdings geht dies nur auf Kosten einer erhöhten Winkeldivergenz. Andererseits lässt sich das von einem Emitter mit relativ großer Winkeldivergenz abgestrahlte Licht in eine weniger divergentes Strahlenbündel überführen. Die Querschnittsfläche wird dabei vergrößert.

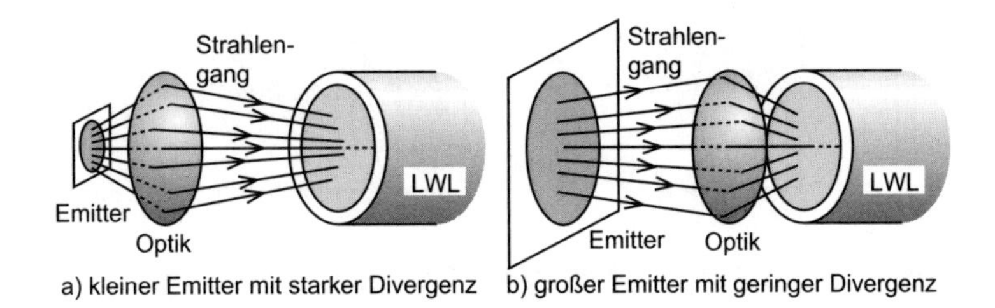

Abb. 4.4: *Kopplung Lichtquelle → LWL mit abbildenden optischen Elementen (schematisch)*

Wenn die emittierende Zone der Lichtquelle größer ist als die Querschnittsfläche des LWL-Kerns **UND** die Winkeldivergenz größer ist als der Akzeptanzwinkel des LWL, dann besteht keine Möglichkeit, die Ankopplung durch abbildende optische Elemente zu verbessern.

Abb. 4.5 und **Abb. 4.6** zeigen einige Prinzipien und Ausführungsformen von Ankoppeloptiken.

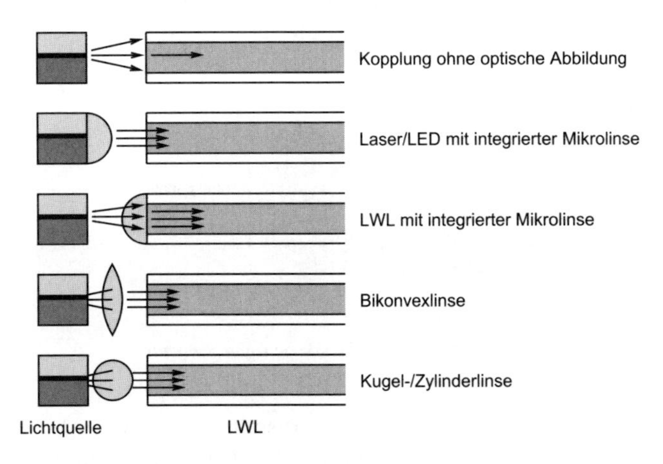

Abb. 4.5: *Arten der Kopplung Lichtquelle und LWL, schematisch [30]*

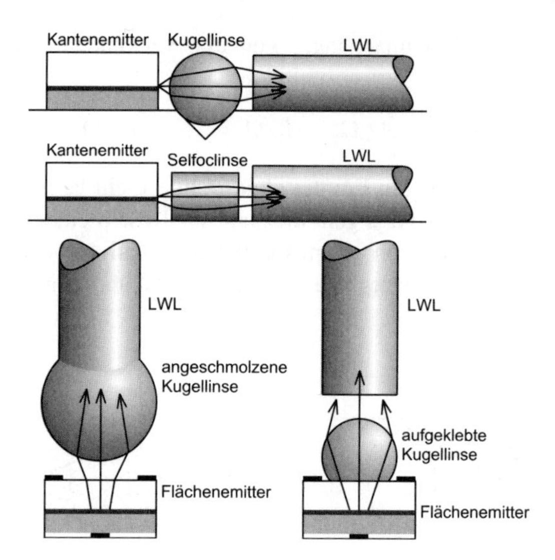

Abb. 4.6: *Ausgeführte Kopplungsarten Lichtquelle → LWL [32]*

Kopplung LWL und Photodetektor

Die Ankopplung eines Lichtwellenleiters an eine Photodiode ist im Allgemeinen einfacher als die Ankopplung an einen optischen Sender. Man wählt üblicherweise die Querschnittsfläche der lichtempfindlichen Fläche der Photodiode ($\varnothing \geq 20\ \mu m$) deutlich größer als den Kernquerschnitt des angekoppelten LWL. Die Empfindlichkeit der Photodiode hängt innerhalb des Akzeptanzwinkels der meisten LWL nur schwach vom Winkel eines einfallenden Lichtstrahls zum Lot auf der Detektoroberfläche ab. Einen Akzeptanzwinkel des Photodetektors wie beim LWL gibt es nicht. Von daher ist meist eine einfache Ankopplung ohne abbildende optische Elemente wie in **Abb. 4.7** möglich.

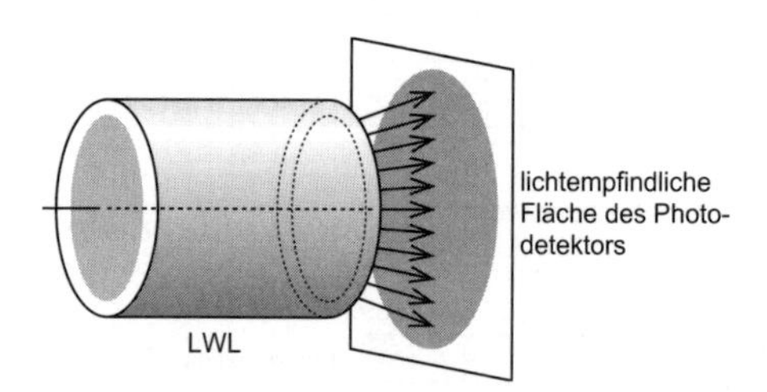

Abb. 4.7: *Kopplung LWL → Photodetektor ohne abbildende optische Elemente*

Bei extremen Anforderungen an die Detektorbandbreite (z. B. 40 GB/s-Übertragung) und/oder die Empfindlichkeit (extrem niedriger Dunkelstrom) verwendet man möglichst kleinflächige Detektoren. In derartigen Fällen kann auch eine verkleinernde optische Abbildung der LWL-Stirnfläche auf die lichtempfindliche Fläche des Detektors nach **Abb. 4.8** erforderlich sein. Die damit verbundene Vergrößerung der Einfallswinkel ist unkritischer als bei der Ankopplung einer Lichtquelle an einen LWL.

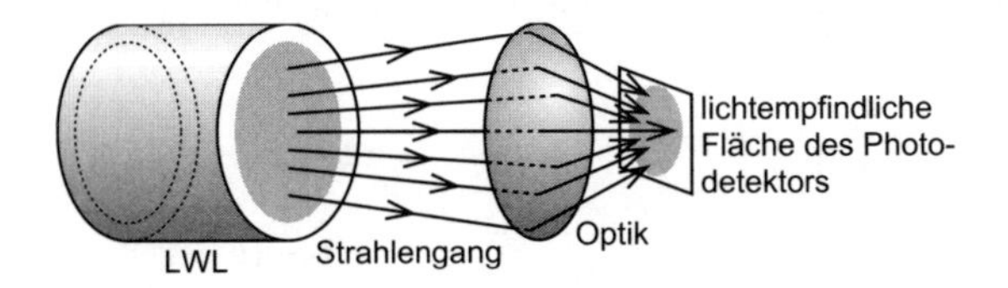

Abb. 4.8: *Kopplung LWL → Photodetektor mit verkleinernder optischer Abbildung*

4.1.2 Steckverbindungen

In optischen Übertragungssystemen haben die eingesetzten Verbindungen die Aufgabe, »optischen Kontakt« zwischen den am Übertragungsvorgang beteiligten Partnern (Geräten) herzustellen. Dabei hat die Verbindungstechnik, insbesondere die Steckverbinder, wesentlichen Einfluss auf die Zuverlässigkeit, die Qualität und die maximale Übertragungslänge des Gesamtsystems.

Steckverbinder müssen deshalb folgende Forderungen erfüllen:

- einfache Handhabung, leichte und schnelle Montage, gut steckbar und abziehbar
- geringe Koppelverluste, niedrige Einkoppeldämpfung, hohe Rückflussdämpfung (Reflexion, Rückstreuung)
- reproduzierbare Dämpfungswerte, gleiche Dämpfungswerte bei hoher Zahl an Steckzyklen
- zuverlässiger Faserschutz

Bei den meisten Steckverbindungen werden, wie in **Abb. 4.9** schematisch dargestellt, die Enden zweier Glasfasern möglichst passgenau und mit möglichst kleinem Abstand gegenübergestellt und mechanisch fixiert.

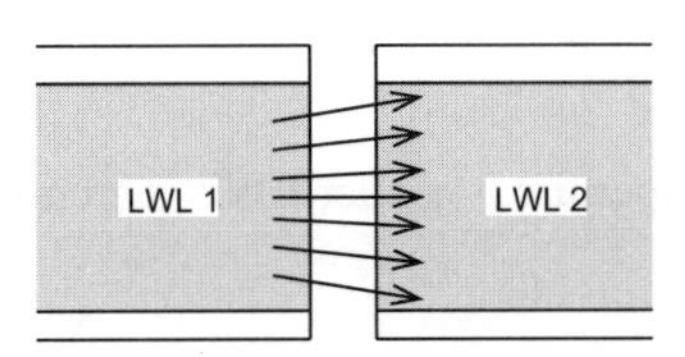

Abb. 4.9: *Steckverbindung zweier LWL, schematisch*

Die folgenden Bilder zeigen eine Reihe typischer Dämpfungsursachen und Größenordnungen der zugehörigen Dämpfungswerte α. Alle Koppelwirkungsgrade beschreiben Verhältnisse η von Leistungen *P*, die entsprechende Dämpfung in dB ergibt sich daher zu:

$$a = -10\log(\eta)\,\mathrm{dB}$$

Die angenommenen Fehlerursachen sind in **Abb. 4.17** dargestellt. Im Folgenden werden für die Kennzeichnung die Indizes s für Sender und e für Empfänger verwendet.

Verschiedene Kernradien r der LWL führen zu den Verlusten:

$$\eta_r = \left(\frac{r_e}{r_s}\right)^2 \cong 1 - \frac{2 \cdot \Delta r}{r} \qquad \Delta r = r_s - r_e$$

$$r = \frac{1}{2}(r_s + r_e)$$

$$\textit{für} \quad r_e < r_s \quad \textit{sonst} = 1 \qquad a_r = -10 \log(\eta_r)\,\text{dB}$$

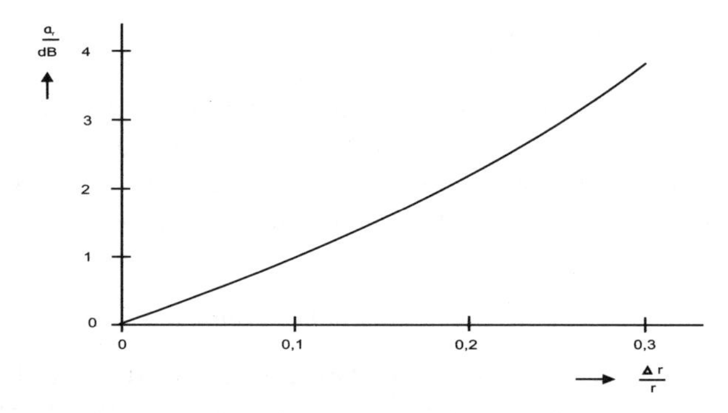

Abb. 4.10: Dämpfung durch unterschiedliche Faserabmessungen [31]

Unterschiedliche Profilexponenten g führen zu den Verlusten (**Abb. 4.11**):

$$\eta_g = \left(\frac{g_e \cdot (g_s + 2)}{g_s \cdot (g_e + 2)}\right)^2 \cong 1 - \frac{\Delta g}{2g} \qquad \Delta g = g_s - g_e$$

$$g = \frac{1}{2}(g_s + g_e)$$

$$\textit{für} \quad g_e < g_s \quad \textit{sonst} = 1 \qquad a_g = -10 \log(\eta_g)\,\text{dB}$$

Unterschiedliche numerische Aperturen A_N der LWL führen zu den Verlusten (**Abb. 4.12**):

$$\eta_{A_N} = \left(\frac{A_{Ne}}{A_{Ns}}\right)^2 \cong 1 - \frac{2 \cdot \Delta A_N}{A_N} \qquad \Delta A_N = A_{Ns} - A_{Ne}$$

$$A_N = \frac{1}{2}(A_{Ns} + A_{Ne})$$

$$\textit{für} \quad A_{Ne} < A_{Ns} \quad \textit{sonst} = 1 \qquad a_{A_N} = -10 \log(\eta_{A_N})\,\text{dB}$$

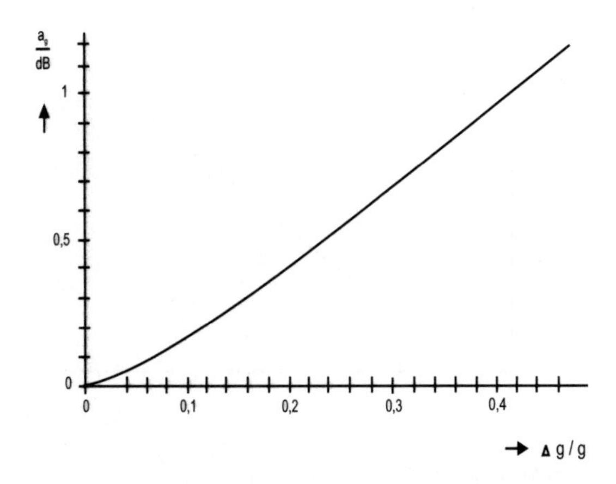

Abb. 4.11: *Dämpfung durch unterschiedliche Profilexponenten [31]*

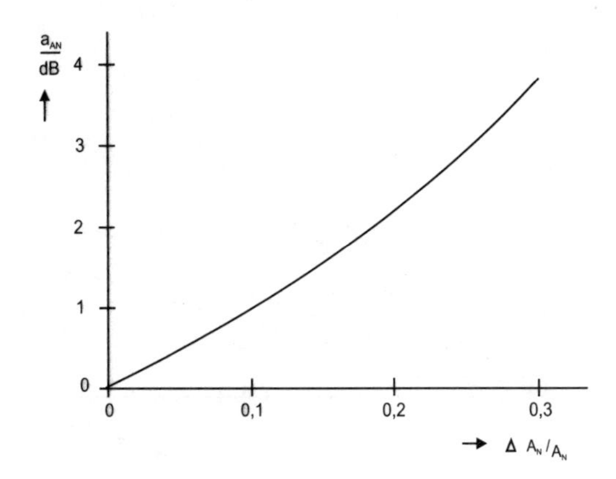

Abb. 4.12 *Dämpfung durch unterschiedliche Numerische Aperturen [31]*

Der Versatz ε der LWL zueinander führt zu Verlusten durch Achsversatz (**Abb. 4.13**).

$$\eta_\varepsilon \cong 1 - \frac{2\varepsilon}{\pi r} \cdot \frac{g+2}{g+1} \qquad a_\varepsilon = -10 \log(\eta_\varepsilon)\ \mathrm{dB}$$

Ein Abstand zwischen den Stirnflächen der LWL führt zu den Verlusten durch Stirnflächenabstand S (**Abb. 4.14**).

$$\eta_S \cong 1 - \frac{1}{\pi} \cdot \frac{S \cdot A_N}{r \cdot n_{umgeb}} \cdot \frac{g+2}{g+1} \qquad a_S = -10 \log(\eta_S)\ \mathrm{dB}$$

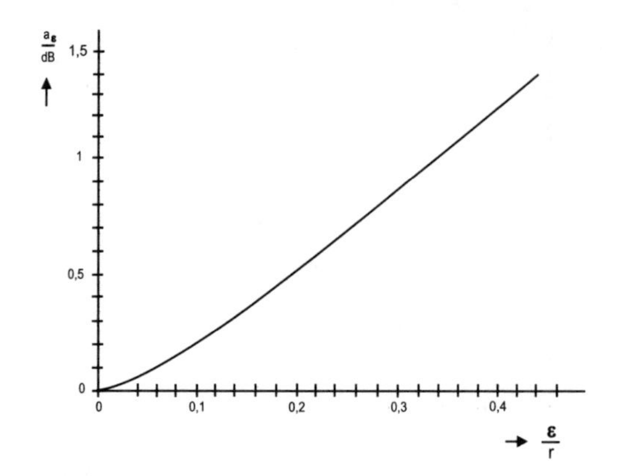

Abb. 4.13: Dämpfung durch Achsenversatz [31]

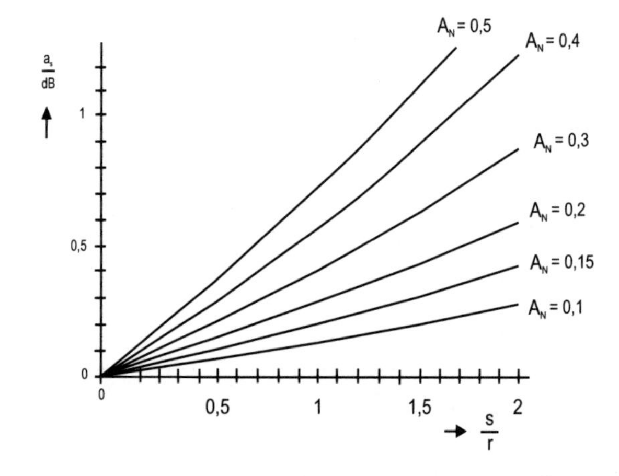

Abb. 4.14: Dämpfung durch Stirnflächenabstand mit der numerischen Apertur als Parameter [31]

Winkel zwischen den beiden LWL-Achsen führen zu Verlusten durch Kippwinkel φ (**Abb. 4.15**).

$$\eta_\varphi \cong 1 - \frac{2\varphi}{\pi \cdot \arcsin(A_N)} \qquad a_\varphi = -10\log(\eta_\varphi)\,\text{dB}$$

Nicht rechtwinklige Faserenden führen zu Verlusten durch den Fehlwinkel γ (**Abb. 4.16**).

$$\eta_\gamma \cong 1 - \frac{2}{\pi} \cdot \frac{\left(\frac{n(r)}{n_{umgeb}}\right)}{\arcsin(A_N)} \cdot \gamma \qquad a_\gamma = -10\log(\eta_\gamma)\,\text{dB}$$

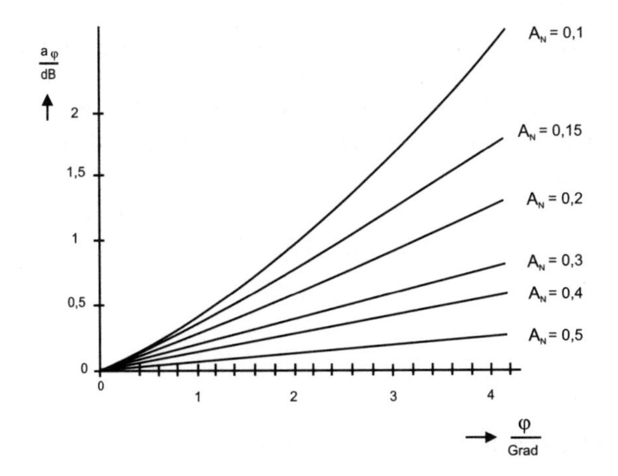

Abb. 4.15: *Dämpfung durch Kippwinkel mit der numerischen Apertur als Parameter [31]*

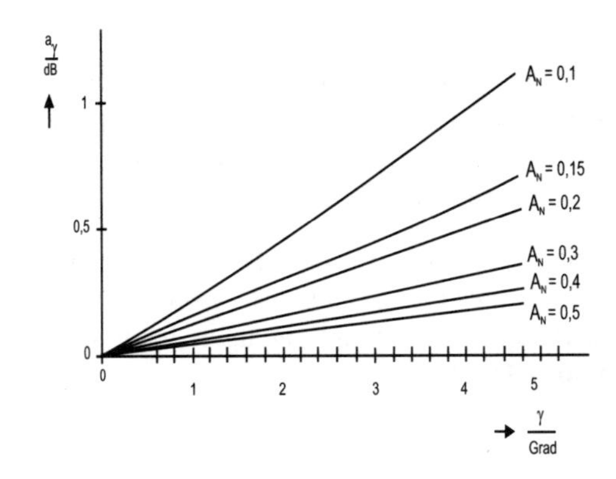

Abb. 4.16: *Dämpfung durch Fehlwinkel mit der numerischen Apertur als Parameter [31]*

In der Praxis treten die Fehler nicht einzeln, sondern in Kombination auf (**Abb. 4.17**).

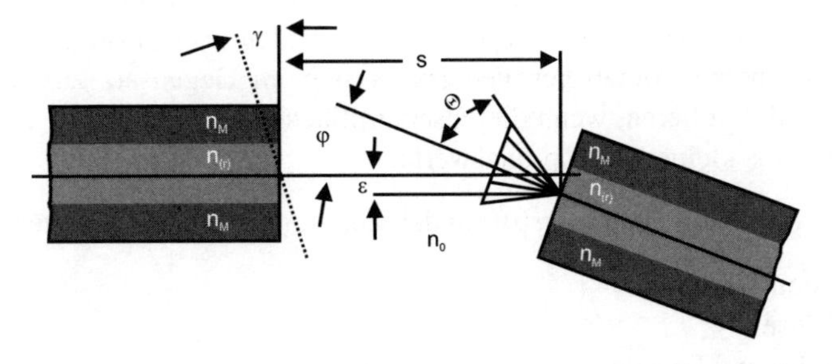

Abb. 4.17: *Kombination* ***Abb. 4.13, Abb. 4.14, Abb. 4.15*** *und* ***Abb. 4.16*** *[31]*

Zu diesen Verlusten kommen in jedem Fall die Fresnel-Verluste aufgrund der Reflexionen an optischen Grenzflächen. Mit Hilfe von Immersionsmitteln zwischen den Faserendflächen entsteht eine Anpassung des Brechungsindex und damit werden die Verluste reduziert. Die reflektierte Lichtleistung P_r an einer Grenzfläche zwischen zwei Medien mit den Brechungsindizes n_1 und n_2 errechnet sich zu:

$$P_r = P_1 - P_2 = \left[\frac{n_1 - n_2}{n_1 + n_2}\right]^2 \cdot P_1 \cdot$$

Mit:

n_1, n_2 Brechungsindizes,

P_1 auf die Grenzfläche auftreffende Lichtleistung,

P_r reflektierte Lichtleistung und

P_2 weitergeführte Lichtleistung.

In einer Steckverbindung ohne Immersionsmittel treten zwei Übergänge zwischen Glas und Luft auf. Bei den üblichen Kernmaterialien ist mit einem Fresnel-Verlust von 0,3 bis 0,4 dB zu rechnen. Wenn der Stirnflächenabstand die Größenordnung der Wellenlänge annimmt, können erheblich kleinere Dämpfungen auftreten.

Eine Quelle zusätzlicher Steckerdämpfung ist die eventuelle Rauhigkeit R eines Faserendes, die z. B. durch Fehler bei der Befestigung des Steckers verursacht werden kann. Eine weitere Ursache kann die Auswirkung von Verunreinigungen beim Öffnen und Schließen einer Steckverbindung sein (**Abb. 4.18**).

$$\eta_R = 1 - \frac{1}{4\pi} \cdot \frac{n - n_0}{n + n_0} \cdot \frac{R}{\lambda} \qquad a_R = -10\log(\eta_R)\,\text{dB}$$

Führung der Ferrule

Die Ferrule ist eine zylindrische Hülse. Mit ihr wird das Faserende mechanisch geschützt und an den Stecker angepasst. Die meisten Stecker werden wahlweise mit Metall- oder Keramik-Ferrule angeboten. Metall-Ferrulen lassen sich im Gegensatz zu Keramik-Ferrulen auch ein zweites Mal polieren, wenn die Faserstirnfläche verkratzt wurde. Dafür liefern Keramik-Ferrulen etwas kleinere Dämpfungswerte.

Bei der Führung der Ferrule (Steckerstift) in der Kupplung gibt es drei Systeme:

- Starre Präzisionshülse
- Elastische Hülse,
- Konische Hülse und Ferrule.

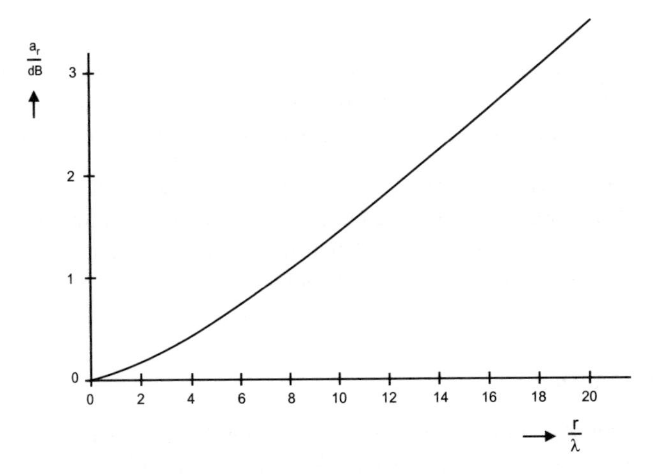

Abb. 4.18: *Dämpfung durch Rauhigkeit der Endfläche(n) [31]*

Das Prinzip »Stift/starre Präzisionshülse« (**Abb. 4.19**) ermöglicht sehr gute Transmissionswerte auch unter extremen mechanischen und thermischen Belastungen. Dafür muss beim Fertigungsverfahren mit engen Toleranzen ein großer Aufwand betrieben werden.

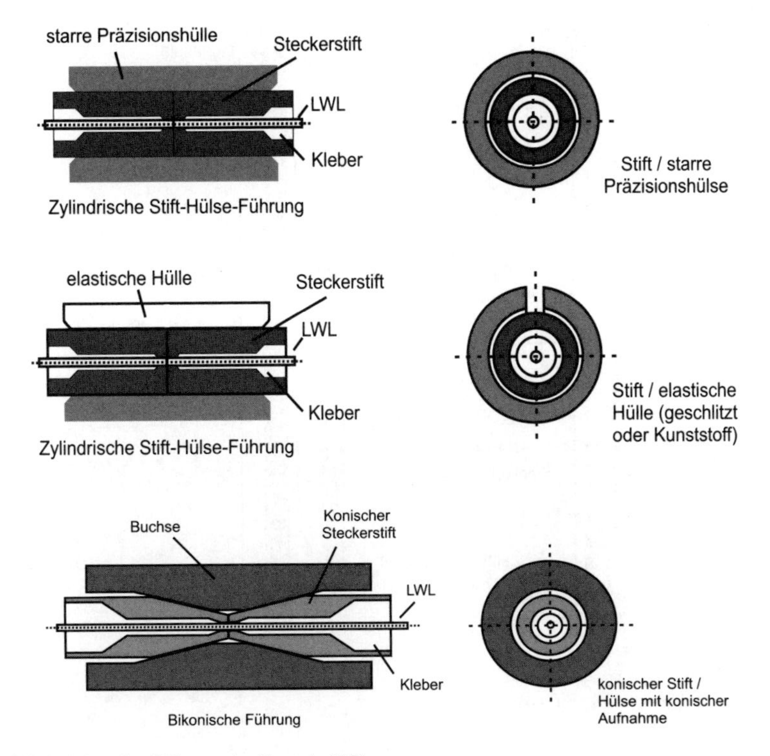

Abb. 4.19: *3 Prinzipien der Führung der Ferrule [55]*

Wird die starre Hülse durch einen elastischen Körper (Metall, Keramik, Kunststoff) ersetzt (**Abb. 4.19**), hat die Führung kein Spiel und erlaubt etwas weitere mechanische Fertigungstoleranzen bei den Stiften. Das hat jedoch größere Dämpfungsänderungen bei mechanischen Belastungen (z. B. Zug am Kabel) und bei Temperaturänderungen zur Folge.

Die bikonischen Steckverbinder (**Abb. 4.19**) sind vorwiegend in den USA anzutreffen und wurden über die Systemlösungen der Rechnernetze von IBM verbreitet. Sie werden bei Neuverkabelungen nicht mehr eingesetzt, weil bei großen Steckzyklen, d.h. häufigem Stecken und Lösen, die Faserendflächen durch Kontakt zerstört werden.

Mechanische Toleranzen

Wegen der unterschiedlich hohen Anforderungen an die Präzision werden die Steckverbinder in sechs mechanische »Güteklassen«, auch »Qualitätsstufen« oder »Stufen« genannt, unterteilt (siehe **Abb. 4.20**). Die Einteilung ähnelt den Toleranzfeldern für Spiel- und Übergangspassungen in der Mechanik. In jeder dieser Stufen ist eine Toleranzgrenze durch den gewählten Temperaturbereich in Verbindung mit dem Werkstoff gegeben und eine Toleranzgrenze durch den Anwendungsfall festgelegt. Dadurch kann ermittelt werden, welche Werkstoffe sich für die betreffende Anwendung eignen.

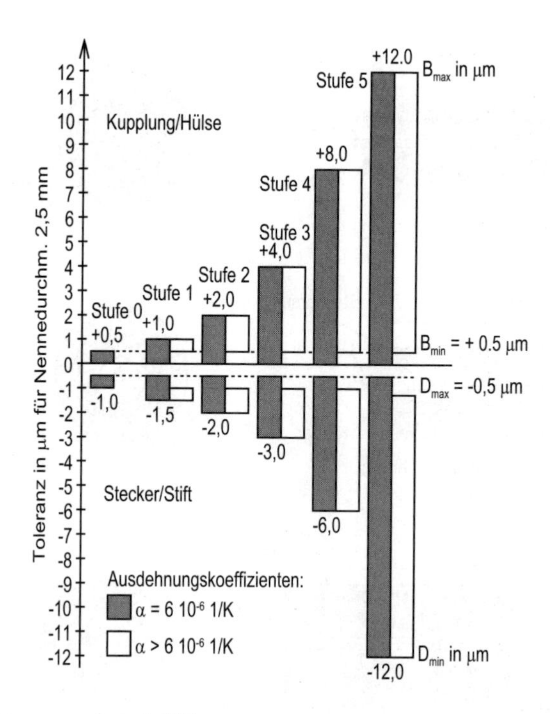

Abb. 4.20: Toleranzklassen, exemplarisch [55]

Steckernormen

Es existiert eine Vielzahl zueinander nicht kompatibler Steckerarten und -unterarten.

F-SMA

Diese schon alte aber immer noch verfügbare Steckverbindertype wurde aus einem Stecker für hochfrequenztechnische Anwendungen, dem SMA-Stecker (straight medium adaptor connector/field installable subminiature assembly), abgeleitet. Dabei wurden in die Konstruktionen der bestehenden Bauteile die optischen Faseraufnahmen eingearbeitet. Um den optischen Stecker vom HF-Stecker zu unterscheiden, aber auch die Verwandtschaft herauszustellen, wurde bei dem optischen Steckverbinder im Namen ein »F« vorangestellt. Charakteristisch für diesen Steckverbinder ist die mechanische Verbindung mit einer als Sechskant oder Rändel ausgeführten Befestigungsmutter (IEC-SC86B(C0)30.

Abb. 4.21: *FSMA-Stecker [55]*

Das Konstruktionsprinzip geht ursprünglich von einem starren, nicht gegen Verdrehen gesicherten Steckerstift aus. Für Sonderanwendungen wurden auch schon verdrehgesicherte Versionen hergestellt. Typische Einfügedämpfungen liegen zwischen 0,6 dB und 1 dB. Bei Neuinstallationen wird der FSMA-Stecker nicht mehr eingesetzt.

DIN-Steckverbinder

Auf Anregung der Deutschen Bundespost bzw. der Deutschen Telekom entstand ein Steckverbinder, der sowohl für den Einsatz mit Multimode- als auch mit Monomode-Fasern geeignet ist. Dieser Steckverbinder wurde nach DIN genormt und wird deshalb auch als »DIN-Steckverbinder« bezeichnet. Er wird jedoch nur in Australien und Deutschland und hier im wesentlichen auch nur von der Deutschen Telekom eingesetzt.

- LSA: Lichtwellenleiter Steckverbinder Version A nach Norm DIN 47256
- LSB: Lichtwellenleiter Steckverbinder Version B nach Norm DIN 47217. (Einschubversion vorzugsweise von der Deutschen Telekom eingesetzt)

In der Monomode-Version muss der Steckverbinder eine Verdrehsicherung enthalten. In der Multimode-Version kann die Verdrehsicherung entfallen, wenn auf physikalischen Kontakt der Steckerstirnflächen verzichtet wird. Konstruktionsbedingt lässt sich, sofern eine Verdrehsicherung vorhanden ist, die Befestigungsmutter erst dann anziehen, wenn der Verdrehschutz eingerastet ist.

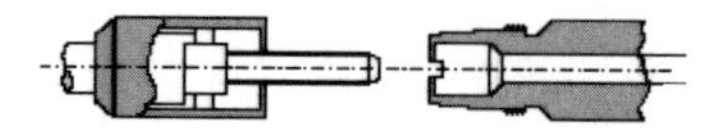

Abb. 4.22: DIN-Stecker und –Kupplung [55]

Monomodestecker werden fast ausschließlich als Pigtail (engl. Zopf = Kabel mit Stecker an einem Ende) angeboten. Bei der Herstellung wird die Faser im Stecker optimal zentriert. Vor Ort wird der Pigtail mit einem Spleißgerät schnell und sehr präzise mit der Faser verbunden. Damit sind optimale Dämpfungs- und Rückstreuwerte gewährleistet.

FC/PC und FC/APC

Eine mit dem DIN-Steckverbinder vergleichbare Entwicklung führte in Japan zu der Familie der FC/PC-Steckverbinder (Fiber Connector/Physical Contact). Der Unterschied zum DIN-Steckverbinder liegt im Detail. Hier hat der Steckerstift einen Nenndurchmesser von 2,500 mm.

Der Steckverbinder ist sowohl für Multimode- als auch für Monomode-Fasern geeignet. Ebenso wie beim DIN-Stecker besitzt der FC/PC-Stecker für Monomode-Fasern eine konvexe Oberflächenkontur der Steckerstirnfläche. Das ermöglicht den mechanischen Kontakt der lichtführenden Faserbereiche und sorgt deshalb für verringerte Reflexionsverluste.

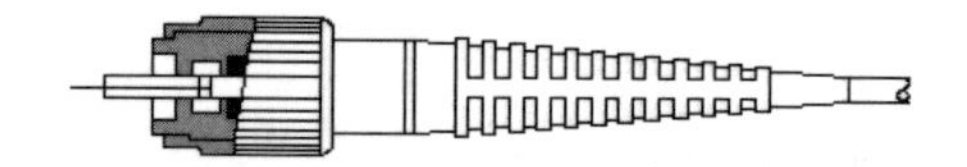

Abb. 4.23: FC/PC-Stecker [55]

Bei FC/APC steht APC für »Angled Physical Contact«. Der Unterschied gegenüber dem herkömmlichen FC/PC-Stecker besteht in der um 8° abgeschrägten Stirnfläche, die die Reflexionen reduziert. Dies ist besonders bei Laserstrecken von Bedeutung. Entscheidend ist, dass FC/PC und FC/APC nicht miteinander verbunden werden können, da die Dämpfungswerte sehr schlecht sind.

BFOC(ST)

Der BFOC-Steckverbinder (Bajonet Fiber Optic Connector) entspricht in seinen Maßen dem von AT&T entwickelten ST-Steckverbinder (»Straight Tip«). Durch seine einfache Handhabung im Betrieb findet er auch in Europa große Zustimmung. Der Stecker wird nach dem Einstecken nur mit einer viertel Umdrehung der Bajonett-Verriegelung gesichert. Das geht schnell und leicht, besonders an engen Stellen.

Es gibt zwei Ausführungen des ST-Steckers: ST und ST 11. Der Unterschied dabei liegt in der Konstruktion des Bajonettverschlusses. Der Verschluss des ST ist offen in axialer Richtung, zur Aufnahme der Verriegelungsstifte der Buchse. Der Verschluss des ST 11 ist geschlossen, jedoch mit einer passenden Nut versehen. Die Ferrule mit einem Nenndurchmesser von 2,5 mm besteht aus Keramik. Es sind jedoch auch Metallversionen möglich.

In das Kupplungselement ist zum Zentrieren eine elastische Hülse aus geschlitztem Metall, Keramik oder aus Kunststoff lose eingelegt. Mit einem Verdrehschutz ausgerüstet, stellt dieser Steckverbinder eine hohe Reproduzierbarkeit sicher. Der Steckverbinder ist für Multimode- und Monomode-Fasern geeignet.

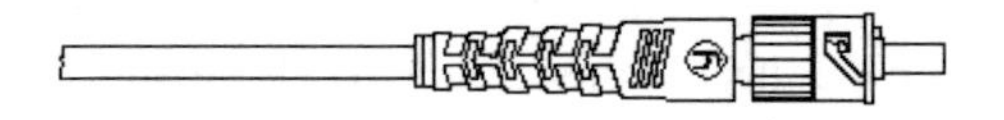

Abb. 4.24: *BFOC-Stecker [55]*

Typische Einfügedämpfung: 0,1 ... 0,2 dB bei E9/125

0,3 ... 0,4 dB bei G 50/125

0,2 ... 0,3 dB bei G 62,5/125

Der Stecker ist mit einer Vierteldrehung sicher arretiert. Ein Stift sichert die Ferrule beim Einstecken gegen Verdrehen. Damit können sich die Fasern berühren, ohne beim Stecken zu verkratzen.

SC

Der **S**ubscriber **C**onnector funktioniert nach dem »push-pull«Prinzip. Der Stecker rastet beim Einschieben in die Buchse ein und kann durch Ziehen ausgerastet und entfernt werden. Das hat besondere Vorteile bei Verteilerschränken, wenn auf engem Raum zahlreiche Stecker platziert sind.

Der Steckverbinder kann für Multi-mode- und für Monomode-Fasern eingesetzt werden. Er ist mit einer Längsnut in der Buchse und dem passenden »Schlüssel« am Steckergehäuse gegen Verdrehen gesichert. Den SC-Steckverbinder gibt es auch in doppelter Ausführung als Duplex-Steckverbinder.

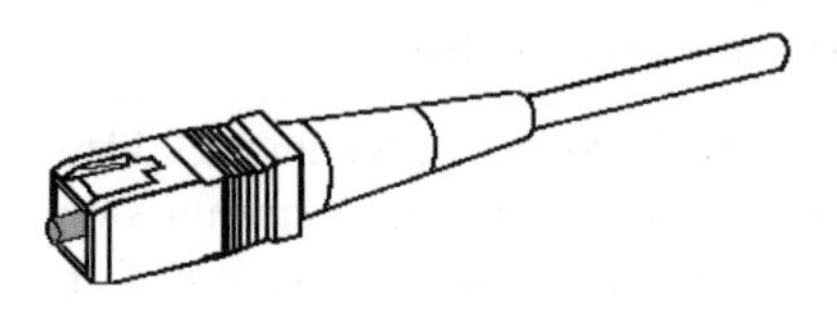

Abb. 4.25: *SC-Stecker [55]*

Typische Einfügungsdämpfungen: 0,2 dB für E 9/125 und $< 0{,}3$ dB für G 50/125

MIC

Bei Computernetzen nach FDDI-Standard (Fiber Distributed Data Interface) werden MIC-Steckverbinder (Medium Interface Connector) eingesetzt. Der Stecker heißt aus diesem Grund auch »FDDI-Stecker«. Die Norm ISO 9314-3 der ISO (International Organisation for Standardization) hat für den Geräteanschluss den MIC als einzigen Steckverbinder normiert. Dagegen lässt die Norm für Faserkopplungen die Wahl offen.

Nachdem für den FDDI-Teilstandard LCF-PMD der SC-Steckverbinder genormt wurde, wird der SC auch bei nach den anderen FDDI-PMDs genormten Komponenten eingesetzt, da er erheblich kleiner und preiswerter sowie feldmontierbar ist.

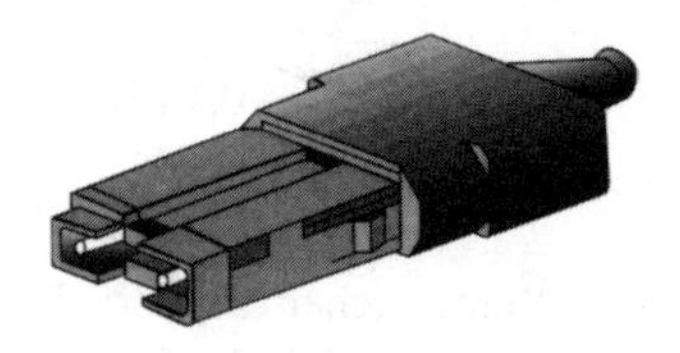

Abb. 4.26: *MIC-Stecker [55]*

Die typische Einfügungsdämpfung beträgt 0,5 dB. Die Stecker für Empfangs- und Sendepfad sind in einem Gehäuse untergebracht. Die Steckerstifte sind aus Keramik mit einem Nenndurchmesser von 2,5 mm gefertigt. Sie sind »schwimmend« gelagert. Das Kupplungselement enthält, wie beim BFOC-Steckverbinder, eine elastische Führung. Das System garantiert durch eine entsprechende Kodierung der Buchsen und Stecker eine Sicherheit gegen Verwechseln von Sende- und Empfangspfad und stellt den korrekten Anschluss bestimmter Stecker an bestimmte Buchsen sicher.

Kunststoff-Steckverbinder

Optische Steckverbinder mit Quarzglas-LWL sind inzwischen national und international genormt worden. Bis heute gibt es jedoch keine greifbaren Ergebnisse bei der Normung eines Steckverbinders für Kunststoff-LWL.

Für die Anwendung existieren zwei Trends. Zum Einen werden bestehende Steckverbinder, z. B. F-SMA, so umgearbeitet, dass sie den Kunststoff-LWL mit 1 mm Durchmesser aufnehmen können. Zum Anderen haben sich eigene Steckerformen herausgebildet, die den Kostenvorteil der Kunststofffaser berücksichtigen durch kostengünstige Herstellung und Montage. Diese Formen erfreuen sich wachsender Beliebtheit, da die Kunststofffaser alle Vorteile der optischen Übertragungstechnik nutzt und der Umgang mit der erheblich dickeren Faser einfacher und damit auch billiger ist.

Eine preisgünstige Lösung ist der Steckverbinder OVS. Der Steckvorgang geschieht ebenfalls wie beim SC-Stecker nach dem»push-pull«-Prinzip. Die Stecker OVS gibt es in einfacher oder Duplex-Ausführung (**Abb. 4.27**). Eine Verdrehsicherung garantiert eine reproduzierbare Dämpfung.

Die Steckermontage ist denkbar einfach:

- Kabelmantel entfernen,
- Stecker aufdrücken,
- Faser bündig mit der Steckerstirnfläche abschneiden, ggf. polieren.

Ein senkrechter Schnitt zur Faserachse mit einem scharfen glatten Messer erspart das Schleifen (Beseitigen des Fehlwinkels) und die anschließende Politur. Die typische Einfügedämpfung beträgt 2 dB.

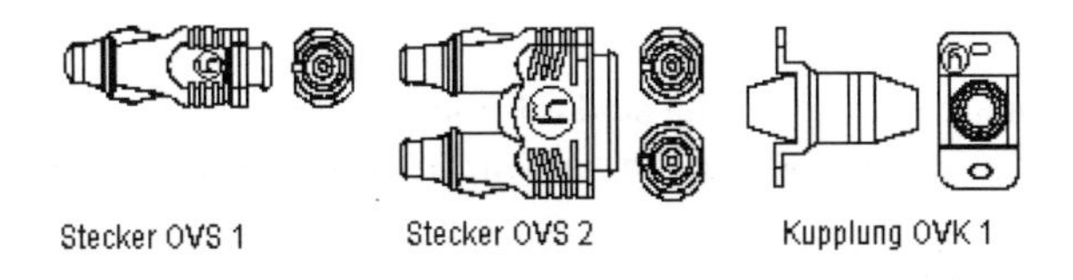

Abb. 4.27: *OV-Stecker und -Kupplung [55]*

Eine weiter Ausführungsform stellt der optische HiFi-Stecker dar (**Abb. 4.28**).

Abb. 4.28 *Optischer HiFi-Stecker [55]*

Linsenstecker

Ein Steckverbinder für spezielle Anwendungen ist der Linsenstecker. Im Steckerstift ist eine Linse integriert, die das aus der Faser austretende Licht aufweitet bzw. eintretendes Licht auf die Faserendfläche fokussiert. Staubpartikel machen sich durch die erheblich größere leuchtende Fläche weniger bemerkbar.

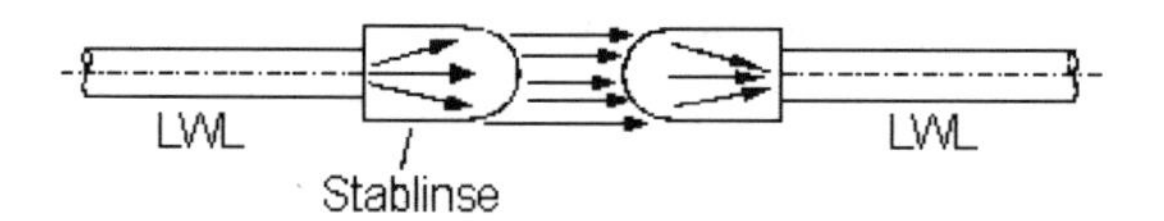

Abb. 4.29: *Linsen-Stecker [55]*

Vorteile:

- Geringe Empfindlichkeit gegenüber seitlichem Versatz
- Unempfindlich gegen Toleranzen in Längsrichtung
- Verringert den Einfluss von Verschmutzung auf die Koppeldämpfung

Nachteile:

- Zusätzliche Bauteile und Justierung sind erforderlich (teuer)
- Zusätzliche Verluste durch Reflexion an den Trennflächen (Absorption, Abbildungsfehler)
- Verkleinerte Bandbreite

Einsatz:

- Integrierte Steckverbindungen zwischen den Waggons des Hochgeschwindigkeitszugs ICE (weist geringe Anfälligkeit gegen Verschmutzung auf)
- Militärtechnik

LWL-Drehkupplung

Rotieren zwei Komponenten relativ zueinander auf einer gemeinsamen Achse, dann kann mit einer Drehkupplung ein optischer Kontakt hergestellt werden. Dabei ist ein Stecker kugelgelagert.

4.1.3 Verbindungstechnik für Leitungselemente – Spleißverbindungen

Spleiße stellen dauerhafte bzw. bedingt lösbare Verbindungen von LWL dar.

Mechanische Spleiße

Diese werden an Stellen eingesetzt, an denen ein Steckverbinder unbrauchbar, ein fester Spleiß aber unwirtschaftlich ist, weil die Verbindung hin und wieder gelöst werden muss. Mechanische Spleiße werden für verschiedene Faserdurchmesser als Bausätze angeboten. Ein bevorzugtes Einsatzgebiet findet diese Verbindungsart in der Messtechnik. Die Einfügedämpfung ist ähnlich der des Spleißes. Der Montageaufwand ist geringer als der zum »Anschlagen« eines hochwertigen Steckverbinders. Der Kostenaufwand ist ebenfalls erheblich geringer, da die benötigten Zentrierelemente nur von Zeit zu Zeit gründlich gereinigt werden müssen und die Vorrichtung nach dem Einfüllen des Immersionsmittels verschlossen wird.

Bevorzugt werden Konstruktionen eingesetzt, die auf dem Prinzip der V-Nut-Führung basieren oder ein elastisches Füllelement benutzen (**Abb. 4.30**). Das elastische Füllelement ermöglicht auch eine Kopplung unterschiedlich dicker Fasern.

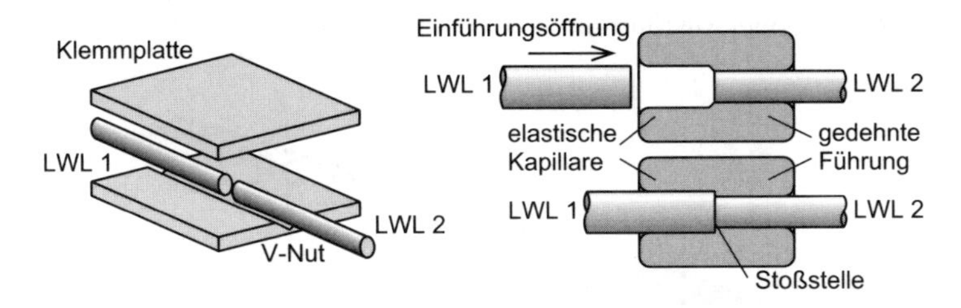

Abb. 4.30: *Prinzipien mechanischer Spleiße [55]*

Beachtet werden muss, dass die Fasern sauber abgeschnitten werden und die Faserenden sauber und auf Stoß montiert sind. Dann können Dämpfungswerte unter 0,1 dB erreicht werden.

Bei häufigem Gebrauch oder nach einem längeren Zeitraum sollte das Immersionsmittel erneuert und der Spleiß gereinigt werden. Das Immersionsmittel zieht Schmutz an und altert, so dass sich die Brechzahl und die Dämpfung verändern. Die angegebenen niedrigen Dämpfungswerte sind nur mit dem Immersionsmittel zu erreichen, das den Brechzahlsprung Glas – Luft – Glas vermeidet.

Die Zugfestigkeit ist im Vergleich zu den Schmelzspleißen oder Steckern gering. Der Einsatz des mechanischen Spleißes als dauerhafte Verbindung ist, sofern die Qualität ausreicht, bis zu einer Stückzahl von etwa 300 Spleißen pro Jahr wirtschaftlicher als ein Schmelzspleiß.

Vorteile:

- Schnell zu montieren
- Auch montierbar, wenn sich die Fasern von der Länge nur knapp überdecken und dabei schlecht zugänglich sind
- Kaum Hilfsmittel nötig

Nachteile:

- Schlechte Langzeiteigenschaften
- Nur gering auf Zug belastbar

Einsatz:

- Testaufbauten;
- Kurzfristige Reparatur
- Provisorische, kostengünstige Verbindungen.

Typische Dämpfungen:

- < 0,1 dB für Monomode-Ausführung
- < 0,3 dB für Multimode-Ausführung

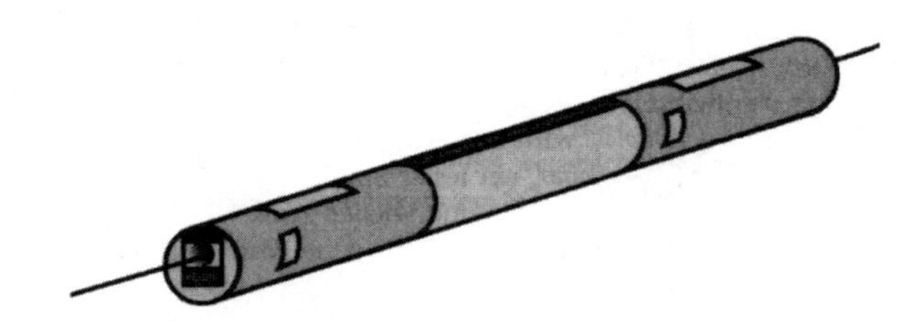

Abb. 4.31: *Fingerspleiß [55]*

Klebespleiße

Der Klebespleiß benötigt ebenfalls nur einen geringen Aufwand an Geräten und ist sehr einfach herzustellen. Nach dem Ausrichten und Zentrieren der Faserenden wird die Anordnung mit einem Kleber fixiert und haltbar gemacht. Das Klebematerial muss in der Brechzahl angepasst sein. Unsicherheiten bestehen bezüglich der Langzeitstabilität der eingesetzten Klebstoffe (z. B. Epoxidharzkleber).

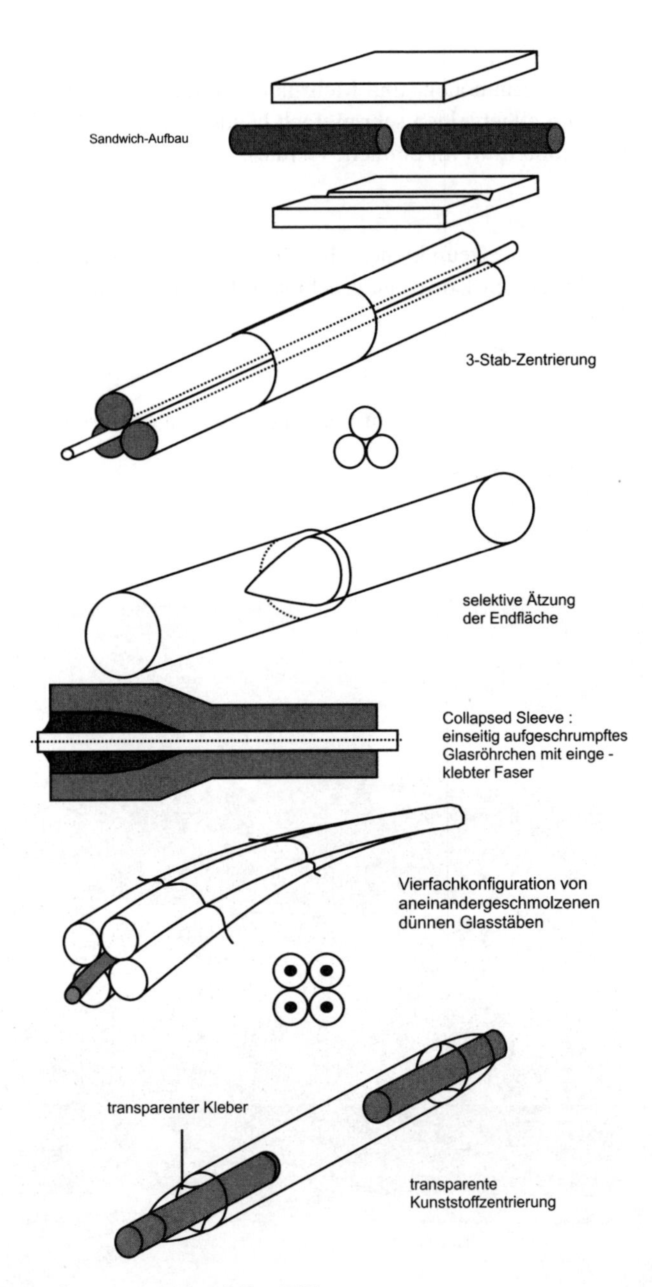

Abb. 4.32: *Ausführungsformen von Klebespleißen [55]*

Schmelzspleiße

Zum Schweißen einzelner Einmoden- und Mehrmoden-LWL gibt es thermische Spleißgerät (siehe **Abb. 4.33**), die im allgemeinen sehr einfach handhabbar sind. Die Anschaffung ist allerdings sehr teuer (ab7.500 Euro für einfache Geräte).

Derartige Gerät sind in servicefreundlicher Modulbauweise ausgeführt und üblicherweise in einem handlichen und robusten Koffer untergebracht. Es sind Spleißgeräte mit einem Computerinterface verfügbar.

Der Spleißvorgang läuft in drei Arbeitsschritten nahezu vollautomatisch ab:

1. Präparation der Endflächen des LWL
2. Ausrichten der LWL-Enden
3. Schweißen der LWL-Enden

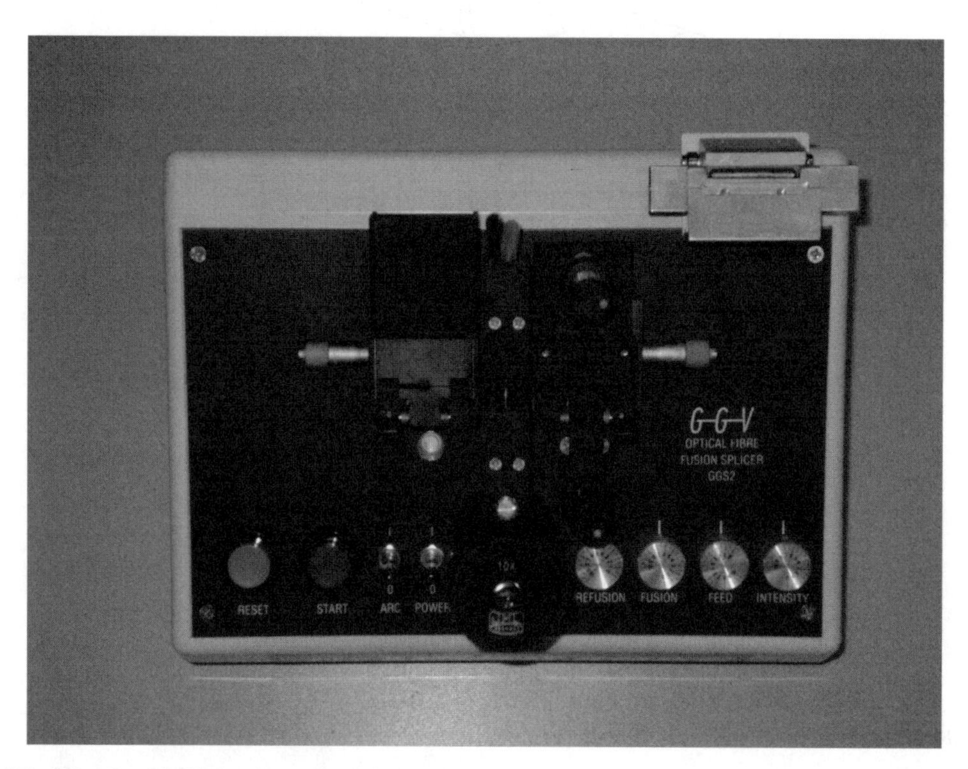

Abb. 4.33: Handelsübliches thermisches Spleißgerät

Zu 1.: Dazu sind zunächst alle Kabelaufbauelemente - wie Kabelschutzhülle, Bewehrung, Kabelmantel - zu entfernen und die LWL-Adern freizulegen. Danach werden die LWL-Adern abgeschnitten, so dass die LWL übrig bleiben, bei denen schließlich auf den letzten Zentimetern die Primärbeschichtung entfernt wird. Im Anschluss daran bricht man den LWL (ohne Primärschicht) mit Hilfe eines LWL-Trenngerätes, wobei die für das Spleißen erforderliche spiegelglatte und senkrecht zur LWL-Achse stehende Endfläche entsteht. Hochpräzise Trenngeräte (hoher Anschaffungspreis) ermöglichen Brüche, bei denen die Winkelfehler unter 1° liegen.

Zu 2.: Nach Einlegen der LWL-Enden in die Halterungen des Spleißgerätes (siehe **Abb. 4.34**) werden die LWL-Enden ausgerichtet. Erhitzt werden die LWL-Enden in einem Lichtbogen, der später zwischen den in **Abb. 4.34** dargestellten Wolfram-Elektroden (2) entsteht.

Zu 3.: Eine hochfrequente Wechselspannung dient zum Zünden des Lichtbogens. Zwischen zwei Elektrodenspitzen (Wolfram) entsteht die zum Spleißen erforderliche Glimmentladung. Die Adern werden in einem Spleißmodul abgefangen. Nach dem Spleißvorgang werden die LWL in diesem Modul abgelegt und geschützt. Das Gerät enthält einen Spleißmodulhalter bzw. Spleißmodulträger, der unterschiedliche Spleißmodule aufnehmen kann. Spleißmodule sind in Metall- bzw. Spleißkassetten in Kunststoff ausgeführt. Die Spleißdämpfung liegt im Bereich um 0,1 dB und ist abhängig von den LWL-Fertigungstoleranzen.

Das Lokale Injektions- und Detektionssystem (LID-System) ermöglicht sowohl bei Mehrmoden-LWL als auch bei Einmoden-LWL das rasche und problemlose Justieren der zu verbindenden LWL. Die sonst übliche Lichteinspeisung bzw. Messung von den entfernten Enden entfällt damit. Es wird nicht nach LWL-Geometrie, sondern nach minimaler Durchgangsdämpfung des Spleißes justiert.

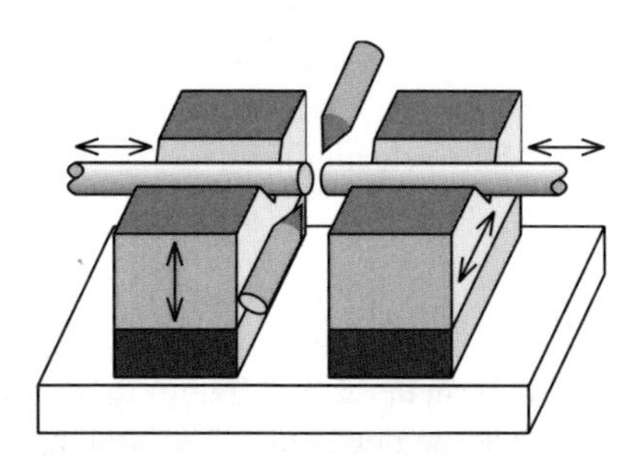

Abb. 4.34: *Justage der Faserenden im Spleißgerät, schematisch [33]*

Das Gerät arbeitet nach dem in **Abb. 4.35** dargestellten Prinzip. In den Kern eines ideal geraden LWL lässt sich Licht mit technisch nutzbarem Wirkungsgrad nur an der Stirnfläche einkoppeln. Ebenso strahlt ein gerader LWL praktisch kein Licht nach außen ab. Dies gilt nicht mehr, wenn der LWL gebogen wird. Bei genügend kleinem Biegeradius tritt an der Biegestelle der größte Teil des im Kern geführten Lichts aus dem LWL aus und kann durch ein Photoelement empfangen werden. Dieser Vorgang ist umkehrbar, d. h. Licht kann auch in den Kern eines gebogenen LWLs durch das eingefärbte Coating und das Mantelglas hindurch eingekoppelt werden. Als Sendeelement dient eine Leuchtdiode, deren Licht über einen Dickkern-LWL an die Koppelstelle übertragen wird. Nach dem Übertritt des Lichts an der Spleißstelle vom LWL 1 in den LWL 2 fällt der im Auskoppler durch Verbiegen abgestrahlte Lichtanteil auf ein Photoelement. Dieses wandelt die einfallende Lichtleistung in einen proportionalen Photostrom um, der nach Verstärkung und Filterung vom Messinstrument angezeigt wird. Jede Positionsänderung vom LWL-Ende 1 zum LWL-Ende 2 verändert die übertretende Lichtleistung und wird als Zeigerbewegung auf dem Messinstrument sichtbar.

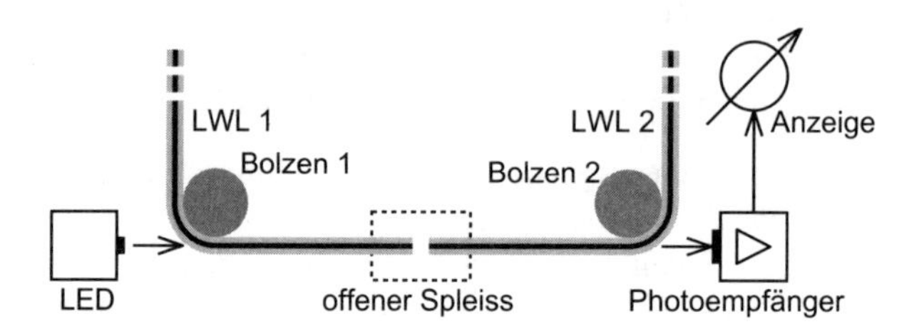

Abb. 4.35: *LID-System [33]*

Die Anwendung des LID-Systems ermöglicht eine optimale Positionierung der LWL-Kerne bei gleichzeitiger Verkürzung der Herstellzeit je Spleiß. Die bisher erforderliche und aufwendige Kontrolle des Spleißes am anderen Ende des Kabels mit einem Oszilloskop entfällt.

Mehrfachspleiße

Die zunehmende Anzahl von Kabeln mit vielen LWL erhöht zwangsläufig auch den Aufwand für Spleißarbeiten. Um diesen zu reduzieren, werden zusätzlich zum Einfachspleiß Mehrfachspleißtechniken entwickelt. Beispielsweise können bis zu zwölf Spleiße bei diesem Verfahren gleichzeitig ausgeführt werden. Wie beim Einzelspleiß unterscheidet man die mechanische und die thermische Mehrfachspleißtechnik.

Mechanisches Mehrfachspleißen

Alle Teile des Mehrfachverbinders bestehen aus Silizium. In die Grundplatte sind Führungen für LWL und Führungen zur Aufnahme der beiden Verbindungselemente mit höchster Präzision eingeätzt. Maximal zwölf Mehrmoden-LWL bzw. sechs Einmoden-LWL können, nachdem die LWL vorpositioniert wurden, in einem Verbindungselement untergebracht werden. Nach dem Polieren der LWL-Enden werden beide Siliziumverbindungsteile zusammengefügt. Die Teile des Mehrfachverbinders werden auf ein Modul montiert, das den Spleiß und die LWL vor mechanischen Beschädigungen schützt (**Abb. 4.36**). Die Einfügungsdämpfung liegt bei Mehrmoden-LWL mit der Abmessung 50/125 μm um 0,2 dB und bei Einmoden-LWL mit der Abmessung 10/125 μm um 0,5 dB je Spleiß.

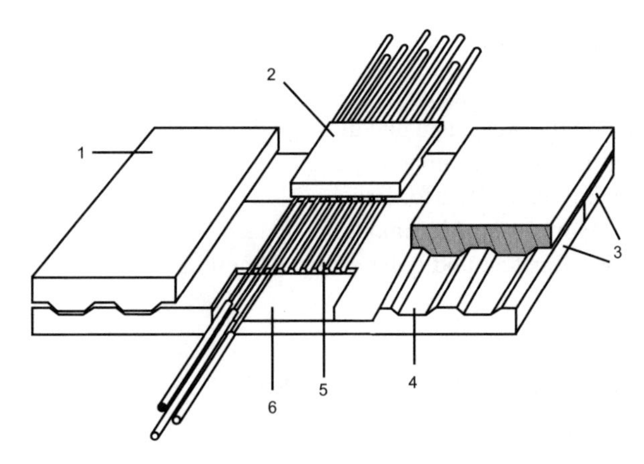

Abb. 4.36: Lösbarer Mehrfachspleiß [33] (1 Verbindungselement, 2 Deckel, 3 zwei Hälften, 4 Führungen für Verbindungselemente, 5 Führungen für LWL, 6 geätztes Teil)

Thermisches Mehrfachspleißen

Ergänzend zu den nahezu automatisch arbeitenden thermischen Einfachspleißgeräten gibt es thermische Mehrfachspleißgeräte mit den selben hohen Leistungsmerkmalen. Sie bieten 3D-Video-Bildauswertung und LID-System mit Schweißen nach Transmission für bis zu 12 LWL. Sie arbeiten nach dem selben Prinzip, wie die Einfachspleißgeräte. Eine hochfrequente Wechselspannung liefert zwischen den Elektroden mit einer Glimmentladung die zum Schmelzen der LWL-Enden erforderliche Wärme. Eine exakte Anordnung der LWL untereinander, sowie das richtige Positionieren der beiden Elektroden ist für gute Spleißergebnisse von entscheidender Bedeutung. Dadurch, dass die Arbeitsgänge, wie Entfernen des Coatings, Trennen des LWL und Aufbringen des Spleißschutzes, für alle LWL gleichzeitig ablaufen, reduziert sich der zum Spleißen eines Bündels mit 10 LWL erforderliche Zeitaufwand etwa auf ein Viertel der bei dem Einzelgerät üblichen Werte.

4.2 Steuerbare Verbindungen

4.2.1 Koppler

Während mit Steckern und Spleißen Fasern verbunden werden, dienen optische Koppler der Verzweigung optischer Signale. Die Aufteilung der Strahlungsleistung soll möglichst verlustarm erfolgen.

Aktive Koppler führen im Gegensatz zu passiven Kopplern eine optoelektrische Wandlung durch. Das elektrische Signal wird dann mit Verstärkern auf verschiedene Signalzweige aufgeteilt und wieder elektrooptisch gewandelt. Der Aufbau entspricht den Regeneratoren, die in Kapitel 6 behandelt werden. Im Folgenden werden rein optische Koppler also passive Koppler betrachtet.

Die wichtigsten allgemeinen Merkmale für Koppler sind:

- Anzahl der erforderlichen Eingänge und Ausgänge
- Signalaufteilung auf die Ausgänge und die Signaldämpfung
- Richtwirkung für die Lichtsignalübertragung
- Wellenlängenselektivität (falls erforderlich)
- Übertragungsart (Mono- oder Multimode)
- Polarisationsempfindlichkeit und Polarisationsdämpfung.
- Nebensprechen

Gegenüberstellung elektrische und optische Koppler:

Tab. 4.1: *Signalverzweigung*

Elektrische Signale	Optische Signale
Informationstransport mit elektrischen Ladungsträgern:	Informationstransport durch Photonen:
Problem bei idealen Verzweigungen:	
Spannungsübertragung, keine Veränderung der Pegel	Photonen teilen sich auf die Abgänge auf. Die Lichtleistung teilt sich ebenfalls auf
Anzahl der Abgänge theoretisch unbegrenzt	Signal wird durch die Aufteilung proportional zur Anzahl der Abgänge kleiner

Am Beispiel des Kabelfernsehens **Abb. 4.37** soll die Signalaufteilung und die Signaldämpfung betrachtet werden.

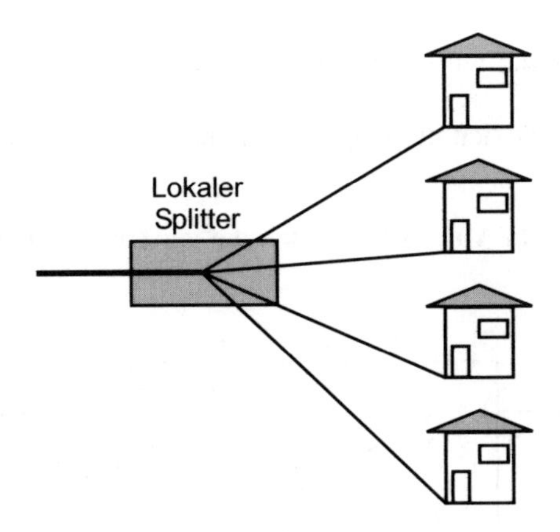

Abb. 4.37: *Beispiel eines Kopplers (Splitter) für Kabelfernsehen [22]*

Beim Kabelfernsehen erhalten alle Empfänger die selben Informationen. In diesem Fall spricht man von einem Teiler oder Splitter.

Tab. 4.2: *Relative Leistungsreduzierung durch ideale Koppler (1 Eingang, n Ausgänge) [22]*

Anzahl der Ausgänge n	Leistungsanteil 1/n pro Ausgang in %	Leistungsreduzierung bezogen auf einen Ausgang in dB
1	100	0,00
2	50	-3,01
5	20	-6,99
10	10	-10,00
50	2	-16,99
100	1	-20,00

Bei gleicher Aufteilung der Photonen auf die Abgänge und $P_A = P_E$ folgt für jeden Ausgang die Dämpfung:

$$A_{Split} / dB = 10 \cdot \log \frac{P_E}{P_A \cdot n}$$

oder

$A_{Split} / dB = 10 \cdot \log \frac{1}{n}$ Tab. **4.2** wird angenommen, dass $\underline{P_A = P_E}$ ist. Dies gilt im Normalfall nicht. Außerdem beschränkt sich die Kopplung nicht nur auf die oben beschriebene Teilung des Lichtsignals.

An dem einfachen Viertor in **Abb. 4.38** werden die verschiedenen Zusammenhänge mit den Dämpfungen erklärt.

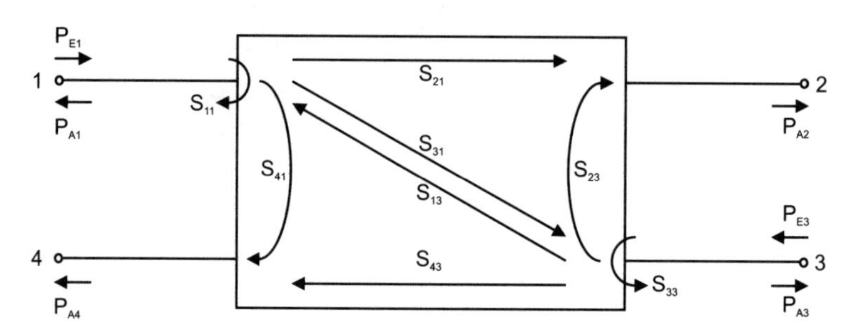

Abb. 4.38: *Koppler als Viertor (E=Eingang, A=Ausgang) [55]*

Die Koppelfaktoren S (Verstärkungen, Dämpfungen) zwischen den Eingängen und Ausgängen bedeuten:

$S_{21}, S_{43}, S_{31}, S_{13}$: Bidirektionales Transmissionsverhalten

S_{23}, S_{41}: Übersprechen

S_{11}, S_{33}: Reflexionsverhalten

Die Einfügedämpfung beträgt unter der Bedingung $P_{E3} = 0$:

$$A_{E1} = 10 \cdot \log \frac{P_E}{P_A} \text{ dB}$$

mit: $P_E = P_{E1}$ und $P_A = P_{A1} + P_{A2} + P_{A3} + P_{A4}$

Die bei Kopplern spezifizierte <u>Koppeldämpfungen</u> von Anschluss zu Anschluss berücksichtigen beide Dämpfungsarten (Strahlaufteilung und Signaldämpfung). Sie ist das Verhältnis der an Tor j ausgekoppelten Leistung P_{Aj} zur an Tor i eingekoppelten Leistung P_{Ei}:

$$A_{Kij} = 10 \cdot \log \frac{P_{Ei}}{P_{Aj}} \text{ dB}$$

Die Richtdämpfung ist definiert (**Abb. 4.39**) als:

$$A_{Ri} = 10 \cdot \log \frac{P_{E1}}{P_{A2}} \text{ dB}$$

Sie beschreibt die Dämpfung des von Punkt 1 nach Punkt 2 transmittierten Anteils.

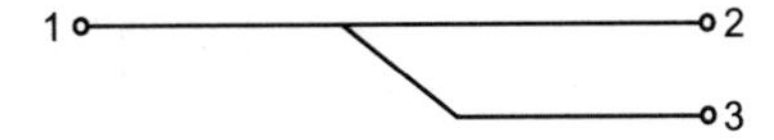

Abb. 4.39: Richtdämpfung

Die Dämpfung zwischen Punkt 1 und Punkt 3 wird hingegen durch die Koppeldämpfung beschrieben.

Die Rückflussdämpfung beschreibt den reflektierten Anteil:

$$A_R = 10 \cdot \log \frac{P_{E1}}{P_{A1}} \text{ dB}$$

Die Verlustdämpfung beschreibt den im Koppler verbleibenden Anteil der Signalleistung:

$$A_V = 10 \cdot \log \frac{P_E}{P_E - P_A} \text{ dB}$$

mit: $P_E = P_{E1}$ und $P_A = P_{A1} + P_{A2} + P_{A3} + P_{A4}$

Abb. 4.40 und **Abb. 4.41** zeigen Beispiele der Kopplerprinzipien ohne und mit Richtwirkung.

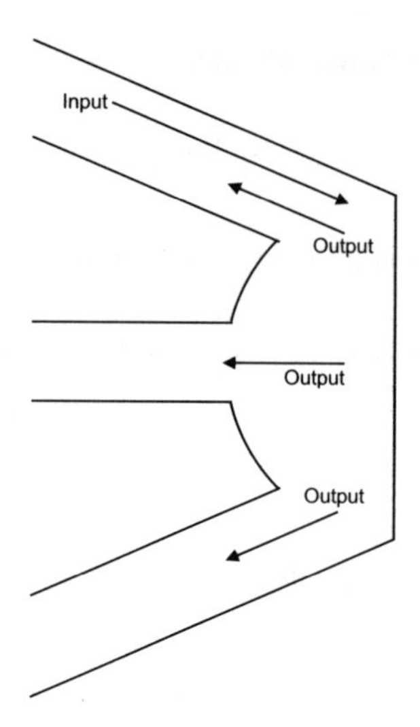

Abb. 4.40: *Prinzip eines Kopplers ohne Richtwirkung [22]*

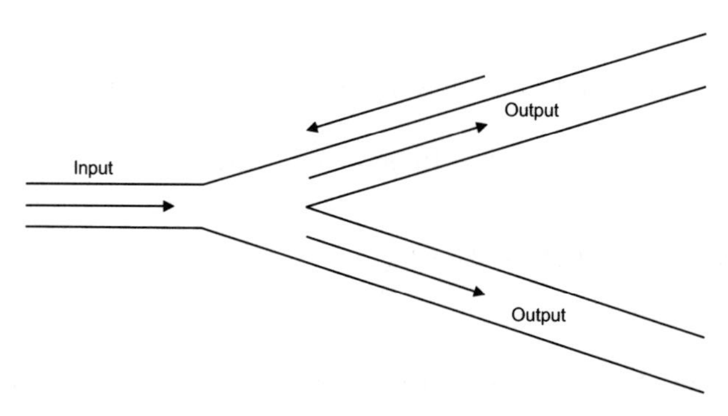

Abb. 4.41: *Prinzip eines Kopplers mit Richtwirkung [22]*

Die selektive Abhängigkeit der Kopplung von Wellenlängen blieb bis jetzt unberücksichtigt.

Koppler teilen sich zusätzlich in Typen, die nahezu von der Wellenlänge unabhängig arbeiten und welche, die wellenlängenselektiv sind.

Von der Wellenlänge unabhängige Koppler:

- Aufteilung von Signalen mit nicht exakt bekannter Wellenlänge
- Aufteilung von Signalen, die sich aus mehreren Wellenlängen zusammensetzen (Wellenlängenmultiplexbetrieb)
- Abtrennen eines Signals für einen optischen Pegelmonitor für das Gesamtsignal.

Von der Wellenlänge abhängige Koppler:

- Abspalten von verschiedenen Wellenlängen in verschiedene Richtungen (WDM)

- Einkoppeln von Pumplicht in optischen Verstärkern (980nm Pumplicht und 1550nm Signal)
- Trennen von Wellenlängen

Im Folgenden werden einige wichtige Kopplertypen beschrieben [55]:

Taper-Prinzip

Die Kopplung erfolgt mit Hilfe eines optischen Anpassgliedes, mit dem von einem LWL zum anderen ein gleitender Übergang erzeugt wird. Es wird eine konische Einschnürung der Fasern erzeugt. Die Fasern werden zu diesem Zweck erhitzt und gemeinsam in einer vorgegeben Position gezogen und damit gleichzeitig verschweißt. Das Licht koppelt in diesem Bereich von der einen in die andere Faser über.

Kernanschliff

Zwei gekrümmte Fasern werden bis in den Kernbereich angeschliffen. Die Schliffe werden dann mit einem hochbrechenden Kleber verklebt. Das Licht koppelt in diesem Bereich von der einen in die andere Faser über.

Strahlteiler

Zur Aufweitung des einfallenden Lichtes aus der Faser und zur Bündelung des austretenden Lichtes in die Faser (Kollimator) können zusätzlich zum Strahlteiler Linsen eingesetzt werden. Die Strahlaufweitung verbessert die Eigenschaften des Strahlteilers.

Gradientenlinsen

Mit einem teilverspiegelten Linsensystem werden die Strahlen aufgeweitet und wieder kollimiert. Eingesetzt werden beispielsweise Linsen mit parabolischen Brechzahlprofil.

4.2.2 Schalter

Optische Schalter stellen ein wichtiges Element zur Lenkung der Lichtsignale in einem optischen Nachrichtenübertragungssystem dar. Die Funktion ist vergleichbar mit der Funktion von elektronischen oder elektromechanischen Relais in klassischen Nachrichtenübertragungssystemen. Mit Hilfe eines Steuersignals kann z. B. das optische Signal einer LWL auf zwei verschiedene LWL temporär verteilt werden. Neue Entwicklungen gehen in die Richtung, die für die Lenkung der optischen Datenströme erforderlichen Steuersignale auch optisch zu realisieren. Es wird angestrebt, diese Steuersignale über die Nachrichtenfasern mit den Daten zu versenden [51]. Diese rein optischen Schalter werden Schaltzeiten im ps-Bereich ermöglichen.

4.2.2.1 LC-Schalter

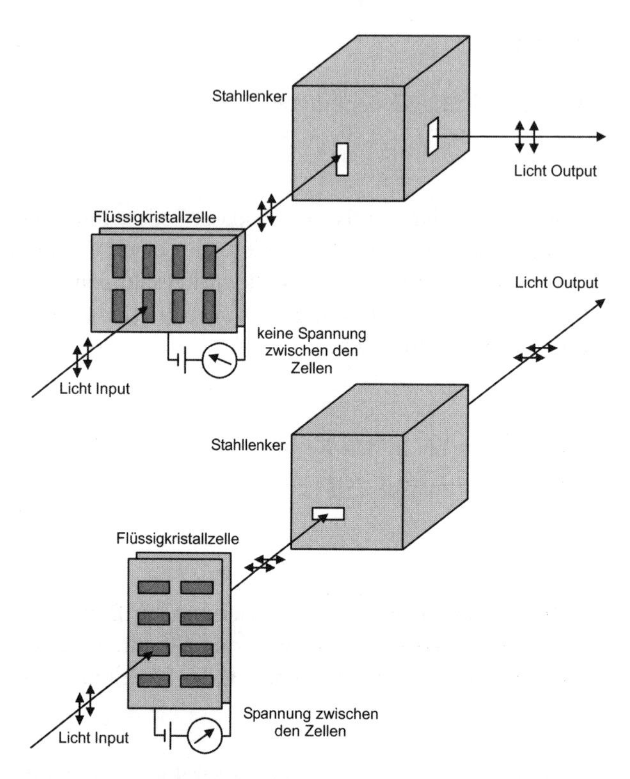

Abb. 4.42: Prinzip des LC-Schalters [16]

Ähnlich wie bei den LC-Anzeigen, dient zum Aufbau eines Schalters der Polarisationseffekt von Flüssigkristallen. Die Polarisation ist mit Hilfe einer Steuerspannung einstellbar. Der Effekt ist bedingt durch die geometrische Form der Moleküle des Flüssigkeitskristalls, die nur Licht einer bestimmten Polarisation transmittieren. Die optische Ausrichtung der Moleküle lässt sich mit Hilfe einer elektrischen Steuerspannung drehen. **Abb. 4.42** zeigt den prinzipiellen Aufbau eines LC-Schalters. Im Bild sind in der oberen Darstellung die Polarisation ohne Steuerspannung und im unteren Bild die Verhältnisse mit anliegender Steuerspannung dargestellt. Deutlich zu erkennen ist die Drehung um 90°. Der Stahllenker koppelt im Anschluss das Lichtsignal in Abhängigkeit der Polarisation in je eine von zwei verschiedenen LWL ein. Im **Abb. 4.42** ist dies durch die verschiedenen Ausgänge dargestellt. LC-Schalter sind langsam (Richtwert >10ms). Bei nur geringfügiger Veränderung der optischen Achse ist mit großen Leistungsverlusten zu rechnen. Bei neueren Entwicklungen konnten diese Effekte verringert werden. Die Einfügedämpfung ist kleiner als 10 dB.

4.2.2.2 Blasenschalter

Die hier zugrunde liegende Technologie wurde für Tintenstrahldrucker entwickelt und ist entsprechend kostengünstig. Wie in **Abb. 4.43** dargestellt werden optische Wellenleiter in einer Matrixform auf einem Substrat angeordnet. An jedem Kreuzungspunkt dieser Matrix befindet sich ein kleines Loch, welches mit einer darunter liegenden Düse eines Druckkopfes verbunden ist. Mit Hilfe des Druckkopfes kann eine Flüssigkeit in das Loch gedrückt und auch wieder abgesaugt werden. Die Flüssigkeit weist die gleiche Brechzahl auf, wie der Wellenleiter.

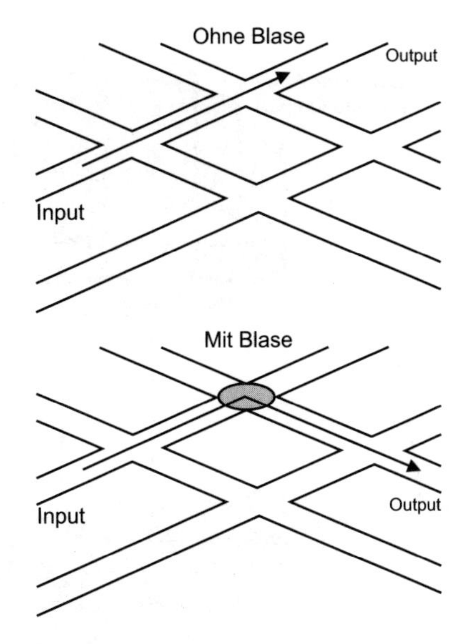

Abb. 4.43: *Prinzip des Blasenschalters [16]*

Wie in Bild 4.3.2.3 gezeigt, wird auf Grund der Anwesenheit einer Gasblase anstelle der Flüssigkeit bewirkt, dass eine Umlenkung des Lichtsignals durch Totalreflexion erfolgt. Bei vorhandener Flüssigkeit am Kreuzungspunkt wird der Lichtstrahl transmittiert. Auf diese Art und Weise können nun Matrizen aus Schaltern aufgebaut werden. Schalter dieser Bauart sind klein und schnell. Ein Nachteil ist, dass die Komplexität der Schalter durch die Druckköpfe verursacht wird. Der Aufbau wirklich großer Matrizen ist damit erschwert.

4.2.2.3 Mikroelektromechanische Schalter

Bei dieser Technologie werden auf der Basis der Fertigungsprozesse für Halbleiter und Wellenleiter zusätzlich Mikromechanische Bauelemente hergestellt (Micro Electro Mechanical Systems MEMs). Im Ergebnis stehen z. B. winzige mechanische Aktuatoren mit integrierter elektronischer Ansteuerung zur Verfügung. Ein Beispiel zeigt der Spiegel in **Abb. 4.44**.

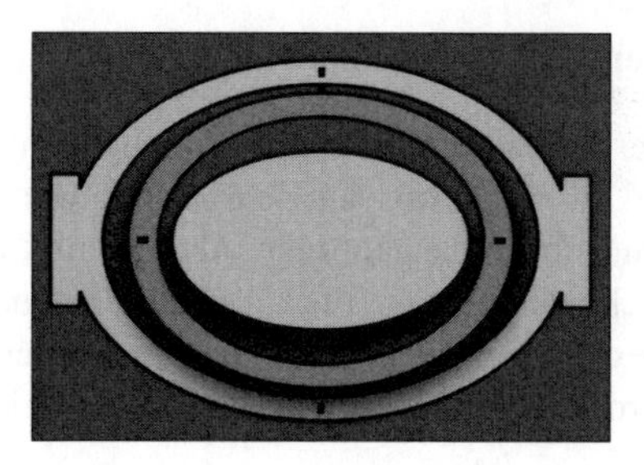

Abb. 4.44: *Mikromechanischer Spiegel*

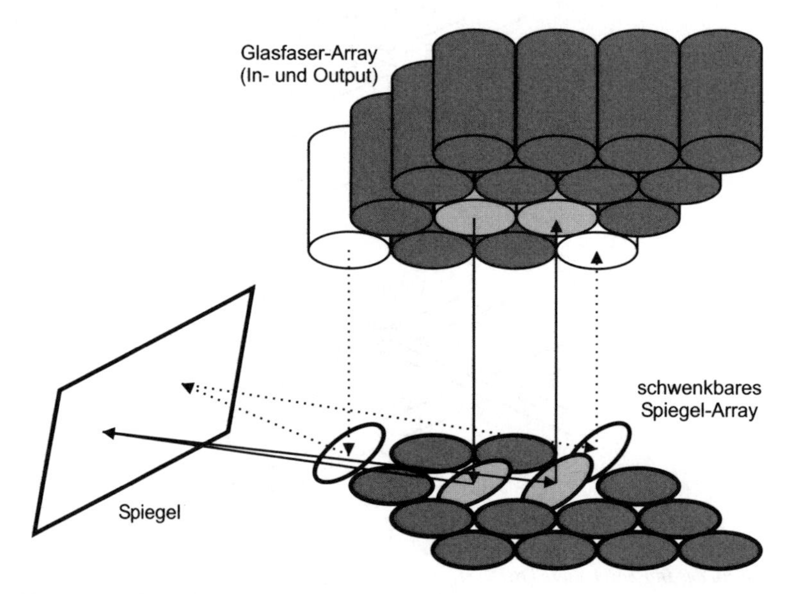

Abb. 4.45: *Matrix aus mikromechanischen Spiegeln als Schalter*

Mit Hilfe dieser Spiegel kann das Lichtsignal wahlweise auf die gewünschten Faserstrecken gelenkt werden. Die Schaltzeiten liegen im Bereich Millisekunden. Im Vergleich zu elektrooptischen Systemen ist der Energie- und Platzbedarf gering.

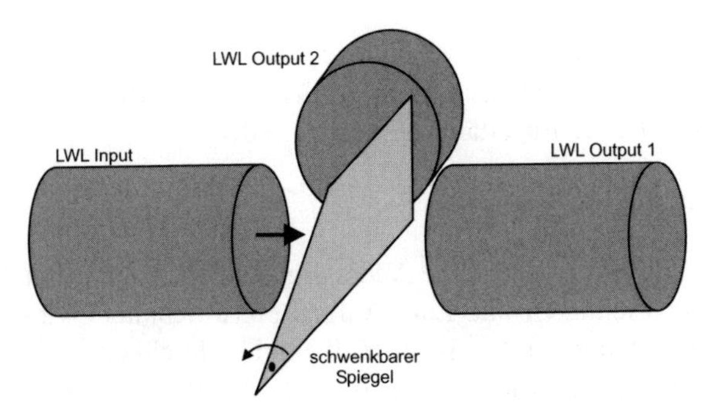

Abb. 4.46: Mikromechanischer Schalter

Abb. 4.46 zeigt eine weitere Variante des MEMs. Mit Hilfe eines elektrischen Steuersignals kann der Spiegelträger in den Strahlengang bewegt werden. Das Lichtsignal wird dann durch die Totalreflexion in die mittlere Faser gelenkt.

Diese mechanischen Systeme werden mit Hilfe elektrostatischer Kräfte bewegt und erreichen Schaltgeschwindigkeiten im oberen µs-Bereich. Ein System mit 8X8 Schaltern erreicht eine Einfügedämpfung von ca. 3,5 dB.

4.2.2.4 Thermooptische Schalter

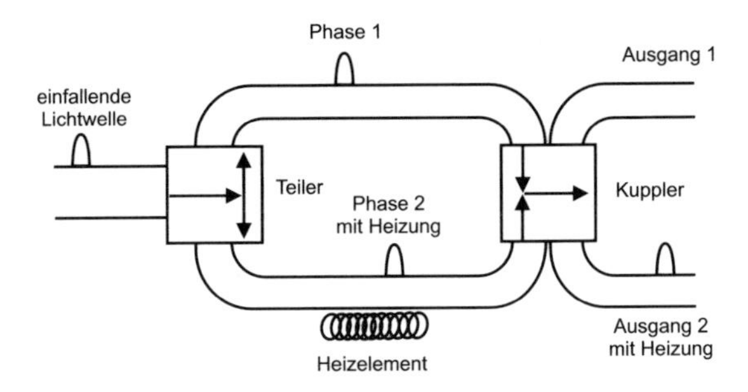

Abb. 4.47: Prinzip des thermooptischen Schalters [16]

Basis für diese Art von Schaltern ist das thermooptische Verhalten von Wellenleitern. Der thermooptische Effekt bewirkt eine Phasenänderung der sich in einem Wellenleiter ausbreitenden Welle in Abhängigkeit von der Temperatur des Wellenleiters. Mit einem Strahlteiler wird das Lichtsignal zunächst in zwei Wellenleiter aufgeteilt. Durch Erwärmung wird die Phase in einem Wellenleiter durch die Längenausdehnung beeinflusst. Im Anschluss werden die beiden Lichtsignale in einem interferometrischen Modulator [47] wieder zusammengeführt. Der Effekt wird durch eine Asymmetrie der Geometrie der Ausgangswellenleiter erreicht. In Abhängigkeit eines durch die Geometrie vorgegebenen Phasenverhältnisses erscheint das Signal am Ausgang 1 oder Ausgang 2.

Bedingt durch den thermischen Effekt sind diese System sehr langsam. Sie lassen sich allerdings bedingt durch den planaren Aufbau in großen Stückzahlen herstellen und zu Koppelnetzwerken verbinden. Die Einfügedämpfung ist >1,5 dB.

4.2.2.5 Kerr-Effekt-Schalter

Der nichtlineare Kerr-Effekt bewirkt eine Änderung des Brechungsindex des Wellenleiters in Abhängigkeit von der Lichtintensität. Zum Aufbau eines Schalters wird das Lichtsignal zunächst über einen Strahlteiler geführt. Beide Teilstrahlen durchlaufen einen Wellenleiterring, in den ein optischer Steuerpuls zur Erzeugung des Kerr-Effektes eingekoppelt werden kann. Danach treffen sie wieder auf einen interferometrischen Modulator mit einem Aufbau wie im letzten Kapitel.

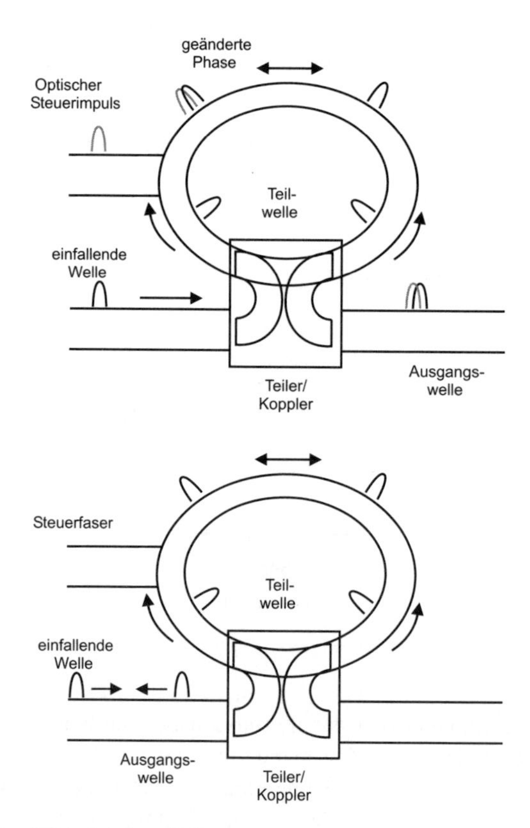

Abb. 4.48: Prinzip des Kerr-Effekt Schalters [16]

Wie in **Abb. 4.48** dargestellt, wird das Lichtsignal am Eingang in Abhängigkeit von der durch den veränderten Brechungsindex entstehenden Phasenverschiebung entweder in die Eingangsfaser oder in die Ausgangsfaser geleitet.

Dieser Schaltertyp befindet sich zur Zeit noch in der Entwicklung. Zur Erzeugung des Kerreffektes sind im Verhältnis zur Signalleistung große optische Leistungen erforderlich. Zur Ansteuerung ist ein optischer Verstärker erforderlich.

4.2.2.6 Schalter mit bewegten Faserenden

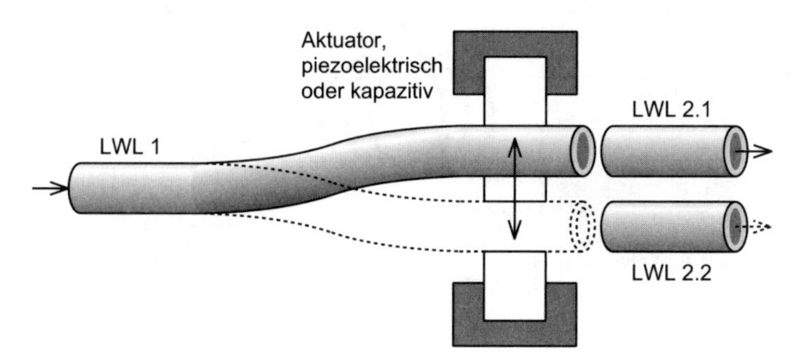

Abb. 4.49: *Strukturbild eines Schalters mit bewegtem Faserende*

Die **Abb. 4.49** zeigt das Einkoppeln eines Lichtsignals von einer bewegten Faser in zwei Wellenleiter. Das Faserende wird mit Hilfe eines planaren Kondensators bewegt, dessen elektrostatische Kräfte dazu verwendet werden. Die Schaltgeschwindigkeit liegt im Bereich Millisekunden. Die Einfügedämpfung beträgt etwa 4 dB in beiden Stellungen. Größere Schalter mit mehr Abgängen befinden sich in der Entwicklung.

4.3 Dämpfungsglieder und Modulatoren

Im Mach-Zehnder-Modulator wird das vom unmodulierten Laser eingekoppelte Licht (CW-Probe) in zwei Zweige aufgeteilt. In einem von beiden wir durch ein elektrisches Feld, dass über zwei aufgedampfte Elektroden im Streifenleiter wirksam wird, die Brechzahl und damit die Ausbreitungsgeschwindigkeit des Lichtes in diesem Zweig im Takt des angelegten Modulationssignals geändert. Durch Interferenz beider Lichtsignale am Ausgang wird die so erzeugte Phasenmodulation des modulierten Lichtes in eine Intensitätsmodulation überführt. Die direkte bzw. Intensitätsmodulation wurde schon in Kapitel 2 beschrieben. Im Folgenden wird die externe Modulation betrachtet.

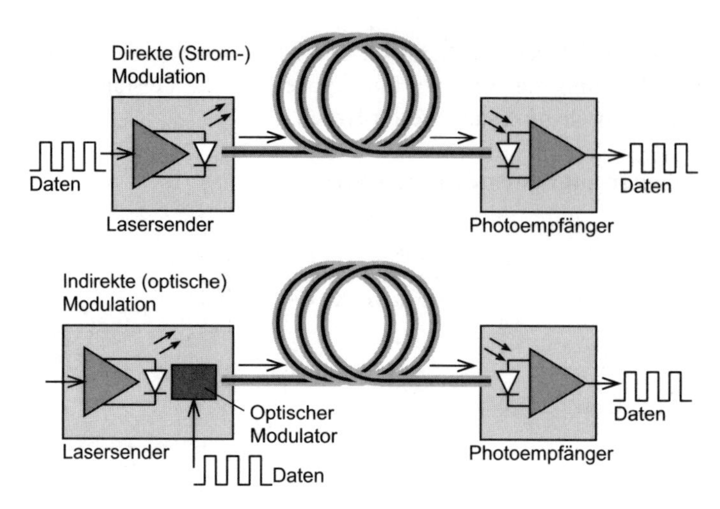

Abb. 4.50: *Direkte und externe Modulation, schematisch*

Externe Modulationsverfahren werden eingesetzt bei optisch gepumpten Lasern, wie z.B. Festkörperlasern oder Gaslasern, da diese Laser, im Gegensatz zu Laserdidoden, auf zeitliche Variationen der Pumpenergie zu träge reagieren.

Bei Laserdioden werden diese Verfahren eingesetzt, wenn die Ansprüche an die spektrale Reinheit des Lichts extrem hoch sind, z. B. bei optisch kohärenter Übertragung oder bei Dense-Wave-Division-Multiplex-Systemen.

Man unterscheidet vier Prinzipien:

- Elektrooptischer Effekt
- Magnetooptischer Effekt
- Akustooptischer Effekt
- Elektroabsorption

Elektrooptischer Effekt

Bestimmte Materialien werden doppelbrechend, wenn sie starken elektromagnetischen Feldern ausgesetzt werden. Dieser Effekt wird als elektrooptischer Effekt bezeichnet. Er führt zu einer Änderung der Polarisation des Lichts. Die Stärke der Änderung lässt sich durch Variation der angelegten elektrischen Spannung einstellen. Bei Verwendung zweier Polarisatoren lassen sich elektrooptische Schalter bzw. Modulatoren realisieren.

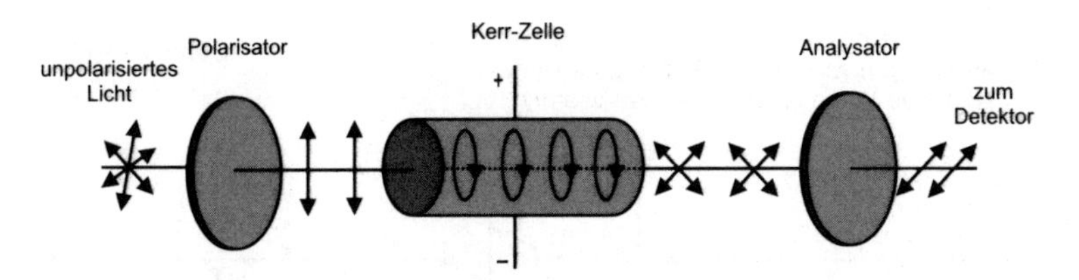

Abb. 4.51: Kerr-Zelle, schematisch

Kerreffekt → Lichtausbreitung quer zur Richtung des elektrischen Feldes

Pockelseffekt → Lichtausbreitung in Richtung des elektrischen Feldes

Pockelszellen benötigen wesentlich niedrigere elektrische Spannungen als Kerrzellen (Faktor 5 bis 10) [56].

Magnetooptischer Effekt (Faraday-Effekt)

Wenn sich polarisiertes Licht in einem isotropen Dielektrikum ausbreitet das von einem Magnetfeld durchdrungen wird, wird die Polarisationsebene des Lichts gedreht. Der Drehwinkel ist proportional zur magnetischen Feldstärke. Bei Verwendung zweier Polarisatoren lassen sich magneto-optische Modulatoren realisieren.

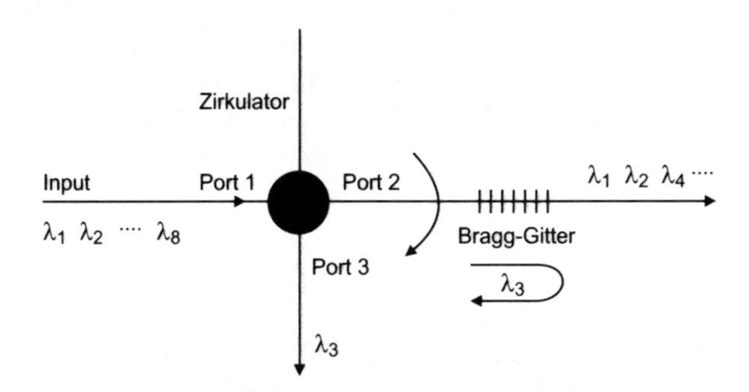

Abb. 4.52: Faraday-Effekt, schematisch

Akustooptischer Effekt

Dieser Effekt, der in der sogenannten Bragg-Zelle genutzt wird, wurde schon in der Einleitung erläutert. Durch Erzeugung periodischer Dichterschwankungen in einem akustooptischen Kristall mittels piezoelektrischen Transducern wird ein Teil des Laserlichts wie an einem Beugungsgitter abgelenkt.

Der Anteil des abgelenkten Lichts lässt sich durch Variation der an den Transducer angelegten elektrischen Spannung einstellen.

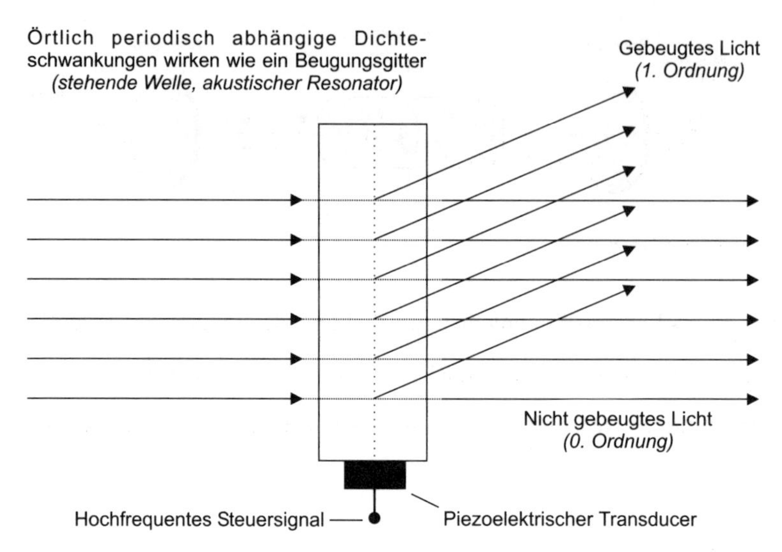

Abb. 4.53: Bragg-Zelle, schematisch

Elektroabsorption

Zur Modulation dient außerdem noch die Elektroabsorption (Franz-Keidyeh-Effekt), aufgrund dessen sich die Absorption eines Stoffes für optische Wellen steuern lässt. Es handelt sich dabei um die Verschiebung der Absorptionskante eines Halbleiters im elektrischen Feld, durch die sich für Wellenlängen dicht an der Kante die Absorption sehr stark ändert. Auch an pn-Übergängen in Halbleitern lässt sich die Strahlungsabsorption mit der Spannung am Übergang steuern.

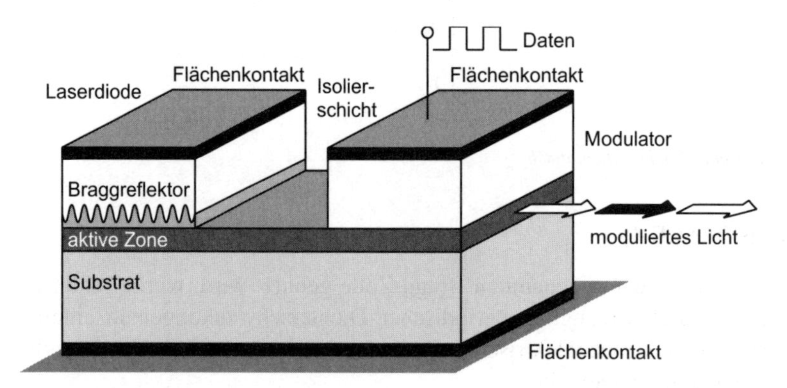

Abb. 4.54: Laser mit Elektroabsorptions-Modulator

5 Optische Empfänger

Sie haben die Aufgabe, das ankommende optische Signal in ein elektrisches Signal (Strom oder Spannung) umzuwandeln. Der Zeitverlauf des elektrischen Signals soll dem Zeitverlauf des ankommenden optischen Signals möglichst genau entsprechen.

Allgemeine Anforderungen:

- die spektrale Bandbreite (Wellenlängenbereich) soll möglichst dem gesamten Übertragungsbereich des Lichtwellenleiters entsprechen. Optimale Eigenschaften sind bei der Betriebswellenlänge der Strahlungsquelle zu fordern
- hohe Empfindlichkeit
- weiter erfassbarer Leistungsbereich (Dynamik)
- hohe verarbeitbare Bitrate, der Übertragungskapazität des Lichtwellenleiters angemessen
- linearer Kennlinienverlauf, erforderlich für den Einsatz in Analogsystemen, bei digitaler Codierung der Information keine unbedingte Forderung, auch nichtlineare Systeme sind geeignet
- niedriges Rauschen, insbesondere kleiner Dunkelstrom
- einfache Betriebsbedingungen: geringer Schaltungsaufwand, einfache Stromversorgung, kleine Betriebsspannung
- geringe Abhängigkeit des Photostromes von Schwankungen der Betriebsspannung und der Umgebungstemperatur
- geringe Abmessungen, kompatibel zum Lichtwellenleiter und zur Mikroelektronik
- hohe Zuverlässigkeit: lange Lebensdauer, geringe Alterung der Kennwerte bei Dauerbetrieb über mehrere Jahrzehnte

Der optische Sender, der Lichtwellenleiter und der optische Empfänger müssen in ihren Eigenschaften aufeinander abgestimmt sein. Der Wellenlängenbereich, die Empfindlichkeit und die Bandbreite des Photoempfängers müssen zu den Eigenschaften des Senders und des Übertragungsmediums passen.

Für die optische Übertragungstechnik kommen nur Photodetektoren in Frage, deren Prinzip in **Abb. 5.1** skizziert ist.

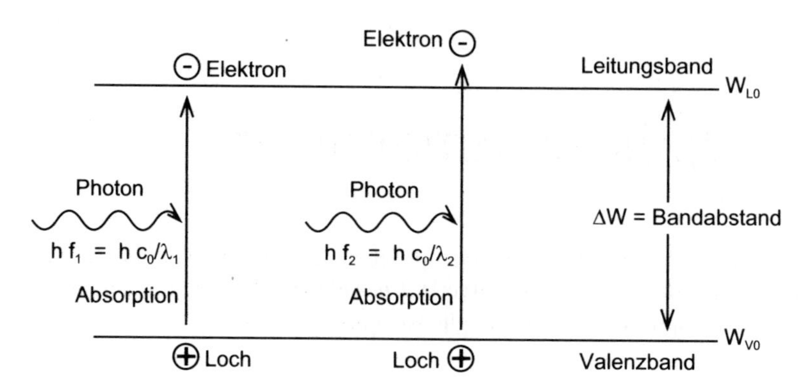

Abb. 5.1: *Erzeugung von Ladungsträgerpaaren durch Absorption von Photonen [27]*

Der Photoeffekt lässt sich wie folgt einteilen:

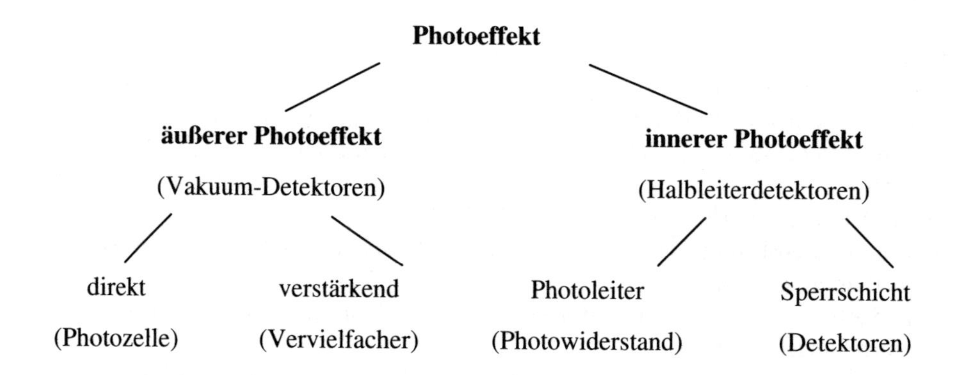

Durch die Absorption eines Lichtquants entstehen immer Ladungsträgerpaare, die zur Erzeugung elektrischer Signale genutzt werden. Die spektrale Empfindlichkeit S_λ beschreibt dabei den Zusammenhang zwischen der Strahlungsenergie in Photonen und den erzeugten Ladungsträgern.

$$S_\lambda = \frac{Elektronenladung}{Photonenenergie} = \frac{q}{h \cdot f} = \frac{q \cdot \lambda}{h \cdot c_0} \quad in \text{ A/W} \cdot$$

Mit den Werten:

$$q = 1{,}6 \cdot 10^{-19} \text{ As}, \; h = 6{,}63 \cdot 10^{-34} \text{ Js}, \; c_0 = 3 \cdot 10^{-8} \text{ m/s}, \; \lambda = 850 \text{ nm}$$

erhält man beispielsweise: $S_\lambda \cong 0{,}68 \text{ A/W}$

Idealisierend geht man bei der Empfindlichkeit von der Annahme aus, dass jedes absorbierte Photon ein Elektron-Loch-Paar erzeugt. Der Quantenwirkungsgrad η bezeichnet den Prozentsatz, der tatsächlich zur Erzeugung von Ladungsträgerpaaren führt. Das Produkt wird als Responsitivity $R(\lambda)$ bezeichnet.

$$R(\lambda) = \eta \cdot S_\lambda = \frac{\eta \cdot q}{h \cdot f} = \frac{\eta \cdot q \cdot \lambda}{h \cdot c_0} \quad in\ \mathrm{A/W}$$

Die maximalen Responsitivities verschiedener Detektormaterialien erhält man, wenn man die in **Tab. 5.1** angegebenen Grenzwellenlängen für λ einsetzt.

Tab. 5.1: *Bandabstand und Grenzwellenlänge*

Material	Bandabstand ΔW in eV	Grenzwellenlänge in nm
InSb	0,16	7750
PbS	0,41	3020
Ge	0,66	1880
Si	1,12	1110
GaAs	1,43	870
CdSe	1,70	730
GaP	2,24	550
CdS	2,42	510

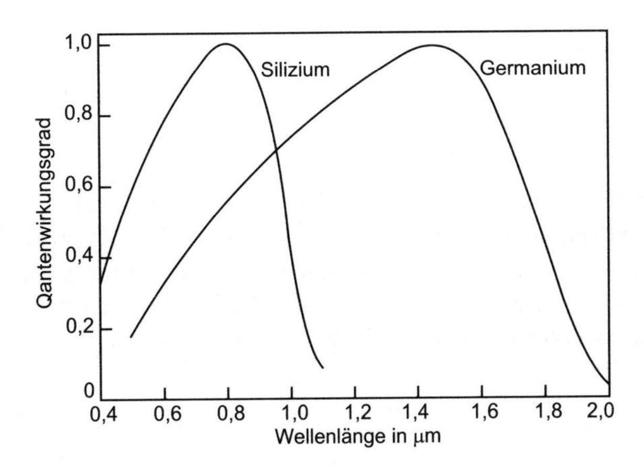

Abb. 5.2: *Quantenwirkungsgrade von Silizium und Germanium [27]*

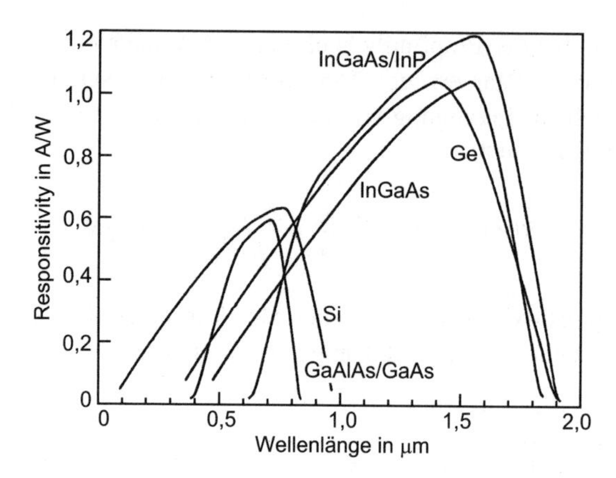

Abb. 5.3: *Responsitivities verschiedener Detektormaterialien [27]*

Da für die eigentliche Grenzwellenlänge (Cut Off Wavelength) die Responsitivity definitionsgemäß Null sein muss, tritt das Maximum der Responsitivity kurz vorher, bei etwas kürzerer Wellenlänge auf (bezeichnet als λ_{peak}). Entsprechend ergibt sich auch eine etwas geringere Responsitivity. Die Kurven schmiegen sich an die in das Diagramm zusätzlich eingezeichneten Grenzlinien für den Quantenwirkungsgrad an (**Abb. 5.3**). Werte von über 80% werden erreicht, obgleich der Quantenwirkungsgrad ebenfalls von der Wellenlänge abhängt **Abb. 5.2**. Der Quantenwirkungsgrad ist dabei wesentlich vom technologischen Aufbau des Detektors, z.B. der Lage und Dicke der Sperrschicht, deren Vorhandensein von Antireflexionsschichten usw. abhängig.

5.1 Äußerer Photoeffekt

Im Vakuum wird eine als Austrittsarbeit bezeichnete Energie benötigt, um Elektronen von einem Festkörper (Metall oder Halbleiter) abzulösen. Die Erzeugung dieser vom Festkörper getrennten freien Ladungsträger im Vakuum kann prinzipiell mit der Erzeugung von Ladungsträgern in Halbleitern verglichen werden.

Bei Metallen beträgt die Austrittsarbeit 3 - 5 eV. Um diesen relativ großen Wert in einer Radioröhre zu erreichen, muss die Kathode beheizt werden. Bei einem Halbleiter müssen die Elektronen, wenn sie in das Leitungsband gelangt sind, nur noch eine geringe Energiedifferenz überwinden. Eine wesentliche Steigerung der Empfindlichkeit wird durch die Erweiterung der Photokathode zur Photovervielfacherröhre mit Beschleunigungselektroden (Dynoden) erzielt.

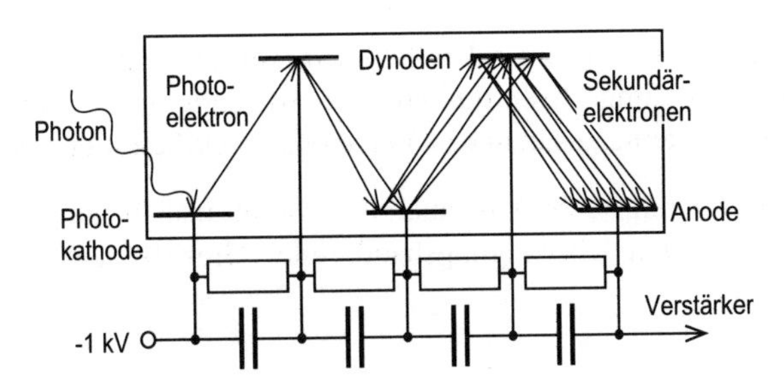

Abb. 5.4: *Prinzip der Photovervielfacherröhre, schematisch*

Durch Sekundärelektronenvervielfachung werden Verstärkungsfaktoren bis $B=10^7$ erreicht. Damit lassen sich sogar einzelne Photonen detektieren. Die Photovervielfacherröhre ist daher für hochempfindliche Anwendungen in der optischen Sensortechnik sehr gut geeignet. Für die optische Übertragungstechnik ist sie aus folgenden Gründen wenig geeignet:

- Hohe Betriebsspannung (siehe **Abb. 5.4**)
- Erhebliche Baugröße
- Niedrige Elektronenausbeute bei Infrarotlicht, λ = 1,3 – 1,6 µm auch mit Halbleiterkathoden

5.2 Innerer Photoeffekt

5.2.1 Photowiderstand

Der innere Photoeffekt führt zur Abhängigkeit der elektrischen Leitfähigkeit des Materials von der Beleuchtungsstärke. Diese Photowiderstände bestehen aus einem Stück Halbleitermaterial mit zwei ohmschen Kontakten. Sie haben meist eine mäanderförmige Struktur oder eine Kammstruktur.

Für die optische Übertragungstechnik ist der Photowiderstand auf Grund seiner Trägheit und der dadurch begrenzten Übertragungsbandbreite wenig geeignet. Er findet aber vielfältige Anwendung als einfacher, empfindlicher und robuster optischer Sensor.

5.2.2 Phototransistor

Beim Phototransistor entstehen die Ladungsträgerpaare durch die in die Basis eingestrahlten Photonen. Die Löcher fließen über die in Durchlassrichtung gepolten Basis-Emitterübergang zum Emitter ab. Der Photostrom ist gleich dem Basisstrom. Entscheidend für die Photoempfindlichkeit ist die in Sperrrichtung vorgespannte Kollektor-Basisdiode. Der Basisstrom wird wie bei einem normalen Transistor verstärkt. Folglich auch der durch die Strahlung verursachte Anteil. Der Phototransistor zeigt am Kollektor eine um den Verstärkungsfaktor B (B = 200 – 300) höhere Sensitivität als eine Photodiode. Allerdings sind auch alle negativen Transistoreffekte in diesem Strom enthalten, insbesondere ist die Linearität erheblich schlechter. Das Nachweisvermögen ist deutlich niedriger, da verschiedene Rauschquellen im Transistor zusätzlich das Signal beeinflussen. Die Anwendung ist jedoch erheblich vereinfacht, da in vielen Fällen keine zusätzlichen Verstärker mehr benötigt werden.

Für die optische Übertragungstechnik ist auch der Phototransistor auf Grund seiner Trägheit und der dadurch begrenzten Übertragungsbandbreite (Grenzfrequenz ca. 100 kHz) wenig geeignet.

5.2.3 Photodioden

Abb. 5.5 zeigt den Prinzipaufbau einer pn-Photodiode [60]. Auf der Basis des Sperrschicht-Photoeffektes ist sie die einfachste Realisierung eines Photodetektors. Bei einem Halbleiter mit pn-Übergang ist die Kontaktierung auf einer Seite als Ringkontakt ausgeführt. Die vom Ringkontakt umrandete Fläche ermöglicht dem Licht den Eintritt in den Halbleiter. Die Diode ist in Reihe mit einem Lastwiderstand R_L an eine Spannungsquelle mit negativer Spannung $U_q < 0$ angeschlossen. Der Spannungsabfall am pn-Übergang ist entsprechend. Der Photodetektor befindet sich im Photodiodenbetrieb (photoconductive mode).

Bei Beleuchtung der Halbleiterfläche im Ringkontakt mit der optischen Leistung P_{opt} generiert die Photodiode den Photostrom I_{Ph}.

$$I_{Ph} = P_{opt} \cdot \eta \cdot S_\lambda = P_{opt} \cdot \eta \cdot \frac{q}{h \cdot f} = P_{opt} \cdot \eta \cdot \frac{q \cdot \lambda}{h \cdot c_0}$$

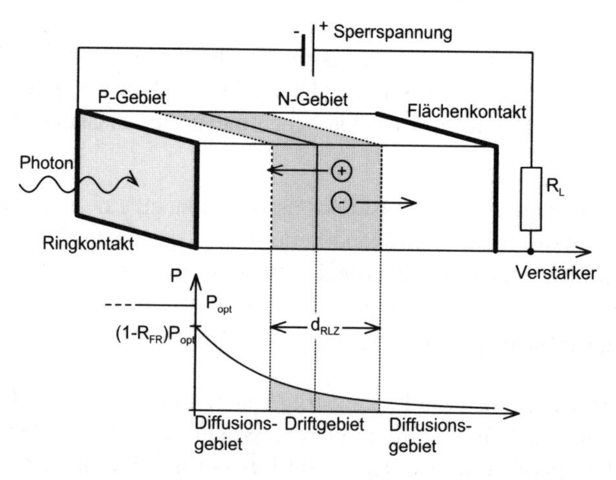

Abb. 5.5: Prinzipaufbau einer pn-Photodiode [6]

Das in den Halbleiter eindringende Licht wird absorbiert und erzeugt Elektron-Loch-Paare sowohl in der felderfüllten Raumladungszone (RLZ) als auch in den feldfreien an die RLZ angrenzenden Gebieten. Bei Absorption eines Photons im Raumgebiet der RLZ befinden sich die erzeugten Ladungsträger unmittelbar im Einflussbereich der Feldkraft des RLZ-Feldes. Die Ladungsträger driften auf getrennte Seiten der RLZ und influenzieren dabei wie oben beschrieben den Driftphotostrom I_{Ph}^{drift}.

Wird ein Photon außerhalb der RLZ absorbiert, wirkt auf die erzeugten Ladungsträger zunächst keine Feldkraft. Das Konzentrationsgefälle im feldfreien Gebiet lässt die Ladungsträger als Paar in Richtung den das nächstgelegenen RLZ-Rand diffundieren. Je weiter der Weg dorthin, desto wahrscheinlicher rekombiniert das Elektron-Loch-Paar, bevor es die RLZ erreicht. Einige Paare gelangen bis zum RLZ-Rand und geraten dort in den Einflussbereich des elektrischen Feldes. Das Feld trennt das Paar. Der jeweilige Minoritätsträger wird auf die andere Seite gezogen. Der zugehörige Majoritätspartner bleibt zurück. Die Bewegung des Minoritätsträgers durch die RLZ verursacht den Diffusionsphotostrom I_{Ph}^{diff}.

Der Diffusionsphotostrom und der Driftphotostrom bilden den Gesamtphotostrom:

$$I_{Ph} = I_{Ph}^{drift} + I_{Ph}^{diff}$$

Der Diffusionsphotostrom reagiert auf zeitliche Änderungen der eingestrahlten optischen Leistung nur sehr träge, so dass er bei breitbandigen Anwendungen (hohe Bitraten) keinen verwertbaren Beitrag liefert.

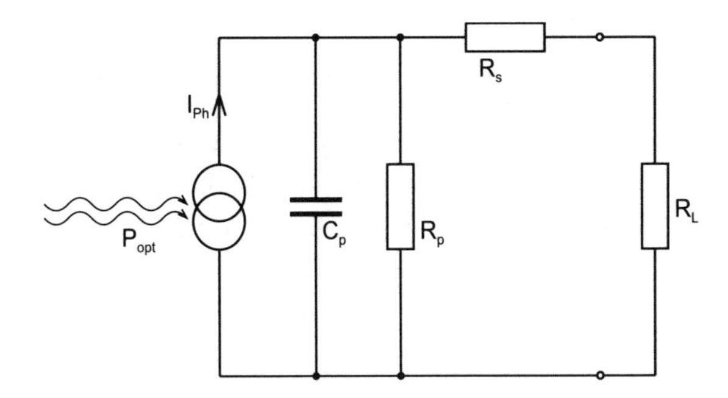

Abb. 5.6: *Ersatzschaltbild einer pn-Photodiode*

C_p = Parallelkapazität (≅ Sperrschichtkapazität) einige pF ... einige nF je nach Detektorfläche

R_p = Parallelwiderstand ≅ 10^{10} ... 10^{11} Ω (im allgemeinen vernachlässigt)

R_s = Serienwiderstand ≅ 50 Ω (Bahnwiderstand des Halbleiters)

R_L = Lastwiderstand (je nach Anwendung und geforderter Bandbreite

$$U_{R_L} = I_{Ph} \cdot R_L = P_{opt} \cdot \eta \cdot S_\lambda \cdot R_L = P_{opt} \cdot \eta \cdot \frac{q}{h \cdot f} \cdot R_L = P_{opt} \cdot \eta \cdot \frac{q \cdot \lambda}{h \cdot c_0} \cdot R_L$$

Mit den Werten:

$$q = 1{,}6 \cdot 10^{-19}\ \text{As},\ h = 6{,}63 \cdot 10^{-34}\ \text{Js},\ c_0 = 3 \cdot 10^{-8}\ \text{m/s},$$
$$\lambda = 850\ \text{nm},\ P_{opt} = 1\ \mu\text{W},\ \eta = 0{,}8,\ R_L = 1\ \text{k}\Omega$$

erhält man beispielsweise: $U_{R_L} \cong 0{,}55\ \text{mV}$

Das Driftgebiet, das im Wesentlichen aus der Sperrschicht der Diode besteht, ist bei der einfachen pn-Photodiode nur einige Mikrometer dick.

Die Wahrscheinlichkeit für die Absorption eines Photons im Driftgebiet ist sehr gering. Daraus resultiert ein niedriger Quantenwirkungsgrad und somit eine schlechte Empfindlichkeit.

Die Sperrschichtkapazität ist relativ groß (vgl. Plattenkondensator mit kleinem Plattenabstand), so dass die pn-Photodiode für breitbandige Anwendungen ungeeignet ist.

5.2.4 PIN-Photodiode

In einfachen pn-Strukturen genügt der Driftphotostrom allein nicht, um einen hohen externen Wirkungsgrad zu erzielen [60]. Man ist auf den Beitrag des Diffusionsphotostromes angewiesen. Hauptursache hierfür ist die geringe Dicke der RLZ. Im Wesentlichen werden die Photonen außerhalb der RLZ absorbiert. Sie können deshalb nur über den Diffusionsphotostrom zum Wirkungsgrad beitragen. Lässt man den Diffusionsphotostrom zu, ist der höhere Wirkungsgrad mit einem deutlich verschlechterten Zeitverhalten gekoppelt. Die Begründung liegt darin, dass außerhalb der RLZ generierte Ladungsträger zunächst zur RLZ diffundieren und danach erst zum Photostrom beitragen. Die Diffusion ist ein sehr langsamer Vorgang. Während einer relativ langen Zeit kommen immer noch weitere Ladungsträger aus den Diffusionsgebieten am RLZ-Rand an. Dadurch klingt der Photostrom auch nach Abschalten der Beleuchtung nur vergleichsweise langsam ab. Die Bandbreite der Diode ist entsprechend gering.

Bessere Eigenschaften erreicht man mit dem in **Abb. 5.7** gezeigte Aufbau. Zwischen hochdotierten p-und n-leitenden Gebieten liegt hier eine intrinsische, i-leitende, Zone. Dieser als PIN-Struktur bezeichnete Aufbau beschreibt die Schichtenfolge. In realen Strukturen ist die Mittelzone nicht wirklich intrinsisch, sondern entweder schwach p- oder schwach n-leitend. Für schwach dotierte Schichten sind auch die Bezeichnungen π und ν sehr verbreitet. PIN-Dioden werden wie die pn-Dioden in Sperrrichtung betrieben (Photodiodenbetrieb).

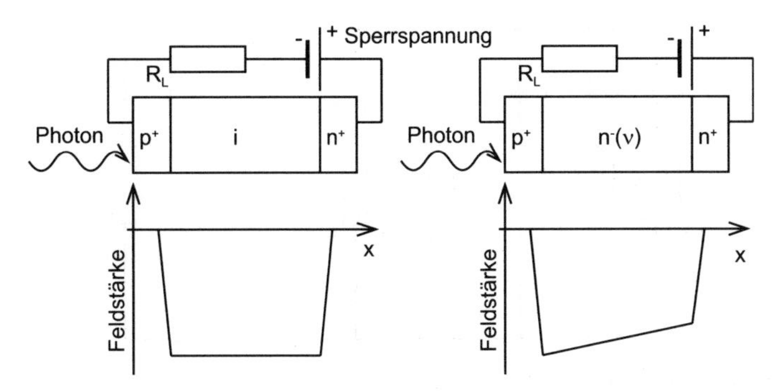

Abb. 5.7: *Ideale pin-Diode (links) und reale* $p^+n^-n^+$*-Diode (Mitte und rechts).Aufbau und Feldverteilung mit und ohne angelegte Sperrspannung [6]*

In einem idealen intrinsischen Halbleiter gibt es keine Raumladungen. Es stehen keine Ladungsträger zur Verfügung, die abgezogen werden können. Wäre also die Mittelzone tatsächlich intrinsisch, dann würden die Diffusionsspannung und eine eventuelle Sperrspannung ausschließlich über der i-Zone abfallen und dort ein homogenes elektrisches Feld erzeugen. In realen Strukturen ist der Feldverlauf von den Dotiergraden und der Dicke der i-Schicht abhängig. **Abb. 5.7** skizziert den Feldverlauf in einer $p^+n^-n^+$-Struktur mit und ohne Sperrspannung. Bei kleinen Sperrspannungen durchdringt das elektrische Feld nur einen Teil der i-Zone. Erst bei einer ausreichend hohen Sperrspannung erstreckt sich das elektrische Feld mit lokal variierender Feldstärke über die gesamte Dicke der i-Zone.

Die Ausbreitung der i-Zone und damit der RLZ kann bei der Herstellung eingestellt werden. Bei genügend dicker RLZ sind auch ohne den Beitrag der Diffusionsphotoströme hohe Wirkungsgrade zu erzielen. Alle in einer felderfüllten Zone absorbierten Photonen tragen zum Photostrom bei. Die Quantenausbeute ist entsprechend hoch. Der Photostrom wird jetzt überwiegend durch den Driftphotostrom und nur zu geringem Teil durch den Diffusionsphotostrom gebildet. Es ergibt sich ein wesentlich besseres Zeitverhalten als bei einfachen pn-Dioden.

PIN-Photodioden sind auch in ihrer Linearität den pn-Strukturen überlegen. In pn-Strukturen hängt im praktischen Betrieb die Dicke der RLZ und damit der externe Wirkungsgrad indirekt von der Einstrahlleistung ab. In einer PIN-Struktur ist dies nur äußerst gering der Fall. Die Größe der i-Zone und damit die RLZ werden bei der Herstellung eingestellt.

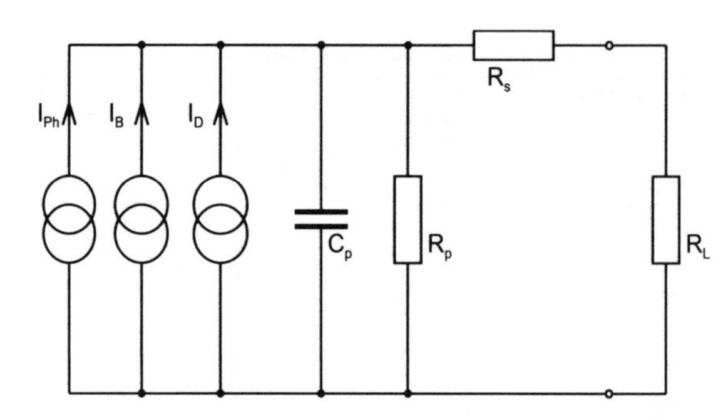

Abb. 5.8: Signal-Ersatzschaltbild einer PIN-Photodiode

C_p = Parallelkapazität (≅ Sperrschichtkapazität) < 1 pF ... einige nF je nach Detektorfläche

R_p = Parallelwiderstand ≅ 10^{10} ... 10^{11} Ω (im allgemeinen vernachlässigt)

R_s = Serienwiderstand ≅ 50 Ω (Bahnwiderstand des Halbleiters)

R_L = Lastwiderstand (je nach Anwendung und geforderter Bandbreite

I_D = Dunkelstrom (einige pA bis einige nA)

I_B = durch Hintergrundlicht (background illumination) verursachter zusätzlicher Photostrom

Der Dunkelstrom entsteht in Photodioden, die in Sperrichtung gepolt sind, auch bei völliger Abdunkelung durch Sperrströme in Folge von Oberflächenleckströmen und Diffusionsströmen. Das Nutzsignal wird durch I_D und I_B nicht unmittelbar gestört. Die zufälligen Fluktuationen der beiden Ströme erhöhen jedoch das Rauschen der Photodiode.

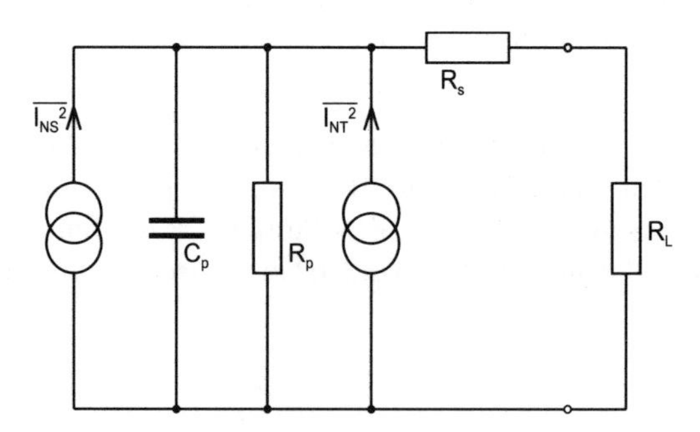

Abb. 5.9: Rausch-Ersatzschaltbild einer PIN-Photodiode

$\sqrt{\overline{I_{NS}^2}}$ = Effektivwert des Schrotrauschens

$\sqrt{\overline{I_{NT}^2}}$ = Effektivwert des thermischen Rauschens

Schrotrauschen $\overline{I_{NS}^2} = 2 \cdot q \cdot (I_{Ph} + I_D + I_B) \cdot \Delta f$ mit Δf als elektrischer Bandbreite

$I_{Ph} + I_D + I_B$ ist der mittlere Strom in A. Daraus ergibt sich die mittlere Anzahl der Ladungsträger in einem Zeitintervall Δt zu:

$$\overline{N} = \frac{I_{Ph} + I_D + I_B}{q} \cdot \Delta t$$

Diese Anzahl ist im Allgemeinen nicht ganzzahlig.

Zahlenbeispiel:

$$I_{Ph} + I_D + I_B = 1\text{nA}, \;\; \Delta t = 1\text{ns} \Rightarrow \overline{N} = 6{,}25$$

In jedem einzelnen Zeitintervall muss jedoch immer eine ganzzahlige Anzahl N von Elektronen vorhanden sein. N schwankt statistisch nach einer Poissonverteilung.

$$P(N) = \frac{\overline{N}^N}{N!} \cdot e^{-\overline{N}}$$

Aus dem Zahlenbeispiel folgt beispielsweise:

Tab. 5.2: *Wahrscheinlichkeiten für Ektronenanzahlen aus Poissonverteilung mit* $\overline{N} = 6{,}25$

N	P(N)	N	P(N)
0	0.0019304542	8	0.11147542
1	0.012065339	9	0.077413483
2	0.037704185	10	0.048383427
3	0.078550383	11	0.027490584
4	0.12273497	12	0.014318013
5	0.15341872	13	0.0068836603
6	0.15981116	14	0.0030730623
7	0.14268853	15	0.0012804427

Charakteristisch für die Poissonverteilung ist die Tatsache, dass die Varianz σ_N^2 der Zufallsgröße N gleich ihrem Mittelwert $\overline{N}$ ist. Rechnet man zurück auf den Strom so erhält man als Varianz beziehungsweise mittleres Schwankungsquadrat genau $\overline{I_{NS}^2}$.

Empfindlichkeitsgrenze, Noise Equivalent Power, NEP für die PIN-Photodiode

Der komplette Photoempfänger besteht aus der Photodiode und einem nachgeschalteten elektronischen Verstärker. Eine einfache Möglichkeit der Charakterisierung des Verstärkerrauschens ist die Angabe einer äquivalenten Eingangsrauschstromdichte, $I'_{Näq}$ die in $A/\sqrt{Hz}$ angegeben wird. Sie umfasst alle Rauschquellen des Verstärkers.

An der Empfindlichkeitsgrenze gilt: Signalleistung ($\propto I_{Ph}^2$) = Rauschleistung ($\propto \overline{I_{NS}^2}$).

$$I_{Ph}^2 = \overline{I_{NS}^2}$$

$$P_{opt}^2 \cdot \left(\frac{\eta \cdot q \cdot \lambda}{h \cdot c_0}\right)^2 = 2q \cdot \left(P_{opt} \cdot \frac{\eta \cdot q \cdot \lambda}{h \cdot c_0} + I_D + I_B\right) \cdot \Delta f + I'^2_{Näq} \cdot \Delta f$$

$$P_{opt}^2 \cdot \left(\frac{\eta \cdot q \cdot \lambda}{h \cdot c_0}\right)^2 - 2P_{opt} \cdot \frac{\eta \cdot q \cdot \lambda}{h \cdot c_0} \cdot q \cdot \Delta f - 2q \cdot \Delta f \cdot \left(I_D + I_B + \frac{I'^2_{Näq}}{2q}\right) = 0$$

$$P_{opt}^2 - 2 \cdot P_{opt} \cdot \frac{q \cdot \Delta f}{\left(\frac{\eta \cdot q \cdot \lambda}{h \cdot c_0}\right)} - \frac{2q \cdot \left(I_D + I_B + \frac{I'^2_{Näq}}{2q}\right)}{\left(\frac{\eta \cdot q \cdot \lambda}{h \cdot c_0}\right)^2} \cdot \Delta f = 0$$

$$P_{opt}^2 - 2 \cdot P_{opt} \cdot q \cdot \Delta f \cdot \frac{h \cdot c_0}{\eta \cdot q \cdot \lambda} - 2q \cdot \Delta f \cdot \left(I_D + I_B + \frac{I'^2_{Näq}}{2q}\right) \cdot \left(\frac{h \cdot c_0}{\eta \cdot q \cdot \lambda}\right)^2 = 0$$

$$NEP = q \cdot \Delta f \cdot \frac{h \cdot c_0}{\eta \cdot q \cdot \lambda} + \sqrt{(q \cdot \Delta f)^2 \cdot \left(\frac{h \cdot c_0}{\eta \cdot q \cdot \lambda}\right)^2 + 2q \cdot \Delta f \cdot \left(I_D + I_B + \frac{I'^2_{Näq}}{2q}\right) \cdot \left(\frac{h \cdot c_0}{\eta \cdot q \cdot \lambda}\right)^2}$$

$$NEP = q \cdot \Delta f \cdot \frac{h \cdot c_0}{\eta \cdot q \cdot \lambda} + \frac{h \cdot c_0}{\eta \cdot q \cdot \lambda} \cdot \sqrt{(q \cdot \Delta f)^2 + 2q \cdot \Delta f \cdot \left(I_D + I_B + \frac{I'^2_{Näq}}{2q}\right)}$$

$$NEP = \Delta f \cdot \frac{h \cdot c_0}{\eta \cdot \lambda}\left(1 + \sqrt{1 + \frac{2 \cdot \left(I_D + I_B + I'^2_{Näq}/2q\right)}{q \cdot \Delta f}}\right)$$

Die theoretische Untergrenze erhält man für $I_B = 0$, $I_D = 0$, $I'_{Näq} = 0$ und $\eta = 1$.

$$NEP_{\min} = 2 \cdot \Delta f \cdot \frac{h \cdot c_0}{\lambda}$$

Ein Rechenbeispiel mit $\Delta f = 100$ MHz, $\lambda = 850$ nm ergibt:

$$NEP_{\min} \cong 47\,\text{pW}$$

Setzt man außerdem exemplarisch Daten der häufig verwendeten Diode BPX 65 ein (η = 0,8, I_D = 1 nA, I_B = 0, $I'_{Näq}$ = 0) so erhält man:

$$NEP \cong 570\,\text{pW}$$

Der reale Wert liegt also deutlich über der theoretischen Untergrenze. Setzt man zusätzlich $I'_{Näq} = 1\text{pA}/\sqrt{\text{Hz}}$, was einen sehr guten Wert darstellt, ein so erhält man:

$$NEP \cong 29\,\text{nW}$$

Die Empfindlichkeit des Empfängers wird fast vollständig durch das Rauschen des Verstärker bestimmt, während der Rauschbeitrag der Photodiode vernachlässigbar ist.

5.2.5 Lawinenphotodiode

Avalanche-Photodioden, auch kurz als APD (Avalanche-Photo-Diode) bezeichnet, sind Photodioden mit einer internen Verstärkung infolge Ladungsträgermultiplikation. Dies wird durch eine elektrische Feldstärke von mehr als 10^5 V/m in der RLZ erreicht, bei der die durch Absorption von Photonen erzeugten Elektron-Loch-Paare genügend hohe kinetische Energie aufnehmen können um selbst weitere Elektron-Loch-Paare zu erzeugen. Diese zusätzlich freigesetzten Elektronen und Löcher erzeugen nach Energieaufnahme wieder neue Elektron-Loch-Paare und so weiter. Die Anzahl der freien Ladungsträger steigt lawinenartig an.

Der beschriebene Effekt wird auch mit Stoßionisation bezeichnet. Neben der Umwandlung von Licht in Strom tritt also, im Gegensatz zu PIN-Photodioden, zusätzlich ein Verstärkungsprozess auf. Aus einem einzelnen, ankommenden Photon entsteht eine Lawine von Ladungsträgern. Daraus leitet sich auch die Bezeichnung Avalanche (Lawinen)-Photodiode ab.

Der Aufbau einer APD ähnelt dem einer PIN-Photodiode. Um einen vorzeitigen Durchbruch infolge zu hoher Betriebsspannung zu vermeiden, muss sich die APD von der PIN-Photodiode im Dotierprofil und der Geometrie unterscheiden. Der Multiplikationsprozess ist prinzipiell derselbe wie beim Überschreiten der zulässigen Sperrspannung in einer normalen Diode. Die normale Diode wird dadurch in der Regel zerstört. Um dies bei der APD zu vermeiden, muss ein steuerbarer, reversibler Multiplikationsprozess erfolgen, der über die gesamte Sperrschicht verteilt ist. Einfache Diodenstrukturen ersetzen dabei die i-Zone der PIN-Photodiode durch ein p-Gebiet, welches sich zwischen hochdotierten n^+- und p^+-Gebieten befindet. Diese Struktur wird bei Germanium-APDs für den längerwelligeren Spektralbereich eingesetzt. Bei Silizium-APDs, für den Spektralbereich von 0,8 bis 0,9 µm, wird vorwiegend die für diesen Spektralbereich optimale Reach-Through-Struktur verwendet.

Das oben erläuterte Schrotrauschen der Photodiode wird durch den Lawinenprozess natürlich ebenfalls verstärkt. Man erhält jedoch eine Steigerung der Empfindlichkeit des gesamtem Photoempfängers, der aus der Kombination einer Photodiode mit einem elektronischen Verstärker besteht. Bei schwachen, nicht verstärkten optischen Signalen dominiert das Verstärkerrauschen und man erhält ein sehr niedriges Signal-/Rauschleistungsverhältnis. Durch die innere Verstärkung der APD wird das optisch-elektrisch gewandelte Signal vor dem elektronischen Verstärker im Pegel angehoben. Der Einfluss des Verstärkerrauschens wird reduziert und das Signal-/Rauschleistungsverhältnis deutlich verbessert.

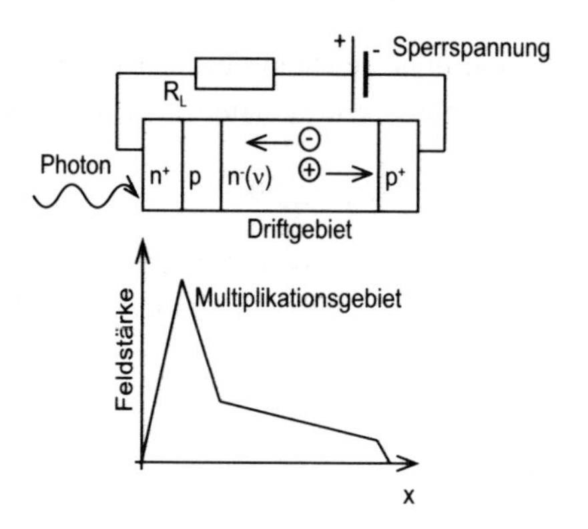

Abb. 5.10: *Prinzipieller Aufbau und Feldstärkeverlauf einer Reach Through-APD [32]*

Prinzipiell können, wie in **Abb. 5.11** dargestellt, Elektronen und Löcher zum Lawinenprozess beitragen.

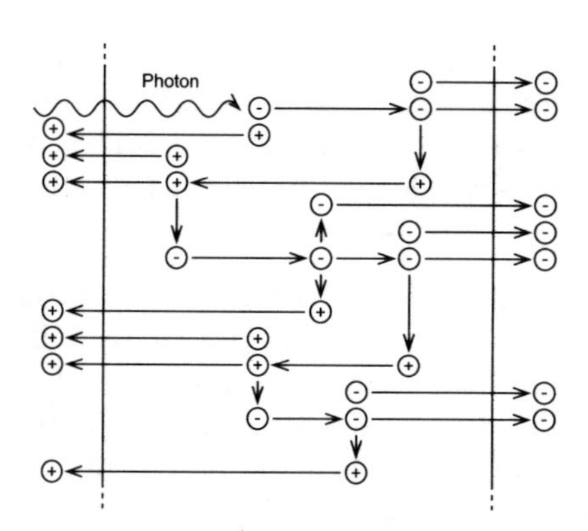

Abb. 5.11: *Prinzip des Lawinenprozesses [17]*

Das günstigste Rauschverhalten wird jedoch erzielt, wenn nur Elektronen zum Lawinenprozess beitragen. In der Praxis wird dies in guter Näherung erreicht [32].

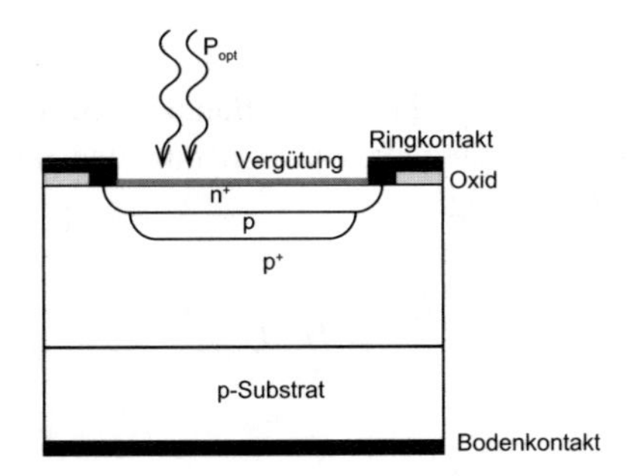

Abb. 5.12: *Struktur einer: a) Reach Through-APD mit Einstrahlung in die n^+-Zone. b) Germanium Mesa-Diode mit Schutzring. [32]*

Um eine genau definierte und konstante Verstärkung zu erhalten, muss die Sperrspannung der APD sehr genau (z.B. 300 V ± einige mV) eingestellt werden (**Abb. 5.13**). Außerdem ist der Arbeitspunkt der APD, wie man in **Abb. 5.15** erkennt, stark temperaturabhängig, was eine Temperaturregelung erforderlich macht.

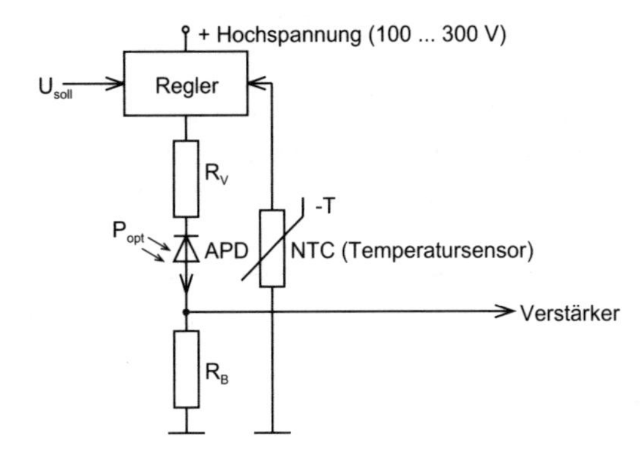

Abb. 5.13: *Betrieb einer APD mit Vorwiderstand und Temperaturregelung [32]*

Abb. 4.14 zeigt das Signalersatzschaltbild einer Lawinen-Photodiode. Es bedeuten:

I_{D1} = primärer (verstärkter) Dunkelstrom (< 1 pA bis einige pA)

I_{D2} = sekundärer (unverstärkter) Dunkelstrom (einige pA bis einige nA)

Für die Abhängigkeit des Verstärkungsfaktors von der Sperrspannung der APD gilt:

$$M = \frac{1}{1 - \left(\frac{U - \left(I_{D2} + M \cdot \left(I_{Ph} + I_B + I_{D1}\right)\right) \cdot \left(R_S + R_L + R_V\right)}{U_{Br}} \right)^n}$$

R_p kann vernachlässigt werden. Der Verstärkungsfaktor M steht auch auf der rechten Seite der Gleichung. Die APD ist also ein nichtlineares Bauelement. Bei praktisch relevanten kleinen optischen Empfangssignalen spielt dies jedoch nur eine untergeordnete Rolle. Es gilt dann folgende vereinfachte Beziehung:

$$M \cong \frac{1}{1-(U/U_{Br})^n}$$

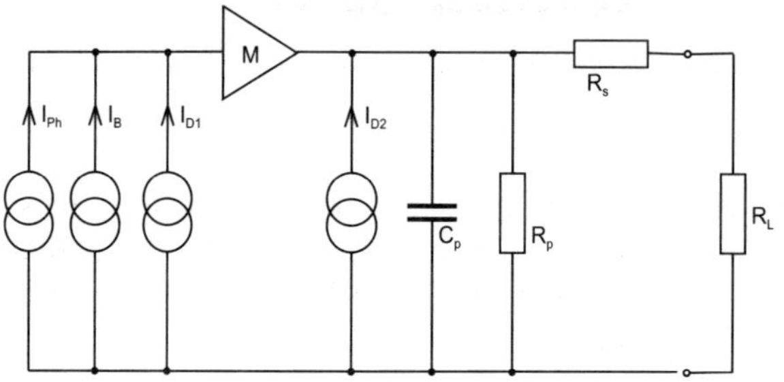

Abb. 5.14: Signal-Ersatzschaltbild einer Lawinen-Photodiode

Typische Werte für Silizium_APDs liegen bei U_{Br} = 250 -...300 V und n = 0,1 ... 0,3. Die Durchbruchspannung ist außerdem temperaturabhängig mit einem Temperaturkoeffizienten von 0,2 ... 0,05 V/°K. Daraus resultiert die Kurvenschar in **Abb. 5.15**.

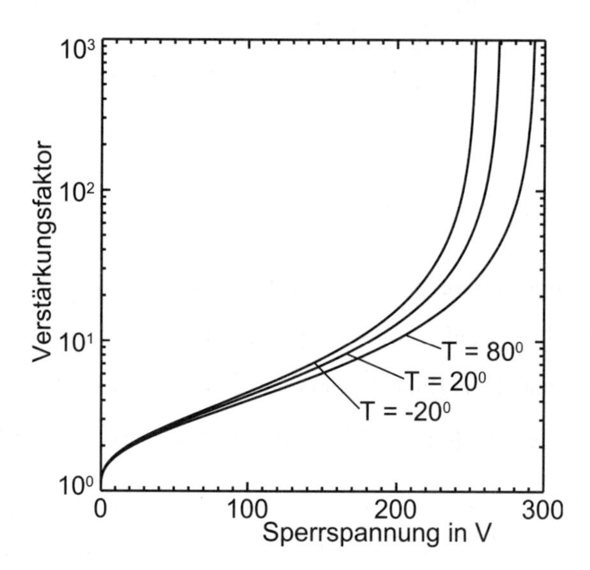

Abb. 5.15: Verstärkungskurven einer Silizium-APD [32]

Für Si-APDs ist ein Betrieb bei Verstärkungsfaktoren $M \cong 50$ - 100 üblich, bei Ge-APDs gilt $M \cong 5$ - 30.

Rauschverhalten

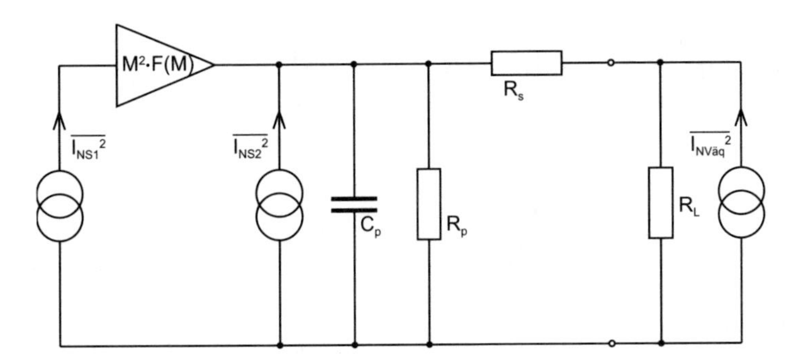

Abb. 5.16: *Rausch-Ersatzschaltbild einer Lawinen-Photodiode*

$\sqrt{\overline{I_{NS1}^2}}$ = Effektivwert des primären (verstärkten) Schrotrauschens

$\sqrt{\overline{I_{NS2}^2}}$ = Effektivwert des sekundären (unverstärkten) Schrotrauschens

$\sqrt{\overline{I_{NVäq}^2}}$ = Effektivwert des äquivalenten Verstärker - Eingangsrauschstroms
(umfaßt alle Rauschbeiträge des Verstärkers)

$F(M)$ = Zusatzrauschfaktor

Bei der Stoßionisation werden nicht immer gleich viele neue Ladungsträger erzeugt. Die Anzahl schwankt statistisch. Im Gegensatz zum Nutzsignal, das zumindest für gewisse Zeitintervalle als konstant angenommen werden kann, fluktuiert das Schrotrauschen sehr schnell. Während bei der Verstärkung des (konstanten) Nutzsignals die statistischen Schwankungen des Verstärkungsfaktors ausgemittelt werden, gilt dies nicht für die Verstärkung des primären Schrotrauschens, aus der das Produkt zweier Zufallsgrößen resultiert.

Näherungsweise gilt:

$$F(M) = M^x$$

Tab. 5.3: *Zusatzrauschexponent für verschiedene Materialien [6]*

Material	Silizium	Germanium	InP/InGaAs
x	0,3 ... 0,4	0,9 ... 1,0	≅ 0,7

Empfindlichkeitsgrenze, Noise Equivalent Power, NEP für die APD

Außer dem nachgeschalteten elektronischen Verstärker werden jetzt auch die Verstärkung *M* und der Zusatzrauschfaktor *F(M)* berücksichtigt. An der Empfindlichkeitsgrenze gilt wiederum die Bedingung, dass Signalleistung und Rauschleistung gleich groß sind.

$$M^2 \cdot I_{Ph}^2 = 2q \cdot \Delta f \cdot \left(\frac{I'^2_{Näq}}{2q} + I_{D2} + M^{2+x} \cdot \left(I_{Ph} + I_{D1} + I_B \right) \right)$$

$$M^2 \cdot P_{opt}^2 \cdot \left(\frac{\eta \cdot q \cdot \lambda}{h \cdot c_0} \right)^2 = 2q \cdot \Delta f \cdot \left(\frac{I'^2_{Näq}}{2q} + I_{D2} + M^{2+x} \cdot \left(P_{opt} \cdot \frac{\eta \cdot q \cdot \lambda}{h \cdot c_0} + I_{D1} + I_B \right) \right)$$

$$P_{opt}^2 \cdot M^2 \cdot \left(\frac{\eta \cdot q \cdot \lambda}{h \cdot c_0} \right)^2 - 2P_{opt} \cdot M^{2+x} \cdot \frac{\eta \cdot q \cdot \lambda}{h \cdot c_0} \cdot q \cdot \Delta f - 2q \cdot \Delta f \cdot \left(\frac{I'^2_{Näq}}{2q} + I_{D2} + M^{2+x} \cdot \left(I_{D1} + I_B \right) \right) = 0$$

$$P_{opt}^2 - 2 \cdot P_{opt} \cdot \frac{M^{2+x} \cdot \frac{\eta \cdot q \cdot \lambda}{h \cdot c_0} \cdot q \cdot \Delta f}{M^2 \cdot \left(\frac{\eta \cdot q \cdot \lambda}{h \cdot c_0} \right)^2} - \frac{2q \cdot \Delta f \cdot \left(\frac{I'^2_{Näq}}{2q} + I_{D2} + M^{2+x} \cdot \left(I_{D1} + I_B \right) \right)}{M^2 \cdot \left(\frac{\eta \cdot q \cdot \lambda}{h \cdot c_0} \right)^2} = 0$$

$$P_{opt}^2 - 2 \cdot P_{opt} \cdot M^x \cdot q \cdot \Delta f \cdot \frac{h \cdot c_0}{\eta \cdot q \cdot \lambda} - \frac{1}{M^2} \cdot 2q \cdot \Delta f \cdot \left(\frac{I'^2_{Näq}}{2q} + I_{D2} + M^{2+x} \cdot \left(I_{D1} + I_B \right) \right) \cdot \left(\frac{h \cdot c_0}{\eta \cdot q \cdot \lambda} \right)^2 = 0$$

$$NEP = M^x \cdot q \cdot \Delta f \cdot \frac{h \cdot c_0}{\eta \cdot q \cdot \lambda} + \sqrt{\left(M^x \cdot q \cdot \Delta f \right)^2 \cdot \left(\frac{h \cdot c_0}{\eta \cdot q \cdot \lambda} \right)^2 + \frac{1}{M^2} \cdot 2q \cdot \Delta f \cdot \left(\frac{I'^2_{Näq}}{2q} + I_{D2} + M^{2+x} \cdot \left(I_{D1} + I_B \right) \right) \cdot \left(\frac{h \cdot c_0}{\eta \cdot q \cdot \lambda} \right)^2}$$

$$NEP = M^x \cdot q \cdot \Delta f \cdot \frac{h \cdot c_0}{\eta \cdot q \cdot \lambda} + M^x \cdot q \cdot \Delta f \cdot \frac{h \cdot c_0}{\eta \cdot q \cdot \lambda} \cdot \sqrt{1 + 2 \cdot \frac{I'^2_{Näq}/2q + I_{D2} + M^{2+x} \cdot \left(I_{D1} + I_B \right)}{M^{2+2x} \cdot q \cdot \Delta f}}$$

$$NEP = M^x \cdot \Delta f \cdot \frac{h \cdot c_0}{\eta \cdot \lambda} \cdot \left(1 + \sqrt{1 + 2 \cdot \frac{I'^2_{Näq}/2q + I_{D2} + M^{2+x} \cdot \left(I_{D1} + I_B \right)}{M^{2+2x} \cdot q \cdot \Delta f}} \right)$$

Die theoretische Untergrenze erhält man für $I_B = 0$, $I_{D1} = 0$, $I_{D2} = 0$, $I'_{Näq} = 0$ und $\eta = 1$.

$$NEP_{\min} = 2 \cdot M^x \cdot \Delta f \cdot \frac{h \cdot c_0}{\lambda}$$

Ein Rechenbeispiel mit $\Delta f = 100$ MHz, $\lambda = 830$ nm, $M = 100$ und $x = 0{,}3$ ergibt:

$$NEP_{\min} \cong 0{,}19 \text{ nW}$$

Setzt man außerdem exemplarisch Daten der häufig verwendeten Diode C30902E ein (η = 0,77, $I_{D1} = 0{,}7$ nA, $I_{D2} = 0{,}2$ nA, $I_B = 0$, $I'_{Näq} = 0$) so erhält man:

$$NEP \cong 0{,}7 \text{ nW}$$

Setzt man wiederum zusätzlich den guten Wert $I'_{Näq} = 1\,\text{pA}/\sqrt{\text{Hz}}$ ein so erhält man:

$$NEP \cong 0{,}78 \text{ nW}$$

Verglichen mit der Kombination aus PIN-Photodiode und Verstärker verbessert sich die Empfindlichkeit des Empfängers etwa um einen Faktor 25, während die APD ohne Verstärker infolge des Zusatzrauschfaktors sogar eine schlechtere Empfindlichkeit aufweist als die PIN-Photodiode. Die Empfindlichkeit des APD-Empfängers verschlechtert sich durch den Verstärker nur um etwa 10%. Durch Differenzieren und Nullsetzen von NEP lässt sich ein Optimalwert für M berechnen:

$$\frac{\partial}{\partial M} NEP = 0 \Rightarrow M_{opt}$$

Variiert man mit den angegebenen Parametern der APD M im Bereich von ca. 60 ... 200, so ändert sich NEP nur um ca. 10% (**Abb. 5.17**). In der Praxis sind die Diodenparameter zudem nur näherungsweise bekannt und hängen außerdem von der Umgebungstemperatur ab.

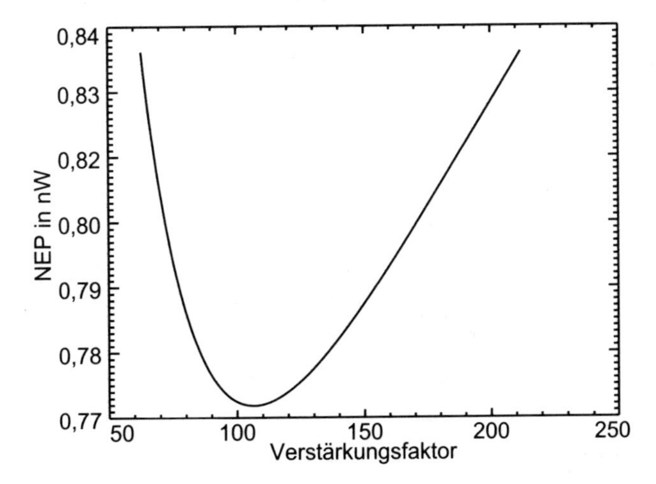

Abb. 5.17: *NEP als Funktion der APD-Verstärkung*

5.3 Empfängerschaltungen

Der von der Photodiode gelieferte Signalstrom ist sehr klein und muss in geeigneten Verstärkern soweit verstärkt werden, dass eine weitere Verarbeitung möglich ist. Hierbei gelten folgende Entwurfsziele:

- Große Empfindlichkeit
- Hohe Bandbreite
- Niedrige Bit-Fehlerrate

Diese drei Forderungen stehen im Gegensatz zueinander, da jede Vergrößerung der Bandbreite das Rauschen erhöht und damit die Empfindlichkeit senkt. Gleichzeitig ist zur sicheren Übertragung, d.h. bei einer niedrigen Bit-Fehlerrate($BER < 10^{-9}$) ein ausreichendes S/N-Verhältnis sicherzustellen.

Wie die obigen Rechenbeispiel für NEP zeigen, ist neben der Photodiode maßgeblich der Vorverstärker für die Eigenschaften des Empfangssystems verantwortlich. Man unterscheidet zwei Typen, der Hochimpedanz- und den Transimpedanzverstärker.

5.3.1 Hochimpedanzverstärker

Die Kombination aus einem hochohmigen Verstärker und dem großen Lastwiderstand R_B bewirkt einen großen Spannungshub **Abb. 5.18**. Der große Lastwiderstand parallel zur Parallelschaltung der Kapazität C_{PD} der Photodiode und der Eingangskapazität C_{in} des Verstärkers führt jedoch zu einer starken Bandbreitebegrenzung ($C_{Summe} = C_{PD} + C_{in}$). Dies kann unter Einschränkungen nachträglich durch eine Frequenzgangkorrektur ausgeglichen werden (Equalizer). Hochohmige Verstärker werden hauptsächlich im Frequenzbereich bis etwa 100 MHz eingesetzt.

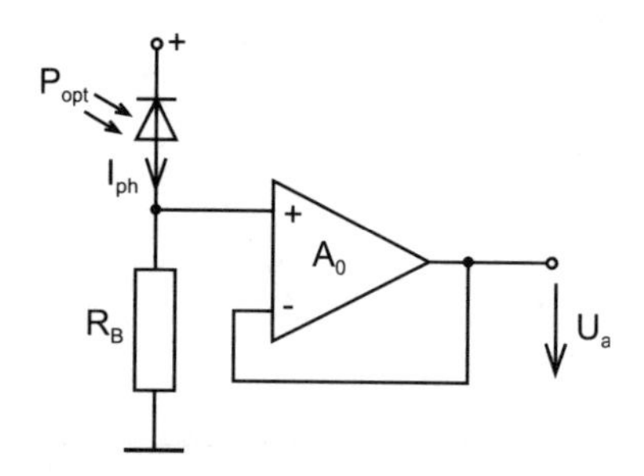

Abb. 5.18: *Optischer Empfänger mit Hochimpedanzverstärkrer*

Ausgangsspannung: $U_a = -I_{Ph} \cdot R_B \cdot S_{FET} \cdot R_d$

Basiswiderstand für Vorspannungserzeugung: R_B=10 kΩ ... 1 MΩ

Grenzfrequenz: $$f_g = \frac{1}{2\pi \cdot R_B \cdot (C_{PD} + C_{Gate})}$$

Zahlenbeispiel: $R_B = 10\ \text{k}\Omega$ $C_{Summe} = 2\ \text{pF}$ $\rightarrow$ $f_g \cong 8\ \text{MHz}$

Gut geeignet sind rauscharme Feldeffekttransistoren mit hohem Eingangswiderstand, z.B. GaAs-FETs und Si-MOS-FETs. Bei bipolaren Transistoren bestimmt vor allem die Millerkapazität die erzielbare Bandbreite.

5.3.2 Transimpedanzverstärker

Der Detektor wird hier in einem virtuellen Kurzschluss betrieben. Eine wesentliche Voraussetzung dafür ist, dass eine ausreichend große Verstärkung bei großer Bandbreite vorliegt (**Abb. 5.19**).

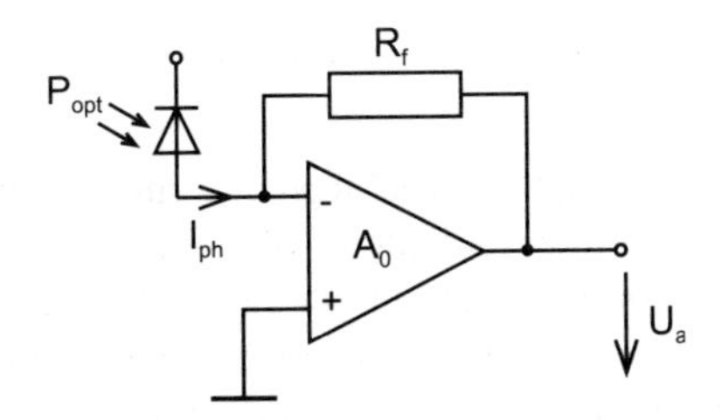

Abb. 5.19: *Optischer Empfänger mit Transimpedanzverstärker*

Ausgangsspannung: $$U_a = -I_{Ph} \cdot R_f$$

Grenzfrequenz: $$f_g = \frac{1}{2\pi \cdot R_f \cdot \left(\frac{C_{PD} + C_{in}}{A_0} + C_s \right)}$$

Zum Aufbau von Transimpedanzverstärkern sind FETs mit niedriger Eingangskapazität und hoher Schleifenverstärkung geeignet. Bipolartransistoren werden häufig bei hohen Frequenzen verwendet.

Kritisch ist die zu dem Rückführwiderstand R_f (Transimpedanz) parallel liegende parasitäre Kapazität C_s. Sie verursacht bei ungünstigem Aufbau ein Tiefpassverhalten, das die Bandbreite maßgeblich bestimmen kann. Günstig ist ein kompakter Aufbau in integrierter Technik oder Hybridtechnik. Integrierte Transimpedanzverstärker hoher Bandbreite sind von verschiedenen Firmen erhältlich.

Abb. 5.20 zeigt beispielhaft einen Transimpedanzverstärker, wie er in integrierter Technik realisiert wird. Der Feldeffekttransistor sorgt für minimales Rauschen der ersten Verstärkerstufe, das den Hauptbeitrag zum gesamten Rauschen des Verstärkers ausmacht. Die zweite Stufe ist als breitbandige Basisschaltung realisiert. Nach Impedanzwandlung durch einen

Emitterfolger wird das verstärkte und invertierte Signal vom Ausgang auf das Gate des FET zurückgekoppelt. Die Transimpedanz R_f bestimmt die Verstärkung

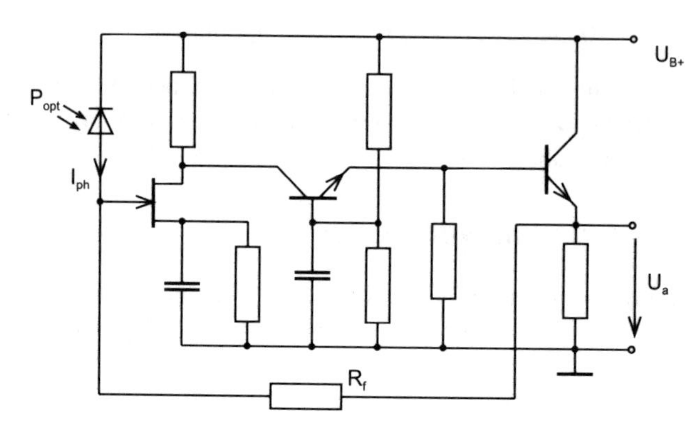

Abb. 5.20: Breitbandverstärker für optischen Empfänger (Prinzip)

Das Blockschaltbild **Abb. 5.21** zeigt die wichtigsten Baugruppen eines Empfängers für Binärdaten. Zur Wiederherstellung der zeitlichen Folge wird neben der Schwellwertentscheidung auch eine Taktregeneration benötigt, die durch einen Phasenregelkreis (**P**hase **L**ocked **L**oop) mit einem spannungsgesteuerten Oszillator (**V**oltage **C**ontrolled **O**scillator) erfolgt. Das Referenzsignal wird dazu durch Frequenzverdopplung aus dem Binärsignal (Manchestercode) wiedergewonnen, mit dem Taktsignal gemischt (Phasenvergleich) und der VCO entsprechend nachgeregelt. Das Taktsignal wird wiederum dazu verwandt, die originale Datenstruktur zu regenerieren.

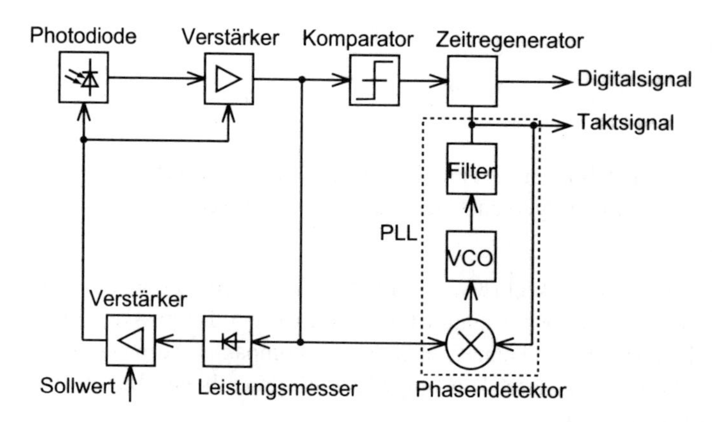

Abb. 5.21: Blockschaltbild eines Empfängers für Binärdaten

Im Blockschaltbild ist ferner die Verstärkungsregelung angedeutet, die auf die Photodiode und den Verstärker wirkt. Sie sorgt dafür, dass am Eingang des Komparators immer konstante Signalamplituden anliegen.

6 Komponenten optischer Netzwerke

6.1 Regeneratoren

Die Begriffe Repeater, Regenerator oder Regenerationsverstärker werden für die Aufbereitung der übertragenen Signale verwendet. Grundsätzlich gilt dies unabhängig von der Signalart (optisch, elektrisch) für die Übertragung digital kodierter Signale. Digital kodierte Signale können im Gegensatz zu analogen Signalen beliebig oft regeneriert werden. Sie haben nicht den Nachteil, das die zu übertragende Informationsänderung in der Höhe des Signalpegels enthalten ist und vom Rauschen der Übertragungsstrecke überlagert wird.

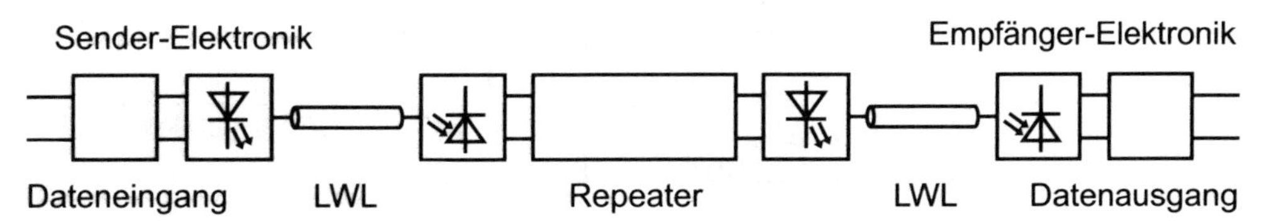

Abb. 6.1: Typischer Aufbau einer Übertragungsstrecke mit Lichtwellenleitern (Quelle: K. Jobmann Universität Hannover)

Abb. 6.1 zeigt den Signalfluss in einer Übertragungsstrecke mit einem Regenerationsverstärker. Die Lichtsignale werden nach Durchlaufen des LWL wieder in elektrische Signale gewandelt. Der Zwischenregenerator bereitet die Signale auf. Danach werden die elektrischen Signale wieder in Lichtsignale gewandelt und mit einem LWL übertragen.

Die optischen Impulsmuster, welche die binär codierten Informationen darstellen, werden bei der Übertragung durch längere Faserstrecken durch die Dispersion und Dämpfung deformiert. Das bezieht sich sowohl auf die Impulsform als auch die Impulsdauer. Mit Hilfe der Regeneratoren werden die Signale wieder in ihren Ursprungszustand gebracht. Bedingt durch die digitale Kodierung reicht es dabei aus, dass der Empfänger im Regenerator die beiden Schwellwerte für die logische „Null“ bzw. die logische “Eins“ noch unterscheiden kann.

Ein Regenerator kann die folgenden Klassen aufweisen:

- Reamplifiing **1R**
- Reshaping **2R**

- Retiming **3R**

Dabei bedeuten:

1R - Verstärkung der Signalamplitude

2R - Verstärkung der Signalamplitude und der Signalform

3R - Wiederherstellung der Signalamplitude und -form sowie des Signaltaktes

Der Aufbau der Regeneratoren gleicht im wesentlichen den Regeneratoren, die im elektrischen Übertragungssystem eingesetzt werden. Die Aufgaben werden im Folgenden erklärt:

Verstärkung der Signalamplitude

Die elektronische Verstärkung erfolgt mit Hochfrequenzsignalverstärkern. Sie sind zur Verbesserung des Verhältnisses zwischen Stör- und Nutzleistung (SNR) zusätzlich mit Bandpassfiltern beschaltet. Die im Nutzsignalspektrum liegenden störenden Signale werden dabei auch verstärkt. Die Verstärkung muss sich automatisch den Erfordernissen anpassen, damit eine konstante maximale Ausgangsamplitude des Signals erreicht wird (**Abb. 6.2**).

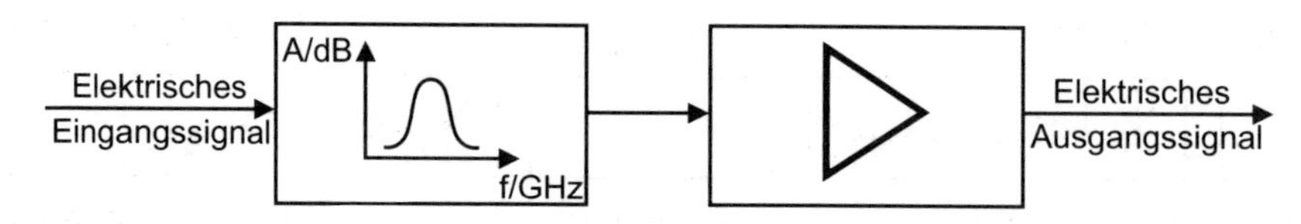

Abb. 6.2: *Prinzip der Filterung und Verstärkung der elektrischen Signale im Regenerator*

Wiederherstellung der Signalform

Bei elektrischen Übertragungssystemen führt das Rauschen, die Kabeldämpfung und die Überlagerung von Reflektionen zur Veränderung des zeitlichen Verlaufs der übertragenen, digital kodierten Signale. Bei optischen Übertragungssystemen ist hierfür hauptsächlich die Dispersion und die Dämpfung (Monomode-Faser) verantwortlich. Die Wiederherstellung der Impulsform kann im einfachsten Fall mit Hilfe von Schmitttriggern erfolgen. Bei diesem einfachen Beispiel wird deutlich, dass sich so die Zeitbezüge verändern. Das heißt, die Dauer eines Impulses und die Lage der Impulse zueinander variiert bei dieser pegelabhängigen Wiederherstellung der Signalform. Entscheidend ist wann die jeweiligen Einschalt- bzw. Ausschaltschwellwerte vom verstärkten und gestörten Signal über- bzw. unterschritten werden (**Abb. 6.3**).

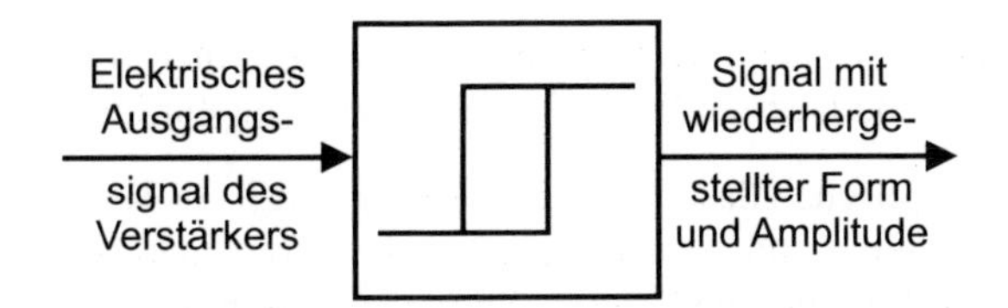

Abb. 6.3: Beispiel einer Wiederherstellung der Signalform mit Schmitttrigger

Wiederherstellung des Signaltaktes

Der Empfänger eines Signals kennt den genauen Signaltakt nicht. Zur Dekodierung der Information des Signals ist der Zeitbezug der Impulse zum Signaltakt zwingend erforderlich. Er muss deshalb aus dem Signal gewonnen werden. Zu diesem Zweck werden elektronische Phasenregelkreise eingesetzt (**P**hase **L**ocked **L**oop). Voraussetzung für die Funktion dieser Regelkreise ist, das regelmäßig Signalwechsel gesendet werden, die es erlauben, den Takt zu gewinnen. Bleibt beispielsweise das Signal längere Zeit auf einem Pegel, kann kein Takt gewonnen werden. Diesem Zusammenhang wird bei der Kodierung Rechnung getragen. Es wird also so kodiert, dass nie längere Sequenzen mit „Nullen" oder „Einsen" auftreten. Ist der Takt bekannt, können die Signale wieder in den richtigen Zeitbezug gebracht werden. Das Sendesignal entspricht dann wieder dem Ursprungssignal (**Abb. 6.4**). Als Abweichungen bleiben jedoch geringe Pulspositionsstreuungen (Jitter) im Signal vorhanden.

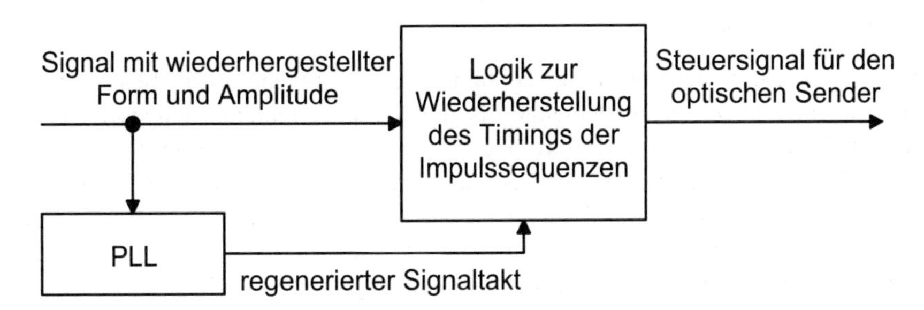

Abb. 6.4: Prinzip der Wiederherstellung des Signaltimings

Die Grenzfrequenz der elektronischen Komponenten stellt den Flaschenhals der Übertragung dar. Sie begrenzen die pro Zeiteinheit übertragbare Information und damit die Kanalkapazität.

Das größte Problem bei digitalen Regenerationsverstärkern ist, dass sie empfindlich in Bezug auf den verwendeten Kode und den Zeitbezug der einzelnen Impulse sind. Der Regenerationsverstärker muss den verwendeten Kode und die Bitfrequenz zur Erzeugung des Taktsignals kennen. Eine Erhöhung der Bitfrequenz ist nicht einfach möglich. Die Elektronik, insbesondere der Phase Locked Loop (PLL), muss auch bei höheren Frequenzen arbeiten. Als Kode wird z. B. die Puls-Code-Modulation (PCM) [37] eingesetzt.

Ein Regenerationsverstärker kann keine Trennung verschiedener Wellenlängen vornehmen. Eine Regeneration von überlagerten Wellenlängen ist zur Zeit nur im Labor möglich.

Im GHz-Bereich sind optische Glasfaser-Verstärker günstiger als Repeater. Leider sind diese Verstärker analoge Systeme und weisen die schon beschriebenen Nachteile auf. Auch hier werden das (optische) Rauschen und andere Störungen zusammen mit dem Nutzsignal verstärkt.

6.2 Verstärker

Der optische Verstärker gleicht vom Prinzip her einem Laser ohne Resonator. Allerdings werden optische Verstärker unterhalb ihrer Laserschwelle betrieben, damit sie nicht oszillieren. Ein hochreiner Quarzglaslichtwellenleiter wird mit Atomen dotiert, um die im Folgenden beschriebenen physikalische Eigenschaften zu erzielen.

Die dotierten Fasern müssen so aufgebaut sein, dass Elektronen zwei Energieniveaus einnehmen können. Auf dem höheren Niveau können die Elektronen nur metastabil verharren. Dieses Niveau ist ohne Zuführung von Energie nicht mit Elektronen besetzt. Ihre durchschnittliche Aufenthaltsdauer T_A auf diesem Energieniveau beträgt einige μ s bis einige ms. Die Rückkehr der Elektronen auf das niedrigere Energieniveau ist mit der Emission eines Photons verbunden. Dieses Photon muss die gleiche Wellenlänge wie die zu verstärkende Lichtstrahlung aufweisen.

Als Energiequelle, um Elektronen auf das höhere Energieniveau anzuheben, wird eine Laserdiode mit einer kürzeren Wellenlänge als die Signalwellenlänge eingesetzt (vgl. **Abb. 6.5**). Die Strahlung dieser Pump-Laserdiode (980 nm oder 1480 nm) wird über einen optischen Koppler zusammen mit der zu verstärkenden Strahlung in die dotierte Faser eingespeist. Eine unerwünschte Ausbreitung der Pumpstrahlung und der verstärkten Strahlung über die Signalfasern wird durch den optischen Isolator und das optische Bandpassfilter verhindert. Der optische Isolator erreicht eine Dämpfung von > 40 dB.

Beim Durchgang eines Signalphotons durch einen differentiell kleinen Faserabschnitt, kann es den Wechsel eines Elektrons auf das niedrigere Energieniveau auslösen. Zu dem Signalphoton kommt dann ein weiteres Photon. Die Emission erfolgt phasengleich mit additiver Überlagerung der Amplituden. Es wird ein Verstärkungseffekt erzielt. Die Intensität wächst exponentiell mit der Länge der vom Signalphoton durchlaufenen Faserstrecke. Das Wirkprinzip gleicht einem Faserlaser ohne Resonator. Wechseln Elektronen ohne Stimulation das Energieniveau, entsteht optisches Rauschen.

Glasfaserverstärker auf Silizium-Glasfaserbasis haben in ihrem Arbeitsbereich keine konstante Verstärkung in Abhängigkeit von der Wellenlänge. Hier sind für die betroffenen Wellenlängen zusätzliche Verstärkungen erforderlich. Neuere Systeme verwenden erbiumdotierte Flour-Glasfasern. Die Verstärkung weist deutlich geringere Abhängigkeiten von der Wellenlänge im Arbeitsbereich auf. Die Einfügedämpfung beträgt < 0,5 dB [30].

Verstärkertypen mit Glasfasern werden mit EDFA (Erbium Doped Fiber Amplifier) abgekürzt.

Bei den optischen Halbleiterverstärkern setzt man Laserdioden ohne Resonatoren ein. Die Hilfsenergie steht hier in Form elektrischer Energie zur Verfügung, ohne dass Pumpstrahlung erforderlich ist. Die Funktion ist prinzipiell gleich dem Faserverstärker. Die Einfügedämpfung beträgt etwa 6 dB [30]. Optische Halbleiterverstärker werden mit SOA (Semiconductor Optical Amplifier) oder SLA (Semiconductor Laser Amplifier) abgekürzt.

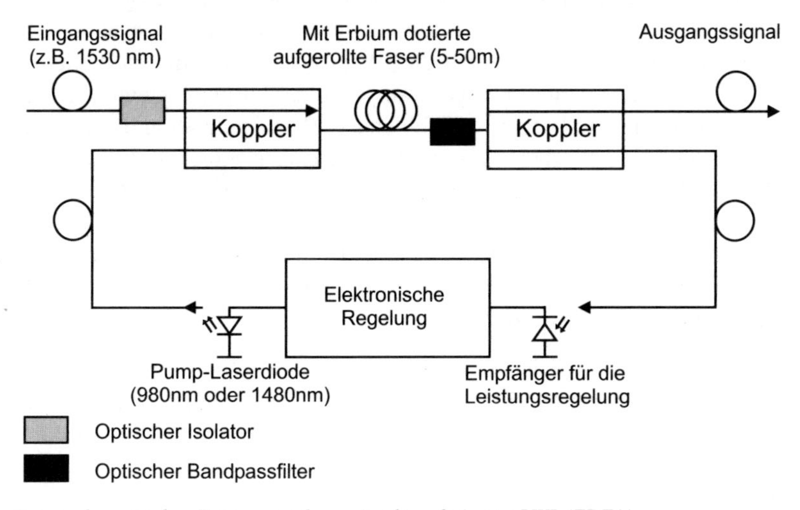

Abb. 6.5: *Prinzip des optischen Faserverstärkers mit erbiumdotiertem LWL (EDFA).*

Die Aufgabe optischer Verstärker in optischen Übertragungssystemen ist die gleiche wie der Regeneratoren. Sie dienen der Zwischenverstärkung (**Abb. 6.6**). Sie heben damit den dämpfenden Einfluss der LWL und die Verluste durch andere optische Bauteile, wie z. B. Koppler, auf.

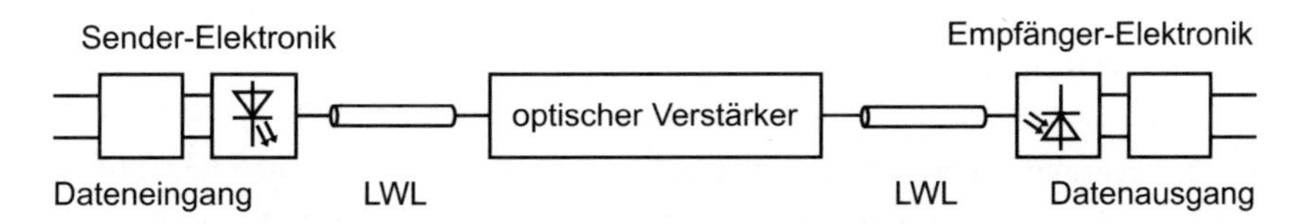

Abb. 6.6: *Optischer Verstärker in einer Übertragungsstrecke (Quelle: K. Jobmann Universität Hannover)*

Zwischenverstärker werden bei neuen Übertragungsstrecken nur noch als optische Verstärker ausgeführt. Hier haben sich für den Wellenlängenbereich um 1550 nm insbesondere die Erbium-dotierten Faserverstärker (EDFA) durchgesetzt. Alternativ, insbesondere für den z.Z. noch viel benutzten Wellenlängenbereich um 1300 nm, stehen die Halbleiterlaserverstärker (SLA, SOA) zur Verfügung.

Der große Vorteil der optischen Verstärker ist ihre Transparenz gegenüber dem Datensignal. Insbesondere ist hierunter das Modulationsverfahren, die Kodierung, die exakte Wellenlänge und die Datenrate zu verstehen. Bei rein optischen Übertragungsstrecken können diese Parameter nach Installation der Strecke geändert werden. Es ist keine Änderungen an der Strecke erforderlich. Aufgrund der enormen Bandbreite von ca. 90 nm [16] bei EDFA ist sogar ein Ausbau auf mehrere Trägerwellenlängen möglich.

Die im Einsatz befindlichen LWL-Systeme werden mit EDFA im Dämpfungsminimum der LWL bei 1550nm betrieben. Das Dämpfungsminimum der Fasern liegt aber nicht bei der gleichen Wellenlänge wie das Dispersionsminimum. Das Dispersionsminimum liegt bei diesen Fasern bei 1300 nm. Betreibt man die LWL-Systeme bei dieser Wellenlänge, muss man die größere Dämpfung berücksichtigen. Aufgrund der Dispersion entstehen bei 1550 nm Reichweitenbeschränkungen. Wegen der fehlenden Pulsregeneration ist dies der einzige wesentliche Nachteil von optischen Verstärkern. Auf langen Strecken können sich Dispersion und Nichtlinearitäten aufschaukeln und eine Übertragung begrenzen. Die fehlenden elektrischen Trenn- und Regenerativverstärkers ermöglichen allerdings Übertragungen mit Solitonen. Solitonen sind vereinfacht dargestellt, Impulse deren Form optimal auf die Übertragungsstrecke angepasst sind. Generell sind in optisch verstärkten langen Strecken immer Maßnahmen gegen zu hohe Dispersion notwendig.

LWL-Fasern, die bei 1550 nm ihr Dispersions- und Dämpfungsminimum haben, heißen dispersionsgeschobene Fasern (DSF). Dieser Fasertyp kommt aus Kostengründen aber nur bei neuen Übertragungsstrecken zum Einsatz. Langstreckensysteme erfordern Monomodefasern.

In LWL-Übertragungsstrecken wird nach 50-100 km ein optischer Verstärker eingesetzt. Die Verstärkung je EDFA beträgt etwa 30 dB und die Ausgangsleistung liegt < 30mW. Obwohl das optische Rauschen nur eine geringe Leistung aufweist und die Verstärker auch nur eine geringe Rauschleistung aufweisen, wird es natürlich mit jedem Verstärker größer. Nach [16] liegt bei Anwendungen die Grenze, bei der das Rauschen die Größenordnung der Signalleistung erreicht, bei ca. 80 EDFA in einer Überstragungstrecke.

6.3 Optische Filter

Bei der Überlagerung mehrerer Wellenlängen zur Erhöhung pro Zeiteinheit übertragbarer Informationen über eine optische Übertragungsstrecke besteht auf der Empfängerseite die Notwendigkeit die einzelnen Wellenlängen wieder zu trennen, (**Abb. 6.7**) oder man benötigt Wellenlängenselektive Verstärker.

In der Hochfrequenztechnik benutzt man zu diesem Zweck Schmalbandempfänger, die durchstimmbar sind. Grundsätzlich besteht diese Möglichkeit auch bei der optischen Übertragungstechnik. Diese Systeme sind jedoch technisch sehr aufwendig und teuer in der Herstellung.

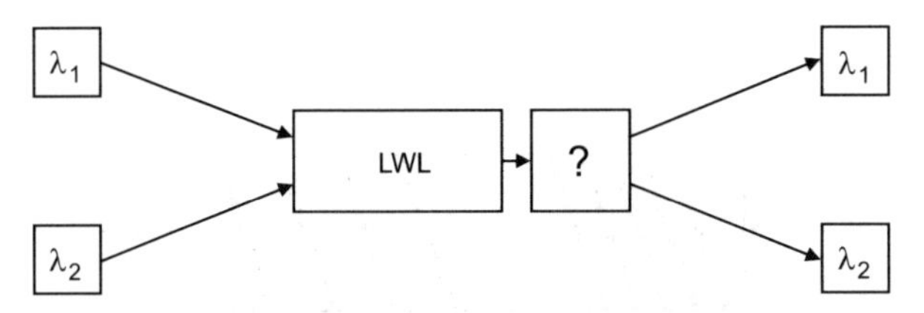

Abb. 6.7: Prinzip der Übertragung mehrerer Wellenlängen über einen LWL

Zur Isolierung einzelner Wellenlängen in einer Faser werden in LWL integrierte Bragg-Gitter eingesetzt. Sie bieten eine einfach herzustellende und damit preiswerte Möglichkeit einzelne Wellenlängen zu isolieren.

In eine Monomode-Glasfaser einer Länge von nur wenigen Zentimetern wird mit Hilfe von ultravioletter Strahlung eine periodische Änderung des Brechungsindex RI eingebracht. Die Teilungsperiode ist entscheidend für die ausgewählte Wellenlänge (**Abb. 6.8**).

Abb. 6.8: Faserabschnitt mit Bragg-Gitter abgestimmt auf die Wellenlänge λ_2.

Die kleinen Änderungen des Brechungsindex entlang der Glasfaser verursachen jeweils eine Teilreflexion. Bei der Wellenlänge die mit der Teilung übereinstimmt, bildet sich ein optischer Resonator. Die Strahlung mit dieser Wellenlänge (λ_2) wird in Richtung der Quelle reflektiert. Alle anderen Wellenlängen (λ_1, λ_3, ...) werden leicht gedämpft transmittiert.

Wegen der geringen Durchgangsdämpfung können verschiedene FBG (Fiber Bragg Gratings) in Reihe in einem Faserstück realisiert werden. Durch die richtige Abstimmung der Wellenlängen lässt sich so ein selektives Filter aufbauen, mit dem verschiedene Wellenlängen ausgeblendet werden können. Als Problem verbleiben die reflektierten Anteile der Eingangsstrahlung. Sie müssen aus der Faser ausgekoppelt werden. Dies gelingt, wenn die Gitter im Faserabschnitt unter dem Glanzwinkel angeordnet werden. Die reflektierten Wellen verlassen dann die Faser aufgrund des geänderten Reflexionswinkels (**Abb. 6.9**).

Für viele Anwendungen in der Übertragungstechnik ist es wünschenswert, jeweils nur eine Wellenlänge als Ausgangssignal zu erhalten. Gelingt dies, ist es möglich nur einen breitbandigen Empfängertyp für alle Wellenlängen einzusetzen. Mit Hilfe der FBG können solche Filter aufgebaut werden.

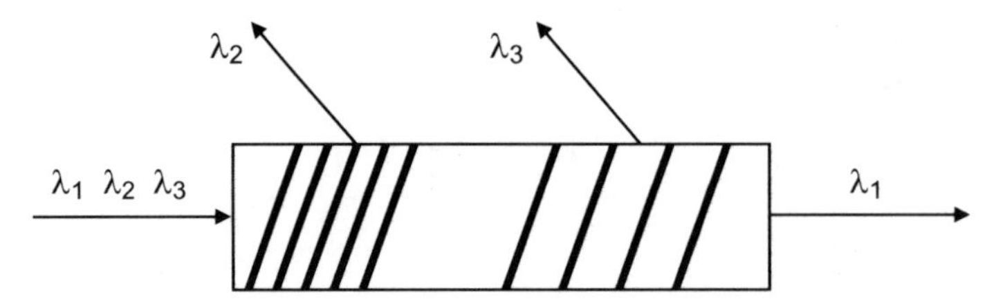

Abb. 6.9: Optisches Filter mit FBG

Abb. 6.10 zeigt einen typischen Dämpfungsverlauf eines FBG in Abhängigkeit von der Wellenlänge.

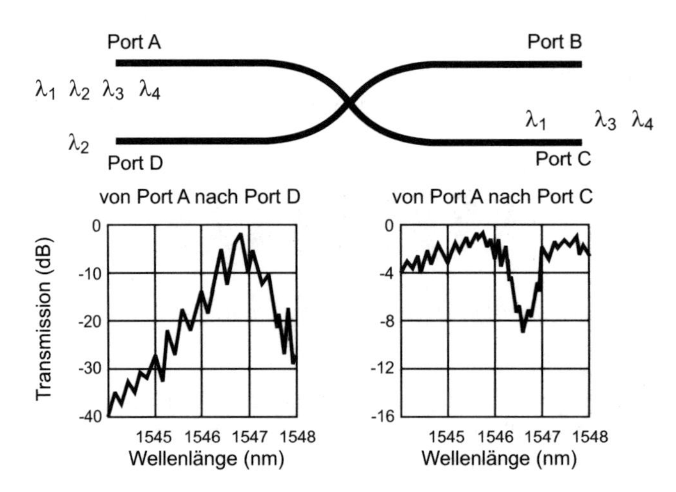

Abb. 6.10: Beispiel für Dämpfungen am FBG (Quelle: IEC Internet)

FBG sind empfindlich gegenüber der Faserdehnung und Temperaturänderungen. Ihr Anwendungsbereich erstreckt sich auch auf die Bereiche Dispersionsregelung im Wellenlängenbereich um 1550 nm und die Stabilisierung der Ausgangsleistung von Lasern [16].

Eine weitere Möglichkeit der Filterung bietet das Fabry-Perot-Filter. Die physikalische Grundlage bildet das gleichnamige Interferometer. Das Prinzip ist in **Abb. 6.11** dargestellt. Kern des Filters bildet ein Hohlraum (cavity) der mit zwei teildurchlässigen Spiegeln versehen ist. Die Spiegel sind im Gegensatz zum Interferometer fest zueinander angeordnet (Etalon). Das Licht trifft auf den 1. Spiegel. Ein großer Teil wird reflektiert und ein kleiner Teil wird transmittiert. Der transmittierte Anteil durchläuft den Hohlraum und trifft auf den 2. Spiegel. Hier geschieht das gleiche. Es stellt sich eine Resonatorsituation ein, die dazu führt, dass nur Licht der Resonatorwellenlänge oder einem Vielfachen dieser Wellenlänge austreten kann. Andere Anteile werden durch destruktive Interferenz stark gedämpft.

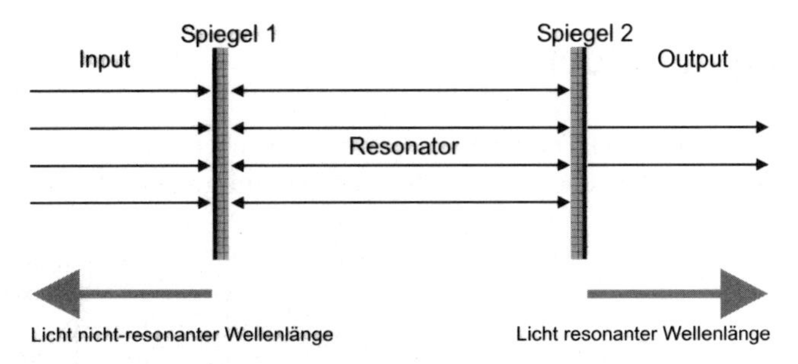

Abb. 6.11: *Prinzip des Fabry-Perot-Filters [9]*

Für die optische Nachrichtenübertragung ist es nun wenig sinnvoll, Filter einzusetzen, die mehrere Spektrallinien durchlassen. Eine Verbesserung der Verhältnisse erhält man durch die Kaskadierung der Resonatoren. **Abb. 6.12** zeigt die Kaskadierung von dielektrischen Spiegeln. Diese werden durch verschiedene Halbleitermaterialschichten mit unterschiedlichem Brechungsindex aufgebaut.

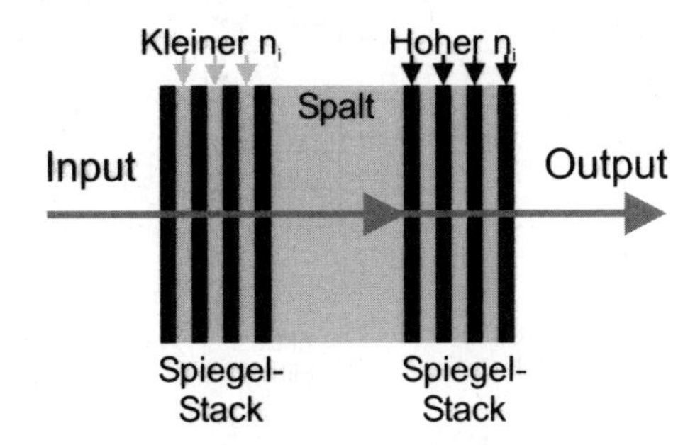

Abb. 6.12: *Spiegel aus Halbleitermaterial mit unterschiedlichem Brechungsindex n_i [9]*

Mit Hilfe piezoelektrischer Kristalle lassen sich abstimmbare Filter aufbauen. In der Mitte einer solchen Anordnung liegen sich zwei teilverspiegelte Enden von Lichtwellenleitern gegenüber. Der Hohlraum zwischen den LWL bildet den Resonator. Mit Hilfe der Piezokristalle kann dieser Abstand verändert werden. In der Praxis bewegt man nicht die Spiegel an den Faserenden mit einem Piezokristall, sondern füllt den Resonator mit einem Flüssigkeitskristall. Der Brechungsindex des Kristalls lässt sich durch einen Stromfluss durch den Kristall beeinflussen. In Versuchen wurden Abstimmbereiche $\Delta\lambda = 30 - 40\ \text{nm}$ bei Abstimmzeiten von ca. $10\ \mu\text{s}$ erreicht. Aufgrund theoretischer Überlegungen ist zu erwarten, dass sich die Geschwindigkeit noch deutlich steigern lässt und die Herstellung sehr niedrige Kosten verursacht.

6.4 Koppelfelder

Die Verbindung verschiedenen Teilnehmer in einem optischen Netz bedingt, dass man analog der Vermittlung im elektrischen Nachrichtennetz den Informationsfluss steuern kann.

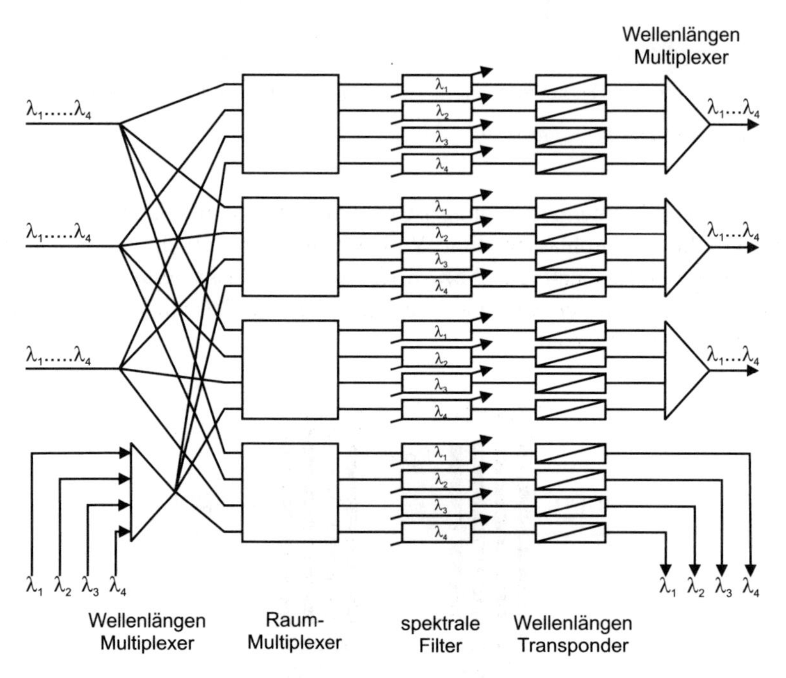

Abb. 6.13: *Koppelnetzwerk zum Raummultiplex (Space Switch) in einem optischen Netz [26]*

Zu diesem Zweck werden Koppelnetze oder Koppelfelder benötigt. Sie haben die Aufgaben:

- Raummultiplex (space division multiplex)
- Zeitmultiplex (time devision multiplex)

Die Koppelnetze werden aus einzelnen optischen Schaltern aufgebaut. Mit ihnen kann man wahlfrei *n* optische Eingänge mit *m* optischen Ausgängen verbinden. **Abb. 6.13** zeigt zusätzlich die Möglichkeiten des Wellenlängenmultiplex. In den folgenden Kapiteln werden die Elemente Wellenlängenmultiplexer und Wellenlängentransponder beschrieben.

6.5 Zirkulatoren

Zur Erhöhung der Übertragungskapazität werden Lichtsignale verschiedener Wellenlängen gleichzeitig in einem optischen Übertragungssystem übertragen. Man spricht in diesem Zusammenhang vom Wellenlängenmultiplex (WDM Wave Division Multiplex).

Um die Signale zu dekodieren, müssen sie zunächst wellenlängenspezifisch getrennt werden. Zur Auskopplung einer Wellenlänge sind Zirkulatoren in Verbindung mit Bragg-Gratings geeignet.

In dem folgen Beispiel gehen wir von dem Faraday- Rotator in **Abb. 6.14** (vgl. Kapitel 4.3.3) aus.

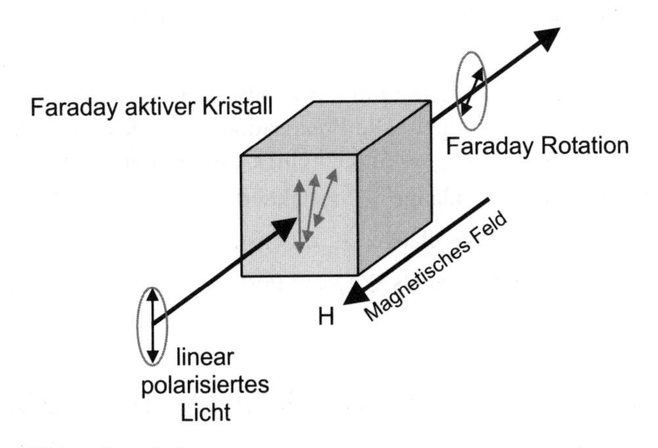

Abb. 6.14: *Faraday-Effekt, schematisch*

Licht aus einem Polarisationsfilter durchstrahlt den Kristall. Wie im Bild dargestellt, wird die Polarisationsachse des linear polarisierten Lichtes in Abhängigkeit eines magnetischen Feldes gedreht. Dabei ist die Drehrichtung unabhängig von der Orientierung des Lichteinfalls parallel zum Feldvektor $\vec{H}$. Würde der Lichtstrahl, dessen Polarisationsachse um Θ_F gedreht wurde, zurückreflektiert und den Kristall noch einmal in die entgegengesetzter Richtung durchlaufen, vergrößerte sich der Winkel mit der sich die Polarisationsachse dreht auf $2\Theta_F$. Wählt man $\Theta_F = 45°$ würde die Polarisationsachse senkrecht zur Achse des einfallenden Lichtes sein. Das Polarisationsfilter verhindert dann die weitere Ausbreitung.

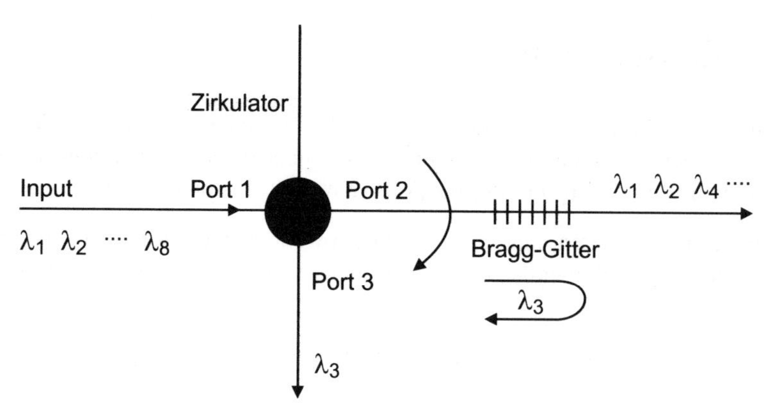

Abb. 6.15: Prinzip des Zirkulators am Beispiel des Wellenlängendemultiplexers

In **Abb. 6.15** ist eine solche Anordnung mit einem FBG (Fiber-Bragg-Grating), das selektiv eine Wellenlänge reflektiert, gekoppelt. Die Polarisationsachse des von links eingekoppelten linear polarisierte Licht wird um $\Theta_F = 45°$ gedreht. Es verlässt den Zirkulator am Port 2 und trifft auf ein FBG, das die Wellenlänge λ_3 reflektiert. Alle anderen Wellenlängen werden weitergeleitet. Das Licht der Wellenlänge λ_3 durchstrahlt erneut den Faraday-Rotator und kann auf Grund des Polarisationswinkels $2\Theta_F$ am Port 3 ausgekoppelt werden.

6.6 Multiplexer: OTDM, Add-Drop, WDM und DWDM

In den bestehenden Kupferkabelnetzen werden zur Erhöhung der Kanalkapazität die folgenden Verfahren eingesetzt:

- Trägerfrequenzmultiplex
- Zeitmultiplex
- Raummultiplex

Beim Trägerfrequenzmultiplex werden viele verschiedene Trägerfrequenzen, die mit den zu übertragenden Informationen moduliert sind, über ein Koaxialkabel übertragen. Hingegen wird beim Zeitmultiplex wie in **Abb. 6.16** verfahren.

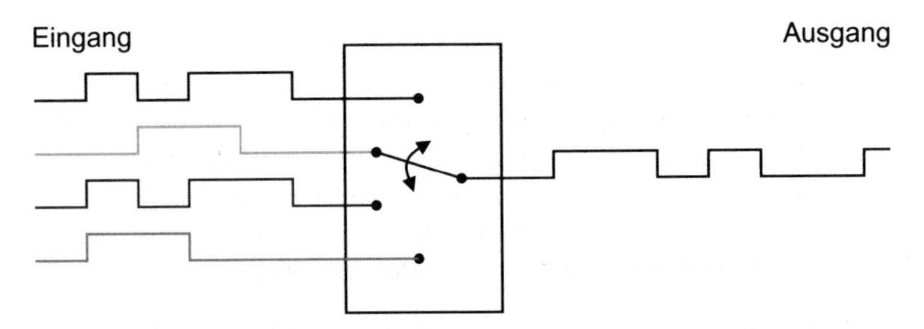

Abb. 6.16: *Prinzip eines Zeitmultiplexers*

Ein Raummultiplexer verteilt die mit Trägerfrequenzmultiplex und Zeitmultiplex erzeugten Signale auf verschiedene Fasern eines Faserbündels.

Um in zukünftigen Netzen die erforderlichen hohen Datenraten erreichen zu können, sind neben einer rein optischen Übertragung auch optische Komponenten erforderlich, die diese Mehrfachnutzung ermöglichen. Zur Zeit existieren nur einige Grundelemente rein optischer ("photonischer") Netze. Z. B. die beschriebenen externen optischen Modulatoren, Koppler, optischen Verstärker und die darauf aufbauenden Multiplexer/Demultiplexer. Weitere prinzipiell verfügbare Elemente wie verschiedene optische Schalter ("Crossconnects") befinden sich noch nicht in flächendeckendem Einsatz.

Optischer Zeitmultiplexer oder Optical Time Domain Multiplex (OTDM)

Dem optischen Zeitmultiplex liegt die Idee zugrunde, viele Kanäle mit niedriger Datenrate auf einen Kanal mit hoher Datenrate zu konzentrieren. Die Übertragung erfolgt bei einer Wellenlänge. Es ist also möglich optisches Zeitmultiplex mit optischem Wellenlängenmultiplex (Frequenzmultiplex) zu kombinieren (**Abb. 6.17**).

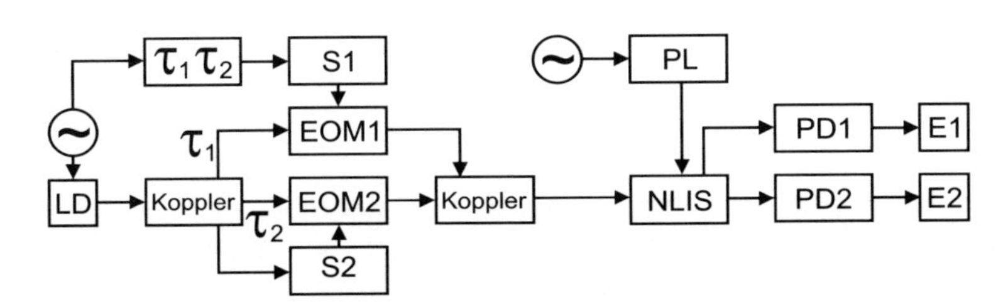

Abb. 6.17: *Prinzip eines optischen Zeitmultiplexers OTDMmit LD=Laserdiode, EOM=externer optischer Modulator, S=Sender, NLIS=nichtlinearer Schalter, PD=Photodetektor und E=Empfänger (Quelle: K. Jobmann Universität Hannover)*

Optical Time Domaine Multiplex basiert auf der Erzeugung extrem kurzer Impulse durch optische Pulskompression. Hierfür eignen sich praktisch ausschließlich Solitonen als Pulsform. Die Kompression erfolgt durch gezielte Nutzung nichtlinearer Effekte in Glasfaserschleifen. Ein somit erzeugter Impulszug wird mit Faserkopplern in synchrone Pulszüge geteilt. Die einzelnen Pulszüge durchlaufen unterschiedliche Glasfaser-Verzögerungsschleifen, um später ohne Interferenz überlagert werden zu können. Die einzelnen Pulszüge, z.B. wiederum mit einer Pulsfolgefrequenz entsprechend 10 Gbit/s, werden extern optisch moduliert (EOM). Anschließend werden die Subkanäle mit einem weiteren Faserkoppler addiert. Wesentliche Voraussetzung dieses Verfahrens ist die optische Pulskompression zur Erzeugung von Sub-Picosekunden-Impulsen im RZ-Format (Return to Zero).

Auf der Empfangsseite können die Subkanäle z.B. mit einem nichtlinearen optischen Schalter (NLIS) oder durch eine Interferometer-Kaskade selektiert werden. Beide Möglichkeiten lassen sich mit faseroptischen Komponenten aufbauen und benötigen auf der elektrischen Seite lediglich die Frequenzen der Subkanäle. Der NLIS wird zum Erzielen nichtlinearer Effekte mit einer Laserdiode (PL) gepumpt, und zwar mit der Frequenz der Subkanäle. Da das Multiplexing/Demultiplexing hier auf rein optische Weise erfolgt, sind prinzipiell sehr hohe Datenraten (160 Gbit/s und darüber) möglich. In Laborexperimenten wurde bereits ein 1 Tbit/s Impulszug erzeugt und ein 160 Gbit/s-Signal aus 5 Gbit/s-Subkanälen zusammengesetzt. **Abb. 6.18** zeigt ein weiteres Beispiel für einen prinzipiellen Aufbau.

Wave Division Multiplex (WDM) und Dense Wave Division Multiplex (DWDM

Das Zusammenführen der einzelnen Kanäle im Sender sowie die Kanalselektion im Empfänger erfolgt mit passiven optischen Komponenten (**Abb. 6.19**). Das Überlagern der verschiedenen Wellenlängen kann beispielsweise mit Faserkopplern und das selektive Auskoppeln mit Hilfe von Zirkulatoren und FBG erfolgen (vgl. Kap. 6.5). Das selektive Auskoppeln oder Einkoppeln einer Wellenlänge erfolgt mit Add-Drop-Multiplexern. Das Verfahren kann durch dichtes WDM (Dense WDM) auf mehr als vier Kanäle erweitert werden (In der Anwendung zur Zeit bis etwa 16 und im Labor bis etwa 1000 Kanäle). Dann werden an Stelle von faseroptischen Wellenlängenkopplern z.B. solche auf Basis von Beugungsgittern verwendet [57].

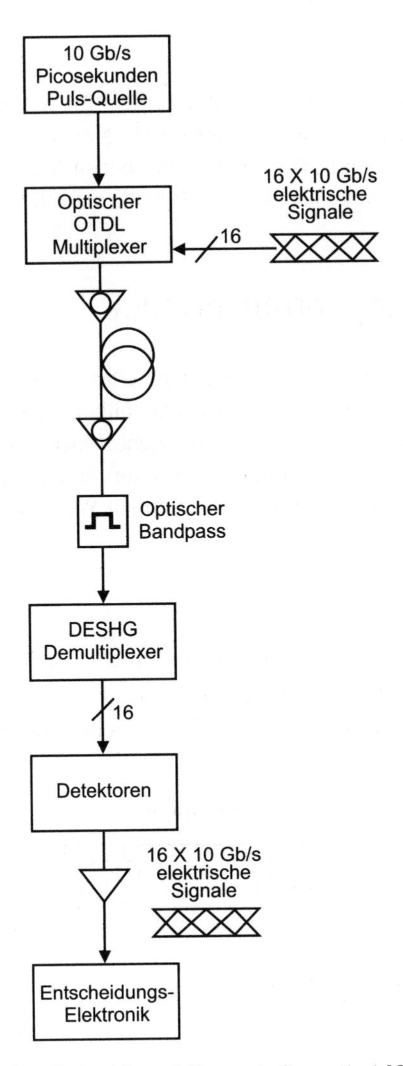

Abb. 6.18: *OTDM (SESHG=Surface-Emitted Second-Harmonic Generation) [Quelle: ECE, Internet]*

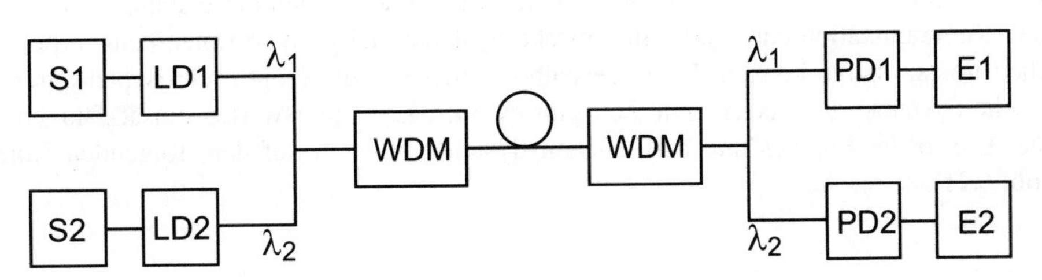

Abb. 6.19: *Wellenlängenmultiplex für zwei Wellenlängen (Laserdioden LD, Photodioden PD, Wellenlängenmultiplexer bzw. –koppler WDM, Signalquelle S, Signalsenke E)*

Raummultiplex

Zum Raummultiplex finden optische Schalter (vgl. 4.2) in Form von Koppelfeldern Anwendung (vgl. 6.4). Zur Zeit sind die Schalter im Vergleich zur möglichen Übertragungsgeschwindigkeit noch sehr langsam. Mit den beschriebenen Spiegelarrays können die Signale wahlweise auf die verschiedenen Fasern eines Bündels verteilt werden.

6.7 Wellenlängentransponder

Im Laufe der Jahre wurden sehr viele verschiedene Glasfasertypen verwendet. Angepasst an die Faser sind verschiedene Wellenlängen zur Datenübertragung erforderlich. Die Übertragung von Informationen in einer solchen heterogenen Struktur erfordert den Wechsel der Wellenlänge des mit der Information kodierten Lichtes an den entsprechenden Knotenpunkten eines optischen Netzes. Diese Aufgabe übernehmen Wellenlängentransponder.

Optoelektrische Systeme

Sie sind aufgebaut wie Regeneratoren. Der Unterschied besteht darin, dass die Wellenlänge der empfangenen Strahlung λ_1 sich von der Wellenlänge der gesendeten Strahlung λ_2 unterscheidet. So könnte $\lambda_1 = 1550\,\text{nm}$ und $\lambda_2 = 1310\,\text{nm}$ sein (**Abb. 6.20**).

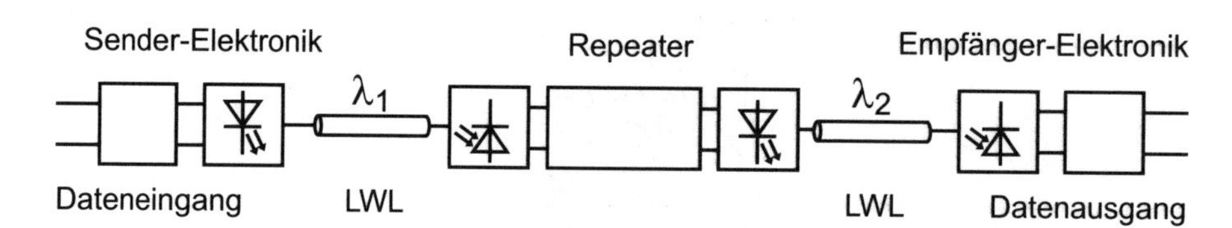

Abb. 6.20: *Optoelektrischer Wellenlängentransponder(Quelle: K. Jobmann Universität Hannover)*

Optische Systeme

Wie bei den Regeneratoren stellen diese Medienwandlungen einen Flaschenhals bei der optischen Kommunikation dar, weil rein optische Systeme viel größere Datenmengen pro Zeiteinheit transportieren können. Es ist deshalb erforderlich, diese optoelektrischen durch rein optische Systeme zu ersetzen. Zur Zeit gibt es noch keine preiswerten einsatzfähigen Systeme. Die in der Entwicklung befindlichen Systeme basieren auf dem folgenden Konzept (**Abb. 6.21**).

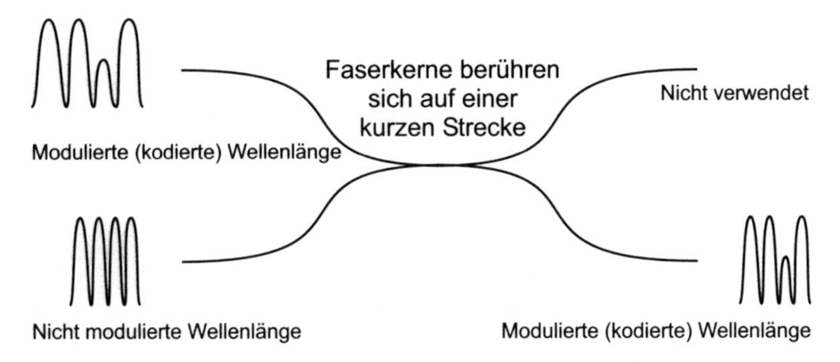

Abb. 6.21: *Prinzip des optischen Transponders [16].*

Die Modulation wird mit Hilfe spezieller Faserkoppler von der einen Wellenlänge auf die neue Wellenlänge übertragen. Die Funktion dieser Faserkoppler beruht auf dem Mach-Zehnder-Effekt (**Abb. 6.22**).

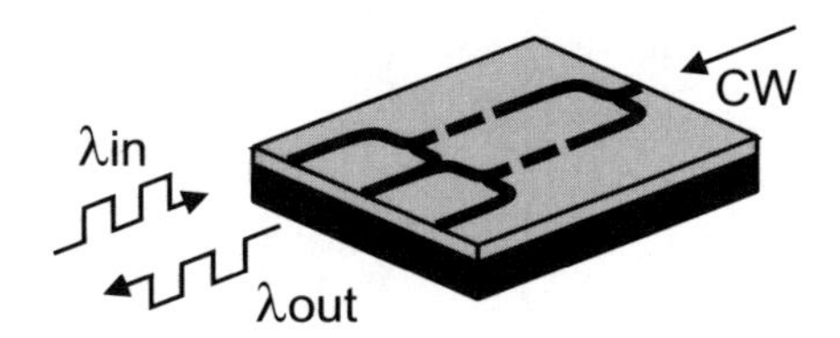

Abb. 6.22: *Prinzip des monolithisch aufgebauten Transponders [26]*

7 Aufbau optischer Netzwerke

Optische Netze stellen enorme Bandbreiten bis hin zum TBit/s-Bereich zu sehr günstigen Preisen pro Bit zur Verfügung. Die hauptsächliche Ursache für einen derartigen, bis vor kurzer Zeit nicht vorstellbaren Bedarf an Übertragungskapazität besteht in der rasanten Zunahme des Datenverkehrs im Internet. Man rechnet mit einer ungefähren Verdopplung des Kapazitätsbedarfs alle sechs bis zwölf Monate. Eine Sättigung der Teilnehmerzahlen ist vorerst nicht zu erwarten. Immerhin besitzt der überwiegende Teil der Weltbevölkerung noch keinen Internet-Anschluss. Die weitere Verbreitung des Internets wäre mit konventioneller elektronischer Übertragungstechnik, die auf Koaxialkabeln, Richtfunkstrecken und Satellitenverbindungen beruht, völlig undenkbar. Für Übertragungsraten über 1 GBit/s kommt nur noch die Glasfasertechnik in Frage. Komponenten für rein optische Netze befinden sich in der Entwicklung [58].

7.1 Topologien optischer Netzwerke

Die einfachste Netzstruktur ist die Punkt zu Punkt-Verbindung, die in **Abb. 7.1** schematisch dargestellt ist, wobei der Begriff „Netz" hier eigentlich noch nicht zutrifft. Bei längeren Übertragungsstrecken kann auch der Einsatz von optischen Verstärkern bzw. von elektrooptischen Repeatern erforderlich sein.

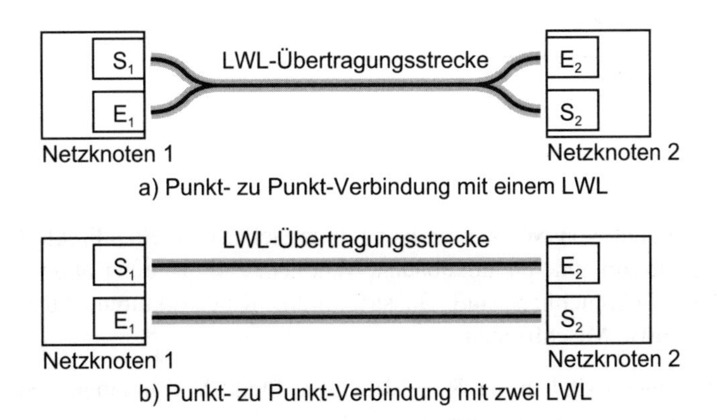

Abb. 7.1: *Punkt zu Punkt-Verbindungen, schematisch*

Trotz der prinzipiellen Beschränkung auf zwei Teilnehmer besitzt die Punkt zu Punkt-Verbindung wesentliche Vorteile. Der Empfänger und der Übertragungsweg sind für alle

Übertragungen festgelegt, es sind weder Quell- noch Zieladressen erforderlich. Es brauchen keine Verbindungswege gesucht, auf- oder abgebaut werden. Die zur Verfügung stehende Bandbreite kann bei jeder Übertragung voll genutzt werden. Eine Aufteilung auf mehrere Netzteilnehmer ist nicht erforderlich. Wenn die Netzknoten nur über einen Lichtwellenleiter verbunden sind, ist an beiden Enden eine Aufteilung des gesendeten und des empfangenen Lichts mit einem Richtkoppler erforderlich. Bei gleichzeitigem Senden und Empfangen sind die Anforderungen an dessen Richtwirkung extrem hoch, so dass nur ein relativ unökonomischer Halbduplexbetrieb möglich ist. Sind die Netzknoten hingegen, wie ebenfalls in **Abb. 7.1** dargestellt, über zwei Lichtwellenleiter verbunden, so kann auch im Vollduplexbetrieb mit voller Bandbreite übertragen werden.

Punkt-zu-Punkt-Verbindungen sind kostengünstig realisierbar. Zusätzliche Steuerungen entfallen, ebenso jeglicher Managementaufwand. Sie ermöglichen Übertragungen mit voller Bandbreitennutzung und extrem geringer Verzögerung beim Herstellen der Verbindungen. Daher eigenen sie sich auch sehr gut für den Echtzeitbetrieb.

Wenn mehr als 2 Teilnehmer Informationen untereinander austauschen, spricht man von einem voll vermaschten Netz. **Abb. 7.2** zeigt schematisch ein solches Netz mit drei Netzknoten, wobei von jedem Knoten eine direkte Verbindung zu jedem anderen besteht.

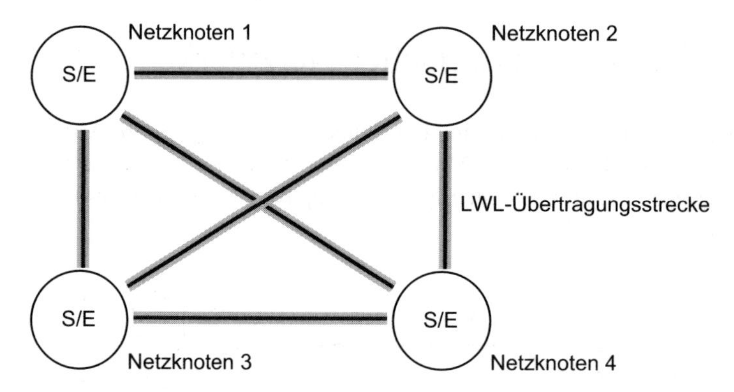

Abb. 7.2: *Voll vermaschtes Netz, schematisch*

Bei größeren Anzahlen von Netzknoten ist es unwirtschaftlich, eine direkte Verbindung von jedem Knoten zu jedem anderen aufzubauen. Man geht dann zu einer ökonomischeren Netz-Topologie über. Gebräuchlich sind Busstrukturen, Ringstrukturen, Sternstrukturen und Baumstrukturen sowie Mischformen.

Freiraumübertragungen sind in der Regel Punkt-zu-Punkt-Verbindungen. Sie stellen in der Regel einzelne Zweige eines voll vermaschten Netzes dar.

7.1.1 Busstrukturen

Busstrukturen werden vor allem in LANs häufig verwendet. Da alle Knoten an einem einzigen Kabelstrang, dem Bus, hängen, wird die Verkabelung sehr einfach. Informationen werden auf dem Bus im Zeitmultiplexverfahren übertragen. Der Bus wird dabei bidirektional verwendet. Die übertragenen Daten enthalten jeweils Informationen über den Sender und den Empfänger. Jeder Knoten liest aus dem Informationsfluss die für ihn selbst bestimmten Nachrichten heraus. Busstrukturen können leicht um zusätzliche Netzknoten erweitert werden. Es ist keine zentrale Steuerung notwendig. Ein Nachteil der Busstruktur ist die begrenzte Bandbreite, die sich aus der Aufteilung der Übertragungskapazität auf die verschiedenen Netzknoten ergibt (sinkende Effizienz mit steigender Anzahl von Knoten). **Abb. 7.3** zeigt schematisch Beispiele von Busstrukturen.

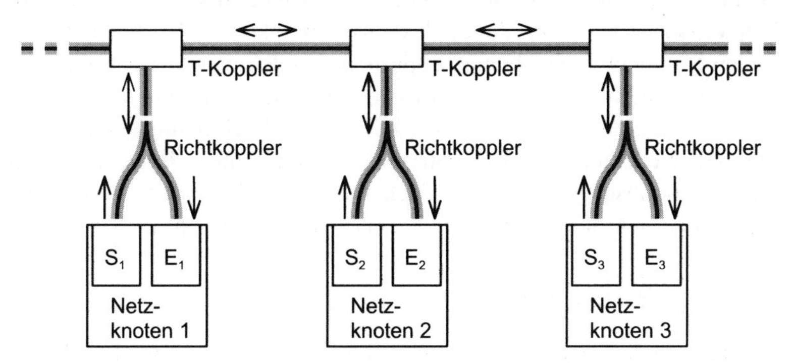

a) Busstruktur mit einem LWL, passiv

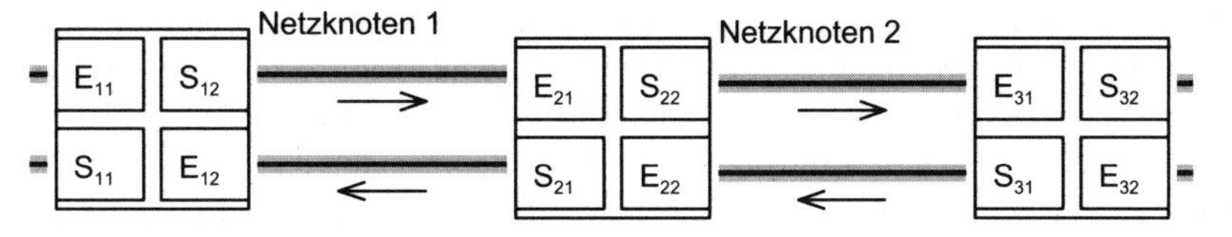

b) Busstruktur mit zwei LWL, aktiv

Abb. 7.3: *Busstrukturen, schematisch*

Die Fehlerlokalisierung entlang ausgedehnter Busstrukturen ist sehr aufwändig. Bei Unterbrechung des Busses, z.B. in Folge von Fehlern oder Wartungsarbeiten, fällt das gesamte Netz aus. Mit Hilfe von Repeatern lassen sich Bussysteme segmentieren. Dies erhöht die maximale Länge und die Anzahl an Netzknoten. Außerdem beschränken sich dann Ausfälle auf das betroffene Segment und die segmentübergreifende Kommunikation.

Die Realisierung von Busstrukturen mit Lichtwellenleitern im Rahmen so genannter passiver optischer Netze führt zu erheblichen Problemen. Die Ankopplung eines Netzknotens an das Bussystem erfolgt jeweils mit einem T-Koppler. Ein T-Koppler, bei dem die Leistung gleichmäßig auf beide Ausgänge verteilt wird (3 dB Durchgangsdämpfung), vermindert das optische Bussignal bei jedem Netzknoten um 3 dB. Bereits beim Anschluss von 10 Netzknoten ist eine Leistungsreserve von mindestens 30 dB erforderlich. Das Argument der leichten Erweiterbarkeit der Busstruktur wird dadurch erheblich relativiert. Zur Entkopplung der Sende- und der Empfangsdioden eines Netzknotens ist jeweils ein Richtkoppler erforderlich. Bei gleichzeitigem Senden und Empfangen sind die Anforderungen an dessen Richtwirkung extrem hoch, so dass nur ein relativ unökonomischer Halbduplexbetrieb möglich ist.

Möglich ist auch die ebenfalls in **Abb. 7.3** dargestellte Busstruktur mit zwei Lichtwellenleitern, bei deren Realisierung als passives optisches Netz keine T-Koppler erforderlich sind. Aufgrund der Anforderungen an die Richtkoppler in den Netzknoten, ist aber auch bei dieser Variante nur ein Halbduplexbetrieb möglich.

Verwendet man in einer Busstruktur mit zwei Lichtwellenleitern elektrooptische Repeater als aktive T-Koppler, so ist auch ein Vollduplexbetrieb möglich. Jeder Netzkoten ist dann jeweils nur mit einem anderen Netzknoten optisch verbunden, was die Anforderungen an die Leistungsreserven drastisch reduziert. Die Busstruktur stellt in diesem Fall nichts anderes als die Zusammenfassung einer Vielzahl von Punkt zu Punkt-Verbindungen dar, so dass theoretisch beliebig viele Netzknoten am Bus betrieben werden können. In der Praxis ist der Aufwand für die elektrooptischen Repeater jedoch sehr hoch. Außerdem stellen die elektronischen Baugruppen bei sehr hohen Bitraten die entscheidenden Engpässe im Netz dar.

7.1.2 Ringstrukturen

Werden die beiden Enden einer Busstruktur verbunden, so gelangt man zu Ringstrukturen, die in **Abb. 7.4** schematisch dargestellt sind. Wie bei den Busstrukturen hängen alle Netzknoten an einem einzigen Kabelstrang, dem so genannten Ring. Entsprechend einfach wird auch bei dieser Struktur die Verkabelung. Informationen werden im Zeitmultiplexverfahren übertragen. Die Datenübertragung erfolgt unidirektional. Eine Nachricht wird solange in einer Richtung durch den Ring weitergereicht, bis sie den Empfänger erreicht. Die übertragenen Daten enthalten jeweils Informationen über den Sender und den Empfänger. Jeder Knoten muss fähig sein, die Adressen der Nachrichten auszuwerten und diese gegebenenfalls an den Nachbarknoten weiter zu reichen. Durch Einfügen zusätzlicher Knoten lässt sich das Netz leicht erweitern.

Bei einer Realisierung als passives optisches Netz ergeben sich die gleichen Anforderungen an die Richtkoppler in den Netzknoten wie bei den Busstrukturen, so dass wiederum nur ein Halbduplexbetrieb möglich ist. Verwendet man elektrooptische Repeater als aktive T-Koppler, so ist auch bei einer Busstruktur mit einem Lichtwellenleiter ein Vollduplexbetrieb möglich. Da jeder optische Sender jeweils nur einen optischen Empfänger ansteuern muss, werden keine großen Sendeleistungen benötigt.

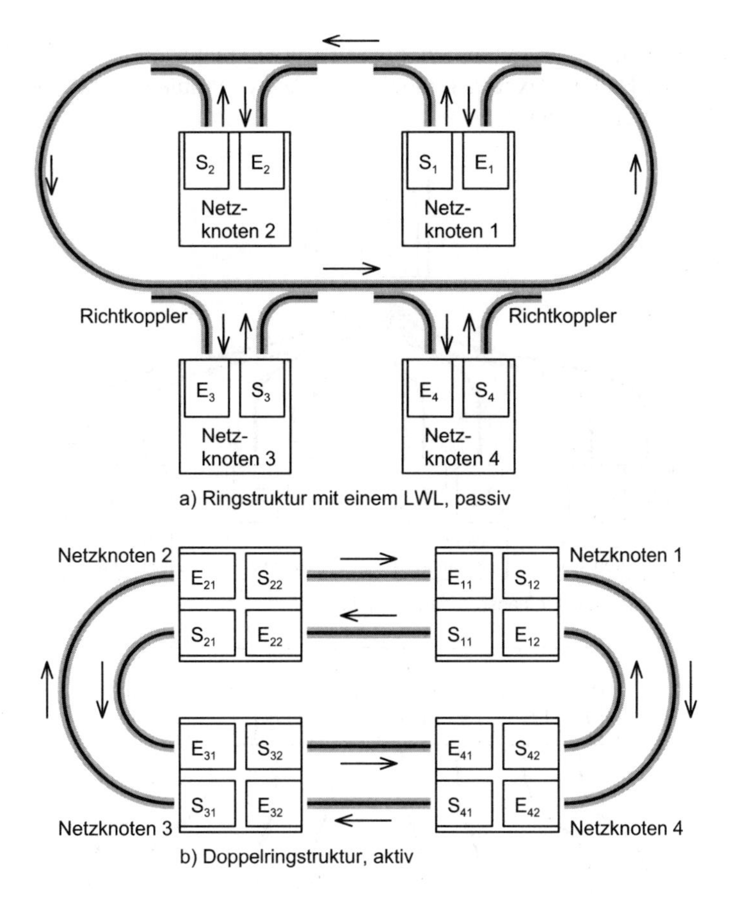

Abb. 7.4: *Ringstrukturen, schematisch*

Ein Nachteil der Ringstruktur besteht darin, dass immer alle Stationen aktiv sein müssen. Wenn eine Station abgeschaltet wird, wird der Ring unterbrochen. Um die Abschaltung einzelner Stationen zu ermöglichen, müssen diese bei Bedarf optisch überbrückt werden können. Vor allem in großen Netzen können die unvermeidlichen Durchgangsdämpfungen der hierzu erforderlichen optischen Schalter zu Problemen führen.

Eine höhere Betriebssicherheit in Folge von Redundanz erzielt man mit der ebenfalls in **Abb. 7.4** dargestellten Doppelringstruktur.

7.1.3 Sternstrukturen

In Sternstrukturen, wie sie schematisch in **Abb. 7.5** dargestellt sind, ist jede Station separat mit einem zentralen Sternknoten verbunden. Die Verbindungen können jeweils mit einem gemeinsamen Lichtwellenleiter für beide Übertragungsrichtungen oder mit zwei getrennten Lichtwellenleitern aufgebaut werden. Die Variante mit einem LWL pro Verbindung ist ökonomisch vorteilhaft, beim Vollduplexbetrieb werden an den beiden miteinander verbundenen

Stationen jedoch Richtkoppler mit extrem hoher Richtwirkung benötigt, so dass nur ein relativ unökonomischer Halbduplexbetrieb möglich ist. Dieses Problem entfällt bei der Variante mit zwei LWL pro Verbindung.

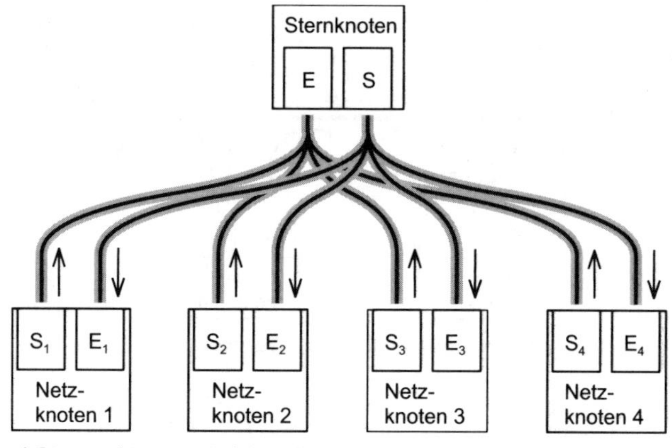

a) Sternstruktur, passiv (shared media)

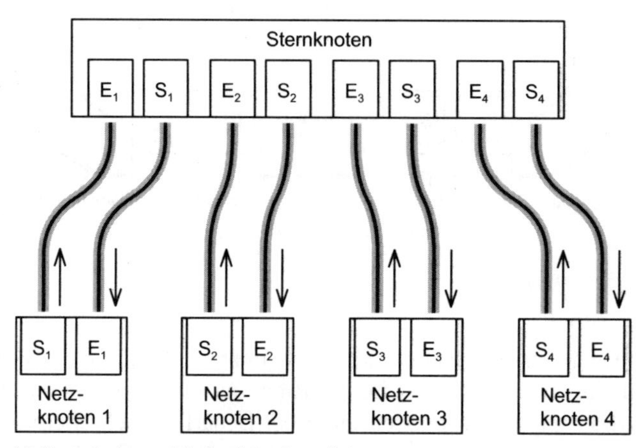

b) Sternstruktur, aktiv (switched media)

Abb. 7.5: *Sternstrukturen, schematisch*

Die Verwaltung des Netzes ist relativ einfach. Ein großer Vorteil besteht darin, dass fehlerhafte Verbindungen nicht zwingend auch das übrige Netz beeinträchtigen. Der Sternknoten überwacht kontinuierlich die angeschlossenen Verbindungen. Im Fehlerfall können einzelne Verbindungen selektiv vom Netz abgekoppelt werden.

Die Übertragung einzelner Nachrichten erfolgt immer nur zwischen dem Sternknoten und einer einzelnen Station. Übertragungen können also asynchron und gleichzeitig erfolgen. Das bekannteste Beispiel für ein Sternnetz ist der öffentliche Netzbereich auf Ortsamtsebene.

Ein wesentlicher Vorteil der Sternstruktur ist die Entkopplung aller Datenströme. Dies gilt vor allem bei Übertragung geschützter Daten. Die Übertragungsbandbreite ist prinzipiell nicht begrenzt. Sie hängt nur von der Leistungsfähigkeit der Zentralstation und der Teilnehmerstationen ab. Sowohl unterschiedliche Übertragungsraten als auch unterschiedliche Protokolle können innerhalb eines Netzes verwendet werden. Im Vergleich zu Bus- oder Ringstrukturen ist der Verkabelungsaufwand deutlich höher. Ins Gewicht fällt auch der hohe Aufwand für die Zentralstation. Neben ihrer Leistungsfähigkeit stellen auch die Anforderungen an die Zuverlässigkeit ein Problem dar.

7.1.4 Baumstrukturen

Die Baumstruktur findet allgemeine Verwendung bei der Verbindung mehrerer Teilnetze zu einer hierarchisch gegliederten baumförmigen Gesamtstruktur. Beispielsweise können die Zentralstationen mehrerer Sternstrukturen mit Hilfe übergeordneter Koppelelemente wiederum sternförmig zusammengefasst werden. Es lassen sich auch unterschiedliche Topologieformen und Netzwerkstandards in heterogenen Baumstrukturen zusammenführen. Die strukturierte Verbindung mehrerer Netze ergibt in den meisten Fällen eine Baumstruktur. **Abb. 7.6** zeigt schematisch die Zusammenfassung von Netzen mit verschiedenartigen Strukturen zu einer Baumstruktur.

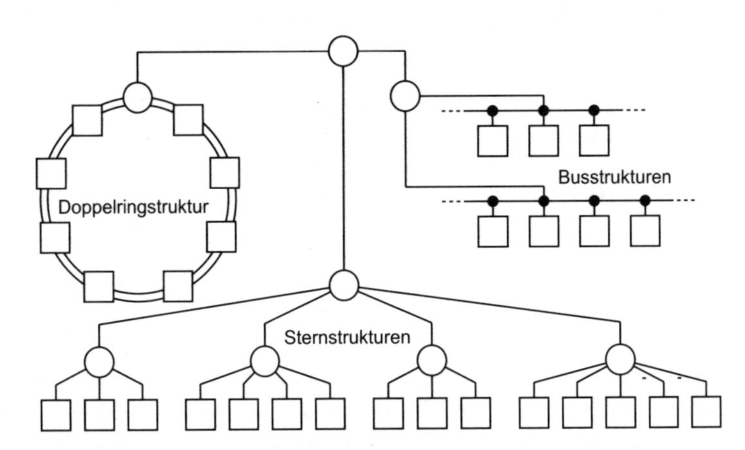

Abb. 7.6: *Kombination mehrerer Netze zu einer Baumstruktur*

In speziellen Fällen eignen sich optische Freiraumübertragungsstrecken sehr gut, um Teilnetze miteinander zu verbinden. Die aufwändige Verlegung von Kabeln entfällt. Ein typisches Beispiel kann die Verbindung von Teilnetzen in zwei Gebäuden, zwischen denen eine Straße hindurchführt, sein.

7.2 Systemhierarchien und Protokolle

Man unterscheidet zunächst zwischen der asynchronen bzw. plesiochronen Hierarchie (PDH) und der synchronen digitalen Hierarchie (SDH). Die ersten digitalen Netze waren asynchron, d.h. der Takt eines zu übertragenen Signals wurde von der internen Uhr des jeweils sendenden Netzknotens abgeleitet. Aufgrund unvermeidlicher Gangunterschiede zwischen den Uhren der verschiedenen Netzknoten entstanden erhebliche Varianzen im Timing von Signalen verschiedener Netzknoten, was häufig zu Bitfehlern führte bzw. einen Zeitausgleich durch sogenannte Stopfbits erforderte. In der Anfangszeit der optischen Nachrichtenübertragung gab es außerdem noch keine allgemein verbindlichen Übertragungsstandards. Die Vielzahl unterschiedlicher Bitraten und Protokolle führten bei der Verbindung und dem gemeinsamen Betrieb von Geräten unterschiedlicher Hersteller zu enormen Problemen.

Die Notwendigkeit, Standards zu schaffen, führte zur synchronen optischen Netzwerk-Hierarchie (SONET). SONET standardisiert Übertragungsraten, Codierungsschemata, Hierarchien von Bitraten sowie Betriebs- und Wartungsfunktionalitäten. In **Tab. 7.1** sind eine Reihe von Übertragungsmodes und Übertragungsraten in optischen Netzen aufgelistet.

Tab. 7.1: *Verwendete Übertragungsraten*

Übertragungsmode	Bitrate in MBit/s	Übertragungsmode	Bitrate in MBit/s
E1	2	OC1	52
E3	34	OC3	155
T1	1,5	OC9	467
T3	45	OC12	622
		OC18	933
FDDI	100	OC24	1244
		OC36	1866
		OC48	2488
		OC192	9952
		OC768	40000

Die älteren PDH-Übertragungsmodes z.B. E1, E3, allgemein Exx werden nach wie vor in Europa verwendet. Sie basieren auf der Zusammenfassung einer Anzahl von Übertragungskanälen mit einer Übertragungsrate von jeweils 64 kBit/s, z.B. 30 Kanäle à 64 kBit/s beim E1 Mode bzw. 4×4×30 = 480 Kanäle à 64 kBit/s beim E3 Mode. Damit vergleichbar sind die amerikanischen Übertragungsmodes T1, T3, allgemein Txx. Sie basieren ebenfalls auf der Zusammenfassung einer Anzahl von Übertragungskanälen mit einer Übertragungsrate von jeweils 64 kBit/s, z.B. 24 Kanäle à 64 kBit/s beim T1/DS1 Mode bzw. 4×7×24 = 672 Kanäle à 64 kBit/s beim T3/DS3 Mode.

FDDI (Fiber Distributed Data Interface) ist ein Netzwerkstandard, der in den achtziger Jahren speziell für optische Netze entwickelt wurde. Die Datenrate liegt bei 100 Mbit/s. FDDI-Netze sind als Doppelringstruktur mit entgegengesetzt gerichteter Übertragung in den beiden Ringen aus Lichtwellenleitern aufgebaut. Die Daten werden in Paketen variabler Länge transportiert. FDDI-Systeme sind infolge der Doppelringstruktur fehlertolerant. Eingesetzt werden sie hauptsächlich in Hochgeschwindigkeits-LAN (High Speed LAN HSLAN).

Die synchronen SONET-Hierarchiestufen OC1, OC3, ... OC768, allgemein Ocxx entstehen durch Multiplexen von OC1-Signalen mit jeweils 51 Mbit/s. Der SONET-Standard wird den weltweiten Datenverkehr für längere Zeit bestimmen. Die Flexibilität und die verfügbare Bandbreite bietet im Vergleich zu älteren Standards wesentliche Vorteile:

- Reduzierte Geräteanforderungen und erhöhte Zuverlässigkeit
- Definition eines synchronen Multiplexschemas für die Übertragung digitaler Signale niedrigerer Hierarchiestufen, z.B. E1, E3
- Vereinfachte Schnittstellen durch synchrone Struktur
- Problemloses Zusammenwirken von Geräten unterschiedlicher Hersteller durch Standardisierung
- Einfache Anpassung an zukünftige Anforderungen durch flexible Architektur

Abb. 7.7 zeigt exemplarisch ein Hierarchieschema, das der Schichtstruktur des OSI-Modells ähnelt. Die oberste Schicht, die Anwendungsschicht, spezifiziert die von Teilnehmern genutzten Dienste, z.B. Sprachübertragung, Telefax, Bildübertragung und Datenübertragung.

Die darunter liegende Schicht, die Anpassungsschicht, spezifiziert die Datenformate für die digitale Übertragung und wandelt die Signale der Anwendungsschicht in diese Formate um.

In der dritten Schicht erkennt man die beiden gebräuchlichsten Datenformate für den Informationsaustausch. ATM (Asynchronous Transfer Mode) stellt das im Telephonsystem am häufigsten verwendete Datenformat dar. IP (Internet Protocol) wird für den weltweiten Informationsaustausch im Internet verwendet.

In der nächsten Schicht werden die bisher völlig unabhängig vom physikalischen Übertragsmedium definierten Daten zu Datenpaketen zusammengefasst, so dass sie über das Übertragungsmedium, hier Lichtwellenleiter, transportiert werden können.

Die unterste in **Abb. 7.7** dargestellte Schicht ist die Bitübertragungsschicht. Beispielhaft sind die oben bereits erwähnten Übertragungsmodes E3, FDDI und OC3 für die optische Übertragung aufgeführt.

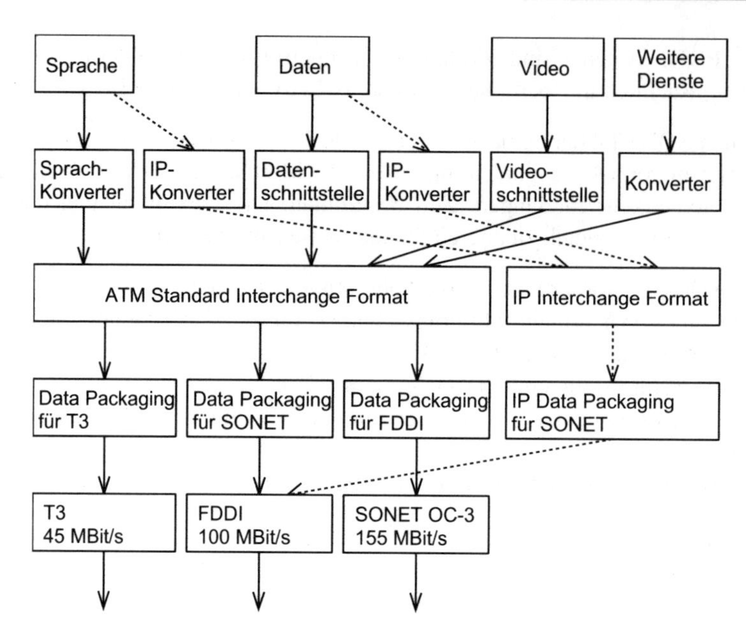

Abb. 7.7: *Schichten in optischen. Kommunikationsnetzen [22]*

Nach [22] erfolgt die Einteilung der Netzhierarchie in die Bereiche Zugangsnetz (lokal), regionales Netz und Fernnetz.

7.3 Leistungsbilanzen

Bei der Planung eines optischen Netzes und der Auslegung der Komponenten müssen folgende Gesichtspunkte in technischer und ökonomischer Hinsicht berücksichtigt werden:

- Optische Leistung der Lichtquelle (LED/Laserdiode)
- Koppelwirkungsgrad von der Lichtquelle (LED/Laserdiode) zum Lichtwellenleiter
- Verluste in Steckern bzw. Spleißen
- Verluste infolge der Verzweigung optischer Signale durch Koppler
- Dämpfung in Lichtwellenleitern
- Koppelwirkungsgrad vom Lichtwellenleiter zum Photodetektor
- Empfindlichkeit des Photoempfängers

Außerdem muss eine Dämpfungsreserve vorgesehen werden, um Alterung von Komponenten, Toleranzen sowie dem Einfluss eventueller Reparaturen (zusätzliche Spleiße) vorzubeugen. **Abb. 7.8** zeigt ein einfaches Beispiel mit typischen Dämpfungswerten.

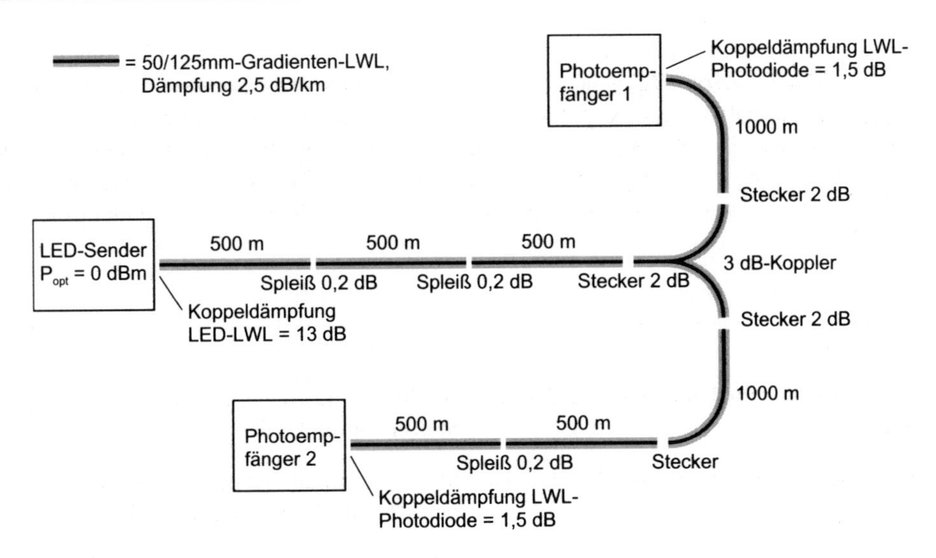

Abb. 7.8: Exemplarische Leistungsbilanzen einer einfachen Netzstruktur

Die Leistung am Photoempfänger 1 ergibt sich zu –28,15 dBm. Als Dämpfungsreserve werden üblicherweise zwischen 3 und 10 dB eingeplant. Nimmt man 6 dB Dämpfungsreserve an, so muss der Photoempfänger 1 eine Empfindlichkeit von –34,15 dBm aufweisen.

Die Leistung am Photoempfänger 2 ergibt sich zu –32,85 dBm. Nimmt man 6 dB Dämpfungsreserve an, so muss der Photoempfänger 1 eine Empfindlichkeit von –38,85 dBm aufweisen.

Bei hohen Bitraten und niedrigen Bitfehlerraten werden die Anforderungen an die Photoempfänger kritisch. In einer solchen Situation ist bei der Planung auch zu überprüfen, ob die Verwendung eines (teureren) Lasersenders, der eine Koppeldämpfung zum LWL von typischerweise nur 2 dB aufweist, in Kombination mit einfacheren Photoempfängern (PIN-Photodioden anstelle von APDs) zu einer ökonomischeren Gesamtlösung führt.

Wenn im zu planenden Netz sehr lange LWL-Strecken vorhanden sind, müssen gegebenenfalls auch optische Verstärker bzw. elektrooptische Repeater vorgesehen werden, um keine zu niedrigen Signal-/Rauschleistungsverhältnisse zu erhalten.

7.4 Bussysteme

Bussysteme, nicht zu verwechseln mit Busstrukturen optischer Netze, sind Kurzstreckensysteme, auf denen binäre Daten zwischen zwei oder mehreren Geräten übertragen werden. Man unterscheidet dabei unidirektionale und bidirektionale Systeme. Herkömmlicherweise werden Bussysteme als elektrische Übertragungssysteme realisiert.

Elektrische Bussysteme sind empfindlich gegenüber elektromagnetischer Einstrahlung. Ein unbefugtes Abhören der übertragenen Daten ist relativ einfach zu bewerkstelligen. Problematisch ist auch die galvanische Kopplung zwischen Sendern und Empfängern. Bei mobilen Anwendungen, z.B. in Fahrzeugen oder insbesondere in Flugzeugen kann das Gewicht der metallischen Leitungen zu eingeschränkter Verwendbarkeit führen. Diese Nachteile werden bei optischen Bussystemen vermieden. In **Tab. 7.2** sind eine Reihe von Anwendungsbeispielen aufgelistet.

Tab. 7.2: *Anwendungsbeispiele für optische Bussysteme*

Anwendung	Hauptvorteile
Datenübertragung in Fahrzeugen und Flugzeugen	Niedriges Gewicht, geringe Abmessungen, Störunempfindlichkeit
Vernetzung von Rechnern zu Parallelrechnersystemen	Störunempfindlichkeit, Galvanische Trennung, hohe Übertragungskapazität
Verbindungen zwischen Rechnern und Endgeräten	Störunempfindlichkeit, Galvanische Trennung, hohe Übertragungskapazität
Verbindungen auf und zwischen Leiterplatten	Störunempfindlichkeit, Galvanische Trennung, hohe Übertragungskapazität
Prozesssteuerung	Störunempfindlichkeit

Aus der Vielzahl der auf dem Markt befindlichen Bussystemen können hier nur einige Beispiele erläutert werden.

CAN = Controller Area Network ist ein sehr bekanntes serielles Bussystem, das hauptsächlich für die Vernetzung von Geräten, wie z.B. Aktoren und Sensoren im Auto entwickelt wurde. Das System wird aber auch in der Prozessleittechnik und auf anderen Gebieten häufig eingesetzt. CAN-Bussysteme können als elektrische Systeme mit Koaxialkabeln bzw. verdrillten Zweidrahtkabeln als Übertragungsmedien, als optische Systeme mit Glas- bzw. Kunststoff-LWL als Übertragungsmedien oder als Mischformen realisiert werden. Die maximale Datenrate liegt bei 1 Mbit/s, die maximale Reichweite bei 40 m. Das Bussystem ist echtzeitfähig und kostengünstig realisierbar.

Alleine für den Automobilbereich wurde eine Vielzahl von Bussystemen mit teilweise sehr spezieller Zielsetzung entwickelt. Beispiele sind: Vehicle Area Network (VAN), Standard Corporate Protocol (J1850), Automobile Bitserielle Universal Schnittstelle (ABUS), DIGITbus, Time Triggered Protocol (TTP), Domestic Digital Bus (D2B).

Beispielsweise wurde das Domestic Digital Bus-System, ein Bussystem mit Ringstruktur, ursprünglich von Philips zur Vernetzung und Steuerung von Audio- und Multimediakomponenten wie CD-Spieler, Telefon, Tuner, Audioverstärker im Auto entwickelt. Als Übertragungsmedium dienen Kunststoff-LWL. Das serielle Datenformat ist für die Übertragung von

Stereosignalen ausgelegt. Es erlaubt die Übertragung von drei 16-bit Stereokanälen in Echtzeit. Die Übertragungsbandbreite liegt bei 4,9 Mbit/s.

Das zur Zeit aktuellste Bussystem im Automobilbereich ist das MOST (Media Oriented Systems Transport). Es wird von einer Vielzahl großer Automobilshersteller eingesetzt.

MOST wurde als Standard von der MOST Cooperation definiert, mit dem Ziel, ein kostengünstig zu realisierendes Netzwerk zusammen mit einem Protokoll zur Übertragung von Multimediadaten im Automobil zu entwickeln. Zur Übertragung von Audio- und Videodaten kommt die allgemeine Telekommunikation hinzu, außerdem die Übertragung von Steuerdaten. Die Bitrate beträgt maximal 24,8 Mbit/s. Die Netzwerkstruktur ist nichtfestgelegt. Möglich sind Ring-, Doppelring-, Stern- oder Baumstrukturen, außerdem Kombinationen dieser Strukturen. Als Übertragungsmedium dienen Kunststoff-LWL.

Auch für Feldbusse gibt es Varianten mit optischen Übertragungsmedien. Beispiele sind der Interbus-S, der DIN-Messbus, der Profibus und der Bitbus.

8 Messgeräte und Messverfahren

Von einer Vielzahl von Messverfahren finden in der Praxis nur wenige zur Fehlersuche in optischen Netzen Anwendung. Die auf diesen Messverfahren basierenden Messgeräte haben die folgenden Einsatzgebiete:

- Kontrolle bei der Herstellung von optischen Komponenten
- Bestimmung der technischen Parameter von optischen Übertragungsstrecken nach der Einrichtung
- Auffinden von Funktionseinschränkungen

In [8] findet sich eine umfangreiche Zusammenstellung der Messverfahren und Messprinzipien. Hier sollen nur die wichtigsten Messverfahren beschrieben werden.

8.1 Dämpfungsmessung und Leistungsmessung

Viele Parameter von Lichtwellenleitern ändern sich nach der Herstellung nicht mehr oder nur geringfügig. Der Umwelteinfluss macht sich in optischen Netzen im wesentlichen bei den Parametern Dämpfung und Verlust an Lichtleistung bemerkbar. Ursachen liegen beispielsweise in:

- der Änderung der Luftfeuchtigkeit
- den Temperatureinflüssen
- den mechanischen Belastungen durch Zug oder Druck

Zusätzlich treten Beschädigungen an Fasern und Steckverbindern auf.

8.1.1 Rückschneide- und Einfügemethode

Die Rückschneidemethode ist eine einfache Methode zur Messung der Einfügedämpfung von Lichtleitfasern. An einem offenen Ende einer Faser ohne Steckverbinder wird die emittierte Lichtleistung gemessen. Die Lichtleitfaser wird danach um ein definiertes Stück eingekürzt und der Messvorgang unter gleichen Bedingungen wiederholt. Die Dämpfung, die dieses LWL-Stück bewirkte, wird anschließend aus den beiden Messwerten in Form der Leistungspegel in dB errechnet und pro Entfernung angegeben. Die Methode liefert genaue Ergebnisse, ist aber eine nicht zerstörungsfreie Prüfung. Ein weiterer Nachteil ist, dass auf beide Enden der Faser zugegriffen werden können muss. Diese Methode ist für bereits verlegte LWL-Kabel ungeeignet.

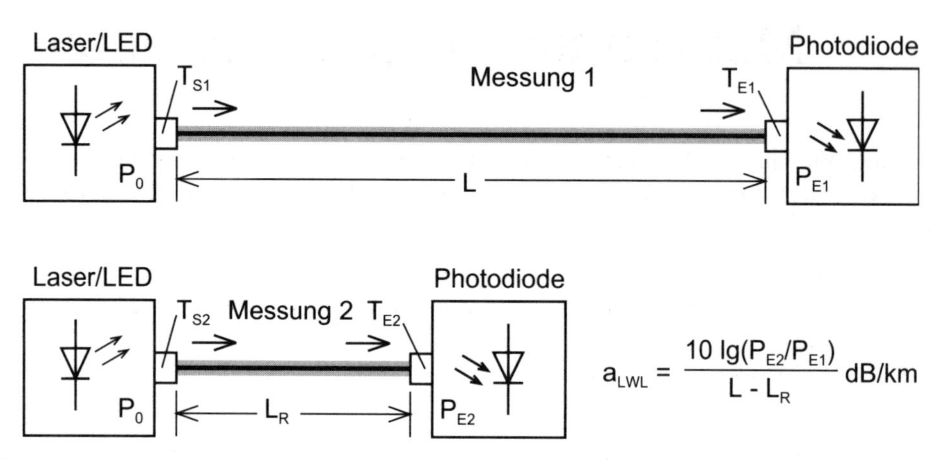

Abb. 8.1: Rückschneidemethode

Die Einfügemethode ist prinzipiell gleich der Rückschneidemethode. Der Unterschied besteht nur darin, dass die Faser nicht eingekürzt, sondern verlängert wird. Von großem Nachteil ist dabei, dass die Verbindungsstellen, an denen die Faser zur Verlängerung angebracht wird mit ihren Eigenschaften in die Messung eingeht. Zusätzlich bestehen die gleichen Nachteile wie bei der Rückschneidemethode.

8.1.2 Messung des Leistungspegels an konfektionierten LWL

Am Markt sind einfache Messgeräte für den Gebrauch bei der Installation von kurzen LWL (Gebäudeinstallation) verfügbar. Sie bestehen aus zwei getrennten Geräten, einem Sender und einem Empfänger. Der Sender stellt für die Messung ein Signal zur Verfügung, dessen Wellenlänge einstellbar ist. Die wählbaren Wellenlängen liegen im Bereich 780 nm bis 1550 nm. Das Empfängergerät ermöglicht eine Anzeige in dBm, also in Bezug auf 1mW Sendeleistung, oder relativ in Bezug auf einen konfektionierten vorher gemessenes Referenzlichtwellenleiter, der dann in Serie mit dem Prüfling gemessen wird.

Zusätzlich sind zur Messung der absoluten Signalleistung an einer beliebigen Stelle des LWL Geräte verfügbar, die mit Hilfe eines Faserkopplers eine Messung bei verschiedenen Wellenlängen ermöglichen, ohne die Faser zu trennen.

8.1.3 Rückstreumethode OTDR

Die Abkürzung OTDR steht für **O**ptical **T**ime **D**omaine **R**eflectometer. Ähnlich wie bei den Time Domain Reflektometern in der Kabeltechnik wird hier mit Hilfe der an Unstetigkeitsstellen der Brechzahl der Glasfaser entstehenden Reflektionen eines Eingangssignals der Lichtwellenleiter untersucht. Dieses Verfahren ist heute das wichtigste Messverfahren für Lichtwellenleiter in optischen Netzen. Ein großer Vorteil liegt darin, dass nur ein Ende des LWL für die Messung benötigt wird. Dabei spielen die eventuell schon angeschlossenen Steckverbinder keine Rolle. Prinzipiell werden zwei Typen unterschieden:

- Impulslaufzeitverfahren
- Laufzeitkorrelation

Die am Markt verfügbaren Messgeräte verwenden vorwiegend das Impulslaufzeitverfahren. Bei diesem Verfahren wird ein sehr kurzer Lichtimpuls einstellbarer und bekannter Zeitdauer in die zu prüfende Faser eingespeist. Das aus der Faser am selben Faserende austretende Lichtsignal wird als Funktion der Zeit gemessen. Dieses Lichtsignal setzt sich aus Teilen des Lichtimpulses zusammen, die entweder durch Reflexionen oder Rückstreuungen entstehen. Dieses physikalische Verhalten lässt sich mit der Rayleigh- und Fresnel-Reflexion erklären. Mit Hilfe der Laufzeit T und der Materialkonstanten n_{Medium} kann dann die Entfernung die jedem Punkt des Echos zugeordnet ist, berechnet werden. Bei konstanter Ausbreitungsgeschwindigkeit des Lichtes im LWL gilt:

$$x = \frac{c \cdot T}{2} \text{ mit } c = \frac{c_0}{n_{Medium}}$$

Die Formel berücksichtigt, dass das Lichtsignal den doppelten Weg zurücklegen muss.

Abb. 8.2 zeigt schematisch den Aufbau eines OTDR. Die Steuereinheit löst einen Lichtimpuls einstellbarer Zeitdauer der Laserdiode aus. Dieser Lichtimpuls wird über einen Richtkoppler und den Steckanschluss in die Faser geleitet. Das aus der Faser rückgestreute und reflektierte Licht trifft dann über den Richtkoppler auf den Photoempfänger. Das elektrische Ausgangssignal des Empfängers wird verstärkt und mit einem schnellen A/D-Wandler in ein digitales Signal gewandelt. Die Steuereinheit wertet nun das Verhalten des Echosignals aus. Bei einer Abtastrate von etwa 50 MHz können Längenauflösungen von etwa 2 m erreicht werden. Für Auflösungen mit kürzeren Längen werden nicht die Abtastraten erhöht, sondern Verfahren wie beim Sampling-Oszilloskop eingesetzt. Dabei werden zur Messung der Laufzeit mehrere Echos verwendet, wobei jedes Mal die Abtastung mit einer konstanten Verzögerungszeit gestartet wird. Es ergeben sich verschachtelte Abtastungen, die zur Verbesserung der Auflösung ausgenutzt werden. Zusätzlich können zur Verbesserung des Nutz- zu Rauschsignalverhältnisses noch die Mittelwerte der Endergebnisse bei Mehrfachmessungen gebildet werden. Weiterhin hat die Dauer des optischen Impulses Einfluss auf die erreichbare Wegauflösung.

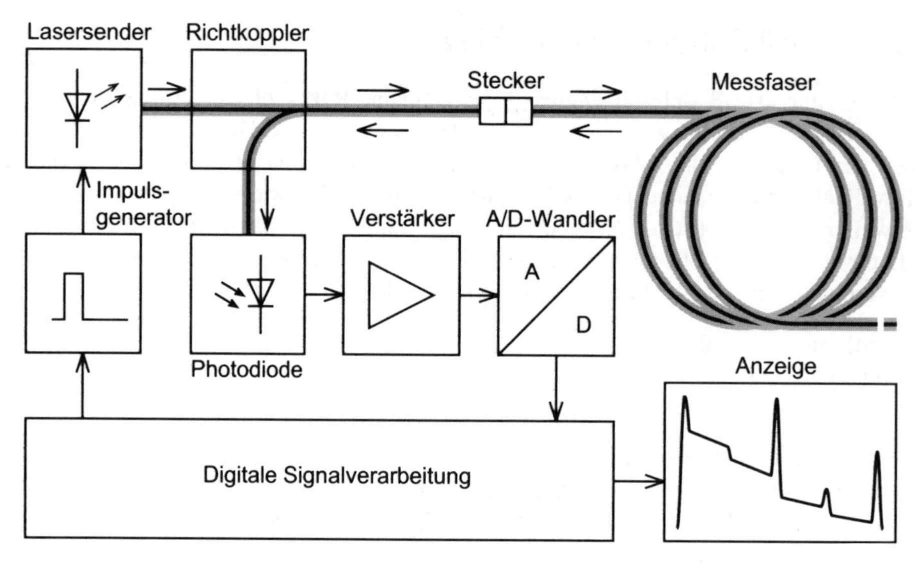

Abb. 8.2: Schematische Darstellung des OTDR-Funktionsprinzips

Abb. 8.3 zeigt einen typischen OTDR-Signalverlauf mit einer Anzeige in Metern

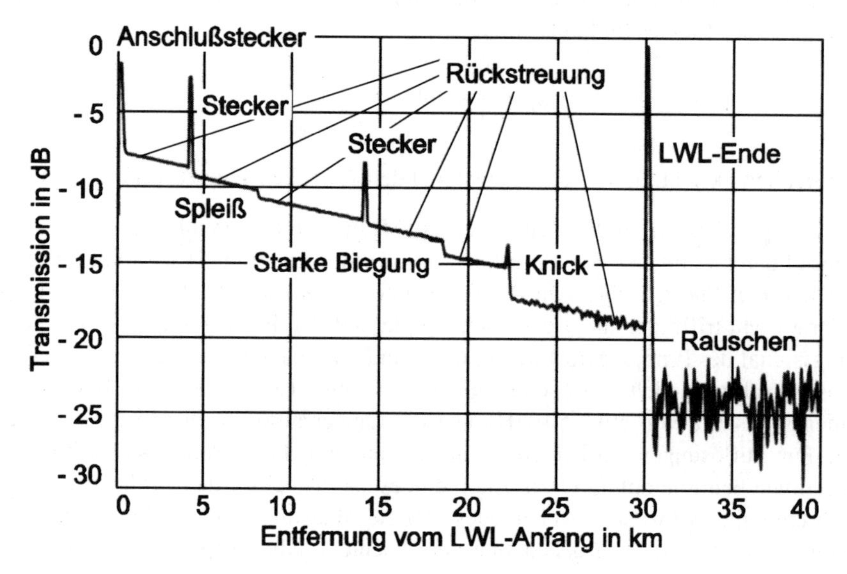

Abb. 8.3: Signalverlauf am OTDR

Bei neueren Geräten werden zusätzlich 2 weitere Wellenlängen für die Untersuchung von LWL-Strecken verwendet, die nicht für die Kommunikation eingesetzt werden:

- $\lambda = 1244\, nm$ zur Auffindung von Wassereinbrüchen
- $\lambda = 1625\, nm$ zur Diagnose während der Datenübertragung.

8.2 Dispersionsmessung

Wie schon in Kapitel 3.2.2 beschrieben treten drei Typen von Dispersionen in Lichtwellenleitern auf:

- Modendispersion
- Chromatische Dispersion
- Polarisationsdispersion

Alle drei Dispersionsarten verursachen einen Laufzeiteinfluss, der bei digitalen Übertragungssystemen zur Veränderung der Pulsform in Abhängigkeit der Zeit führt. Die Dispersion beschränkt durch die Verlängerung der Pulsbreite die Datenübertragungsrate. Die aufwendige Messtechnik, die im wesentlichen bei der Herstellung der Fasern benötigt wird, ist umfassend in [8] beschrieben.

8.3 Intensitätsmessung bei Freiraumübertragung

Die messtechnische Überprüfung von Freiraumstrecken ist allein wegen der topografischen Gegebenheiten schwierig. Bei größeren Strecken kann nur mit Hilfe eines Versuchsaufbaus, bestehend aus einer Strahlungsquelle mit einstellbarer Strahlungsintensität und einem Empfänger (evtl. einem zusätzlichem Reflektor), der Anteil der empfangenen Signalleistung gemessen werden.

Die Hersteller vermeiden diesen Zusatzaufwand, indem sie die Geräte zur Freiraumdatenübertragung mit zusätzlicher Messtechnik ausrüsten, die gleichzeitig die Inbetriebnahme vor Ort vereinfacht. Eine separate Messung wird vermieden. So lässt sich die Sendeleistung in Stufen einstellen und die Empfangsleistung messen. Die Anzeige erfolgt in dBm. Mit Hilfe einer elektronischen Steuerung reagiert das System automatisch auf Veränderungen der Übertragungsstrecke und passt die Sendeleistung an die Gegebenheiten an. Der einstellbare Leistungsbereich des Senders ergibt sich aus der Anwendungserfahrung der Hersteller mit ihren Systemen, die unterschiedliche Optiken verwenden.

8.4 Augendiagramm

Serielle digitale Signale setzen sich aus Bitfolgen zusammen. Die Zeit, die für jedes Bit zur Verfügung steht bestimmt der Takt. Bei einer $2{,}5\,\mathrm{GBit}$-Übertragung beträgt die Zeitdauer eines Bits demnach $400\,\mathrm{ps}$. Die Folge von Nullen und Einsen ist dabei der übertragenen

Information entsprechend zufällig. Zur Bewertung der Qualität der Übertragung zieht man wie in der Digitaltechnik üblich, die Übergänge zwischen den einzelnen logischen Zuständen heran. Sie sind für die sichere Unterscheidung zwischen Null und Eins wichtig. Die Bewertung gelingt einfach, wenn man mehrere zeitlich aufeinanderfolgende Signalabschnitte mit dem Bittakt triggert und übereinander legt (vgl. **Abb. 8.4** und **Abb. 9.6**).

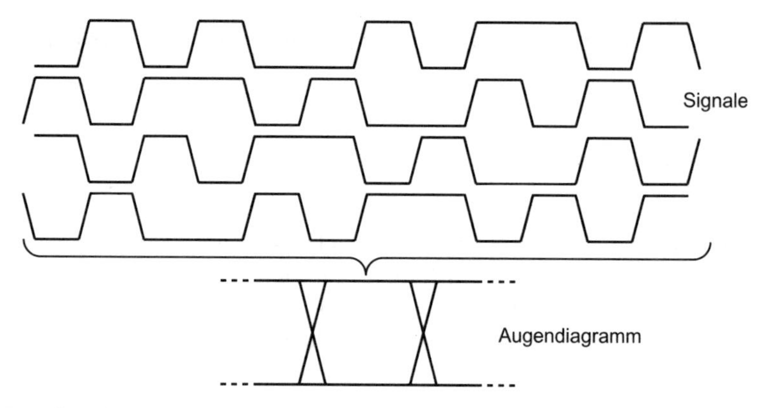

Abb. 8.4: *Entstehung des Augendiagramms*

Je größer die „Augenöffnung" ist, desto besser ist die Übertragung. Der Abtastzeitpunk am Empfänger muss innerhalb der Zeitdauer der „Augenöffnung" liegen. Die „Augenöffnung" wird beeinflusst durch:

- Schwankungen der Sendefrequenz
- Jitter bei der Taktwiederherstellung im Repeater
- Dispersion
- Dämpfung

Als Maß für die Störungsfreiheit definiert die DIN 40146, Teil 3 den Öffnungsgrad des Auges mit dem Verhältnis aus innerem zu äußerem Augendurchmesser.

8.5 Bitfehlermessung

Jede Form von Signalübertragung wird durch zufällige Störsignale wie Rauschen überlagert und damit gestört. Das gilt auch für die Übertragung optischer Signale. Es muss immer ein ausreichendes Verhältnis zwischen der Signal- und der Rauschleistung gewährleistet sein (SNR =Signal to Noise Ratio). Die Bitfehlerwahrscheinlichkeit wird errechnet aus dem Verhältnis der Anzahl der als fehlerhaft erkannten Bits zu der Anzahl der gesendeten Bits. Eine Messanordnung ist in [55] beschrieben. Dort wird auch der Zusammenhang zwischen der Bitfehlerwahrscheinlichkeit und dem SNR angegeben (vgl. 9.4.3).

9 Simulation optischer Netzwerke

(Dipl.-Ing. Jens Lenge, Universität Dortmund)

Optische Kommunikationssysteme mit sehr hohen Datenübertragungsraten erfordern wegen der ausgeprägten Sensibilität gegenüber Störeinflüssen und einer Vielzahl physikalischer Effekte eine präzise Planung und Dimensionierung. Speziell wegen der hohen Kosten für die benötigten Komponenten ist es vorteilhaft, wesentliche Teile der Auslegung anhand numerischer Simulationsrechnungen vorzunehmen.

So wird eine Kosten sparende Vorauswahl des Übertragungsverfahrens sowie der benötigten Komponenten und deren Eigenschaften ermöglicht. Die Leistungsfähigkeit des Systems kann bereits abgeschätzt und optimiert werden, bevor entsprechende Versuche im Labor durchgeführt werden. Aufwändige Testaufbauten können so auf Erfolg versprechende Varianten beschränkt werden, um Entwicklungszeit und -kosten einzusparen. Parallel zu praktischen Untersuchungen können begleitende Simulationsrechnungen eingesetzt werden, um durch die Optimierung der verbleibenden Parameter den letzten „Feinschliff" anzubringen.

Das folgende Kapitel gibt einen Überblick über wesentliche Gesichtspunkte und Techniken der computerbasierten Simulation optischer Kommunikationssysteme.

9.1 Anforderungen an die Simulation

Die Simulation optischer Netze zielt darauf ab, Aussagen über die Leistungsfähigkeit bzw. mögliche Schwachstellen und Grenzen zu erhalten, ohne eine physikalische Realisierung des Netzwerkes zu untersuchen. Es ist daher zwingend notwendig, alle für die Funktionsweise des Systems bedeutsamen Einflüsse und physikalischen Effekte hinreichend präzise zu berücksichtigen. Gleichzeitig müssen nicht nur isolierte Einzelkomponenten, sondern die Interaktion aller beteiligten Übertragungselemente erfasst werden, um Aussagen über das Gesamtsystem zu erzielen.

Für den praktischen Einsatz ist es zudem erforderlich, dass die Ergebnisse innerhalb überschaubarer Rechenzeiten erzielt werden. Nur so werden schnelle Vorabschätzungen und umfangreiche Variationsläufe möglich, um aus u. U. mehrdimensionalen Parameterräumen die optimale Konfiguration zu ermitteln.

Insbesondere die gegensätzlichen Anforderungen hoher Genauigkeit und geringer Rechenzeit erfordern flexible Simulationsmodelle. Je nachdem, welche Aspekte des Netzes von besonderem Interesse sind, können diese besonders detailliert nachgebildet und andere im Sinne einer beschleunigten Berechnung nur näherungsweise betrachtet werden. Je nach Anwender (Forscher, Komponentenentwickler, Systemingenieur, Netzbetreiber, ...) und konkreter Problemstellung kann der Fokus auf völlig unterschiedliche Komponenten, Systemeigenschaften oder physikalische Effekte gelegt werden. Um die mitunter stark variierenden Ansprüche geeignet zu berücksichtigen, können u. a. folgende Techniken eingesetzt werden:

- **Modelle unterschiedlicher Komplexität:** Die Komponenten optischer Systeme können zumeist mit unterschiedlichem Detailgrad modelliert werden, von einer stark vereinfachten „Black-Box"-Darstellung bis hin zur exakten physikalischen Beschreibung. So kann z. B. eine Laserdiode schnell mit Hilfe einer idealisierten Kennlinie oder exakt mittels Bilanz- und Ratengleichungen für Ladungsträger und Photonen beschrieben werden [1] [38]. Bietet ein Simulationssystem unterschiedlich komplexe Komponentenmodelle und erlaubt auch deren kombinierte Verwendung innerhalb derselben Simulation, so kann der Kompromiss aus Genauigkeit und Rechenzeit flexibel an die jeweilige Aufgabe angepasst werden.
- **Schnittstellen für benutzerspezifische Algorithmen:** In den Bereichen Forschung und Lehre sowie der Vorfeldentwicklung werden häufig neuartige Komponenten, Effekte und Netzkonzepte untersucht und erprobt, die u. U. in den vorhandenen Simulationsmodellen nicht oder nur unzureichend berücksichtigt werden. Für eine Simulation muss in solchen Fällen zunächst ein geeigneter Modellierungsansatz erarbeitet werden, der zumeist stark auf das untersuchte Problem zugeschnitten ist. Um dennoch von einer vorhandenen Simulationsumgebung profitieren zu können, sollte diese über Programmierschnittstellen verfügen, mit welchen unabhängig vom Hersteller eigene Algorithmen entwickelt und in das Programm integriert werden können. So kann der eigene Entwicklungsaufwand auf die neuen Gesichtspunkte beschränkt bleiben und ansonsten auf bekannte und bewährte Hilfsmittel zurückgegriffen werden.
- **Automatisierte Arbeitsabläufe:** Besonders in der industriellen Anwendung treten typische Aufgabenstellungen oft regelmäßig wiederkehrend auf. Es ist sehr vorteilhaft, die Abarbeitung solcher Aufgaben durch „intelligente" Algorithmen weitgehend zu automatisieren und den Benutzer so zu entlasten. So können z. B. beliebige Kombinationen einer Vielzahl veränderbarer Parameter automatisch berechnet und im Hinblick auf die resultierenden Systemeigenschaften ausgewertet werden, ohne dass der Benutzer zwischenzeitlich eingreifen oder manuelle Auswertungen vornehmen muss. Nach der Auswahl der zu variierenden Komponenten- oder Systemparameter sowie der zu beobachtenden Ergebnisse kann eine geeignete Automatik selbsttätig alle relevanten Abhängigkeiten ermitteln und optimale Wertekombinationen für maximale Systemgüte bzw. Robustheit gegenüber Parameterschwankungen anbieten.

Nach den allgemeineren Betrachtungen wird im Folgenden auf konkrete Simulationstechniken eingegangen.

9.2 Simulationsmethoden und Signaldarstellung

Bei der Modellierung optischer Netze werden zwei prinzipiell verschiedene Methoden unterschieden: Die parametrische Analyse und die numerische Simulation. Beide Verfahren können isoliert eingesetzt oder miteinander kombiniert werden, indem z. B. parametrische Ergebnisse zur Initialisierung numerischer Rechnungen eingesetzt werden. Auch können bestimmte Rauschanteile in der Regel sehr effizient separat neben dem diskretisierten Signalverlauf betrachtet und analytisch behandelt werden.

9.2.1 Parametrische Analyse

Bei parametrischen Verfahren werden keine diskretisierten Signalverläufe betrachtet, sondern die Signale in vereinfachter parametrisierter Form beschrieben. Im Fall eines WDM-Systems (Wavelength Division Multiplexing) werden mehrere Signalkanäle mit unterschiedlichen Trägerfrequenzen auf der gleichen Glasfaser übertragen.

Eine parametrische Beschreibung der Signale beinhaltet die Trägerfrequenz, Bandbreite und mittlere Leistung der einzelnen Kanäle sowie zusätzliche Informationen z. B. über das verwendete Modulationsschema. Für amplitudenmodulierte Binärsignale können dies etwa die Extinktion, die Pulsform und die Codierung (NRZ, RZ, duobinär, ...) sein. Breitbandiges Rauschen wird zweckmäßig als grob abgetastete Leistungsdichte im Frequenzbereich erfasst. **Abb. 9.1** illustriert die parametrische Beschreibung eines WDM-Signals.

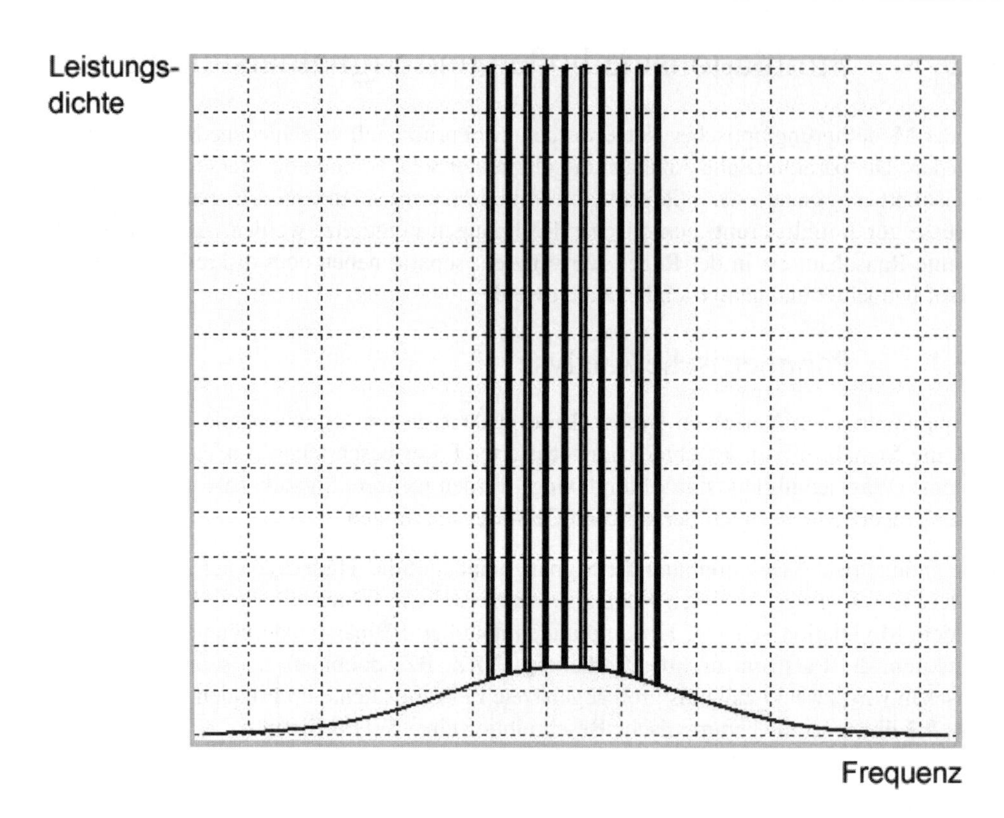

Abb. 9.1: Parametrische Beschreibung von WDM-Signalen

Ein Simulationslauf berücksichtigt alle Komponenten der beteiligten Übertragungsstrecken und passt an jeder Stelle die parametrische Signalbeschreibung an. Im einfachsten Fall werden den Signalpegeln die durch jede Komponente verursachte Dämpfung bzw. Verstärkung hinzugefügt sowie deren Rauschverhalten berücksichtigt. Je nach Komponente müssen auch die übrigen Parameter aktualisiert werden.

Die parametrische Analyse bietet den Vorteil einer sehr hohen Effizienz, da keine diskretisierten Signalverläufe errechnet werden müssen. Sie kann jedoch keine komplexen Effekte und Signalverzerrungen nachbilden. Insbesondere Einflüsse des Modulationsverfahrens, der Pulsform und der Bitmuster können in der Regel nicht bzw. nur näherungsweise unter Zuhilfenahme von Erfahrungsdaten und -regeln einbezogen werden, die aus numerischen Simulationsläufen gewonnen wurden.

Die Genauigkeit der parametrischen Analyse liegt prinzipbedingt unter der numerischer Simulationen. Sie ermöglicht jedoch eine sehr schnelle Abschätzung des Leistungsbudgets an allen Stellen im Netzwerk und ist daher für einen schnellen Überblick gut geeignet. Degradationsmaße wie der optische Signalstörabstand (*Optical Signal to Noise Ratio*, OSNR) können ebenfalls ermittelt werden. Mit der (gravierenden) Einschränkung, dass keine Signalverzerrungen berücksichtigt werden, sind darüber hinaus auch grobe Abschätzungen der Augenöffnung, des Q-Faktors und der Bitfehlerrate möglich.

9.2.2 Numerische Simulation

Sind exaktere zeit- bzw. frequenzabhängige Betrachtungen erforderlich, so kann ein rein parametrischer Ansatz dies nicht mehr leisten. In diesem Fall werden numerische Simulationsverfahren eingesetzt.

Das zeittransiente Signal $s(t)$ wird als elektrisches Feld $E(t)$ beschrieben, das auf die optische Leistung $P(t)$ normiert und auf eine Referenzfrequenz f_0 bezogen ist:

$$s(t) = \sqrt{P(t)} \cdot \mathrm{e}^{j\varphi(t)}$$
$$E(t) = s(t) \cdot \mathrm{e}^{j2\pi f_0 \cdot t} = \sqrt{P(t)} \cdot \mathrm{e}^{j(2\pi f_0 t + \varphi(t))}$$

Diese Darstellung entspricht formal einer Signalbeschreibung als Einhüllende im komplexen Basisband. Dabei ist jedoch zu beachten, dass die Simulationsmittenfrequenz f_0 eine willkürlich gewählte Größe ist, die nicht zwingend der Trägerfrequenz eines Signalkanals entspricht.

Das Signal $s(t)$ wird äquidistant mit der Zeitschrittweite Δt abgetastet und beschreibt im Frequenzbereich ein Fenster der Breite F, das um f_0 zentriert ist. Mit Hilfe diskreter Fouriertransformationen kann das abgetastete Signal nun je nach Bedarf im Zeit- oder Frequenzbereich betrachtet werden. Sollen polarisationsabhängige Effekte betrachtet werden, so müssen beide Polarisationsebenen separat abgetastet und deren Wechselwirkungen in der Simulation berücksichtigt werden.

9.2.3 Total Field Approach und Seperated Channels

Für die Signalbeschreibung in WDM-Systemen stehen zwei unterschiedliche Varianten zur Verfügung:

- Beim *Total Field Approach* wird das gesamte zu untersuchende Frequenzfenster inklusive aller enthaltenen WDM-Kanäle mit Hilfe eines einzigen diskreten Signals $s(t)$ beschrieben.
- Der *Separated-Channels*-Ansatz verwendet separate Signalbeschreibungen $s_{1...N}(t)$ für die einzelnen WDM-Kanäle. Zusätzlich wird breitbandiges Rauschen in Form einer grob abgetasteten Leistungsdichte im Frequenzbereich beschrieben (ähnlich der parametrischen Analyse).

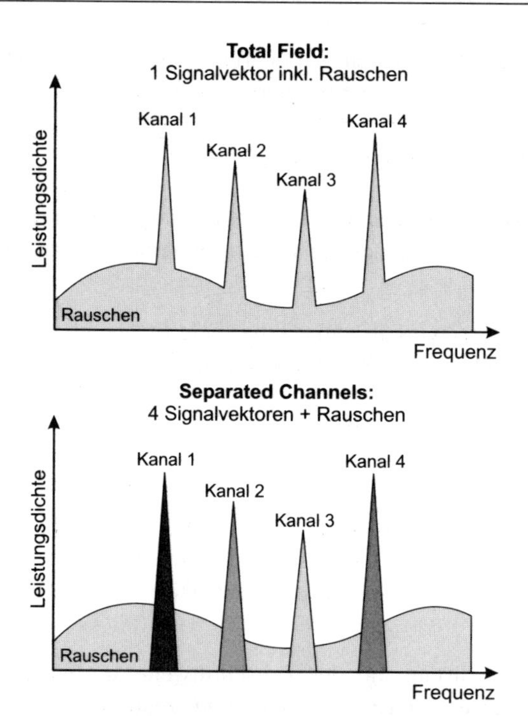

Abb. 9.2: Signalbeschreibung für Total Field Approach und Separated Channels

Abb. 9.2 illustriert beide Verfahren. Der spezifische Vorteil des Total Field Approach ist die automatische Erfassung von kanalübergreifenden Effekten und der gegenseitigen Beeinflussung verschiedener Kanäle (Interkanaleffekte) sowie der Wechselwirkung mit Rauschanteilen, ohne dass dies zusätzlichen Rechenaufwand erfordert – jedes Komponentenmodell im Netz muss nur einen einzigen Signalvektor behandeln. Nachteilig ist jedoch, dass das gesamte Frequenzfenster inklusive aller Kanäle und Zwischenräume hinreichend fein abgetastet werden muss, so dass u. U. große Datenmengen verarbeitet werden müssen.

Die Separated-Channels-Methode erfordert, dass jede Komponente mehrere getrennte Signalvektoren prozessiert. Bei deren isolierter Behandlung können zunächst nur Effekte innerhalb der Kanalbandbreite (Intrakanaleffekte) betrachtet werden; die Einbeziehung breitbandiger Einflüsse und gegenseitiger Wechselwirkungen ist nur mit zusätzlichem Rechenaufwand möglich. Vorteilhaft ist jedoch, dass „ungenutzte" Frequenzbereiche nicht fein diskretisiert werden müssen und die zu berechnende Datenmenge oft deutlich reduziert wird. Speziell für die detaillierte Untersuchung von Glasfasern erlaubt es der Separated-Channels-Ansatz, einzelne Effekte gezielt „an- bzw. abzuschalten" (bzw. in der Berechnung zu vernachlässigen), um deren Wirkung isoliert betrachten zu können.

9.2.4 Zyklische und lineare Faltung

Ein prinzipielles Problem bei der Simulation längerer Bitsequenzen besteht darin, dass aufgrund des limitierten Speichers und der verfügbaren Rechenzeit immer nur ein begrenzter Ausschnitt am Stück betrachtet werden kann. In der Regel werden mehrere Signalblöcke hintereinander prozessiert, um das gesamte Signal darzustellen. Die sequentielle Handhabung der Blöcke kann jedoch bei der Berechnung linearer Netzkomponenten problematisch sein, die durch eine Impulsantwort $h(t)$ beschrieben werden.

Anstelle einer Faltung von $s(t)$ mit $h(t)$ im Zeitbereich ist es in aller Regel recheneffizienter, das Signal per FFT-Algorithmus (*Fast Fourier Transform*) in den Frequenzbereich zu transformieren und mit der Übertragungsfunktion $H(f)$ zu multiplizieren. Die FFT setzt jedoch implizit ein periodisches Signal voraus und beinhaltet bei Anwendung auf einen einzelnen Block bereits (unzutreffende) Annahmen über den vorangehenden und zukünftigen Signalverlauf. Als Folge können erhebliche Signalverzerrungen durch Aliaseffekte auftreten. Speziell wenn der betrachtete Signalblock nicht stetig fortsetzbar ist, werden starke künstliche Frequenzanteile erzeugt. **Abb. 9.3** illustriert die Verzerrungen infolge einer segmentierten Faltung. Als geeignete Gegenmaßnahmen stehen zwei unterschiedliche Wege zur Verfügung:

- Bei der *zyklischen* Verarbeitung wird die Segmentierung des Signals prinzipiell beibehalten. Es kommt der normale FFT-Algorithmus zur Anwendung, die einzelnen Blöcke werden jedoch zur Verringerung der Störungen geeignet angepasst.
- Die *lineare* Verarbeitung verwendet spezielle Algorithmen zur Blockverarbeitung, um die Segmentierung der Signalfolge auszugleichen und den resultierenden Fehler zu vermeiden.

Bei zyklischer Verarbeitung müssen die einzelnen Signalblöcke jeweils periodisch fortsetzbar gestaltet werden, um künstlich erzeugte Frequenzanteile zu verringern. Dafür muss die Blocklänge zwingend einer ganzzahligen Anzahl an Übertragungssymbolen (Bits) entsprechen, und der Signalverlauf muss so angepasst werden, dass Betrag und Phase zwischen Blockende und -anfang stetig verlaufen (z. B. durch Modifikation der Pulsflanken oder Einfügen zusätzlicher „Füllbits“ an beiden Enden).

Vorteile der zyklischen Verarbeitung:

- Der wesentliche Vorteil dieses Ansatzes liegt darin, dass der FFT-Algorithmus ohne zusätzlichen Speicher- und Rechenaufwand eingesetzt werden kann.
- Aufgrund des zyklischen Charakters jedes separaten Blocks führen Gruppenlaufzeiten zu einem zyklischen Versatz des Spektrums, nicht aber zu blockübergreifenden Signalverzögerungen.

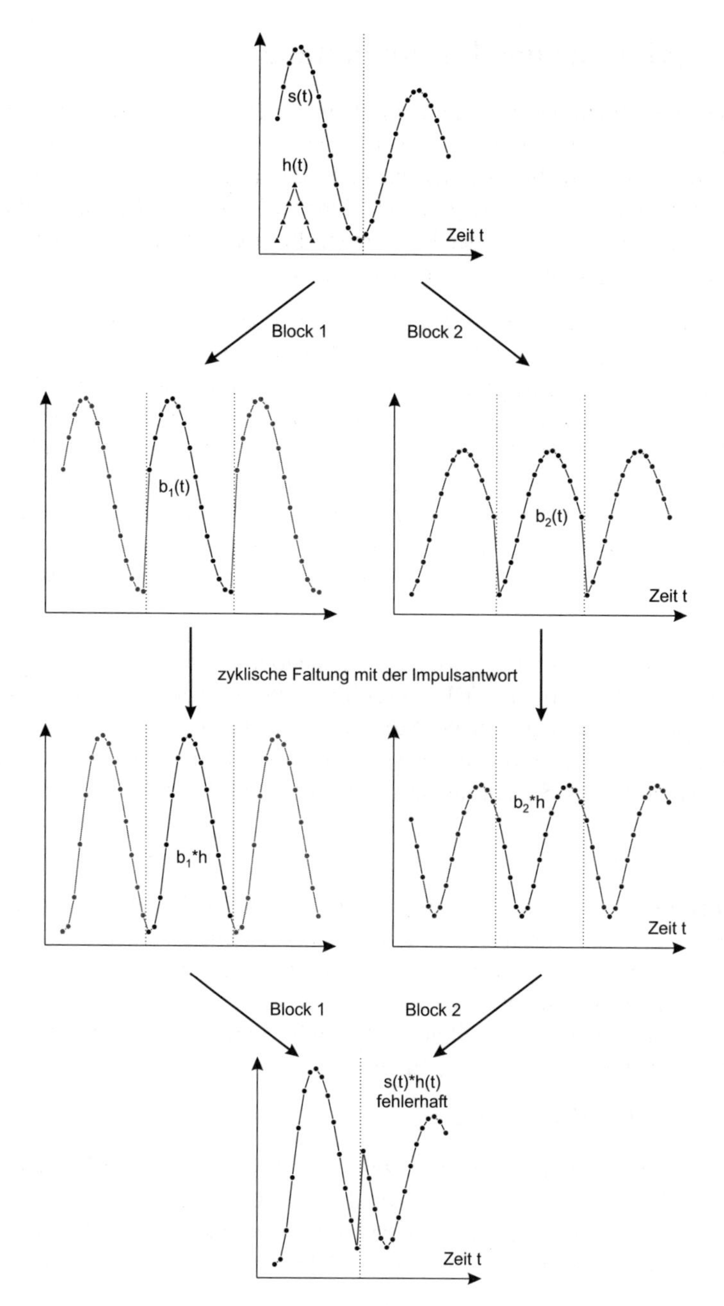

Abb. 9.3: *Künstliche Signalverzerrung durch segmentierte Faltung*

- Die Übertragungsfunktion kann nichtkausal bzw. verzögerungsfrei (ohne linearphasigen Anteil) angesetzt werden, ohne das Signal durch Einschwingvorgänge zu verfälschen.

Nachteile der zyklischen Verarbeitung:

- Problematisch werden kann u. U. die Änderung des ursprünglichen Signalverlaufs durch die Blockanpassung.
- Die Berechnung sequenzieller Blöcke repräsentiert effektiv nicht die Simulation einer durchgehenden Bitsequenz, sondern die Mittelung separater Simulationen mit jeweils einem periodisch fortgesetzten Block.
- Das numerische Einbeziehen statistischer Rauschprozesse ist schwierig, da die Periodizität über die Blocklänge einer unphysikalischen zeitlichen Korrelation entspricht.
- Das Übertragungsverhalten einzelner Netzkomponenten (z. B. Ratengleichungsmodelle) kann die zyklische Stetigkeit beeinträchtigen oder die Periodizität aufheben, so dass der Signalverlauf u. U. mehrmals angepasst (und damit verfälscht) werden muss.

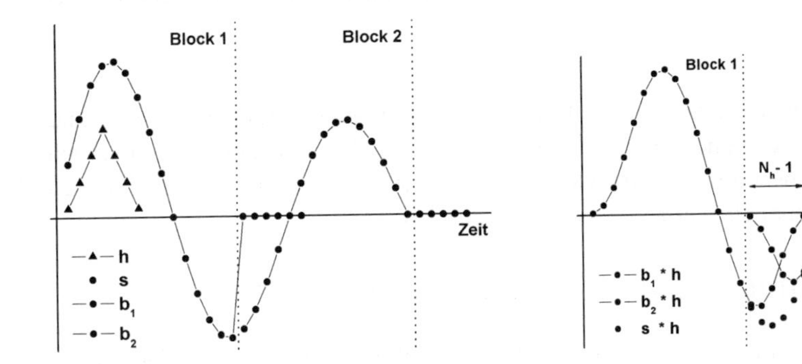

Abb. 9.4: *Segmentierte Faltung mittels „Overlap And Add"*

Bei der linearen Verarbeitung kann das Verhältnis von Symboldauer und der Blocklänge weitgehend frei gewählt werden, und es erfolgt keine Anpassung des Signalverlaufs. Stattdessen wird ein Algorithmus zur aliasfreien segmentierten Faltung verwendet, z. B. das *Overlap-And-Add*-Verfahren nach **Abb. 9.4** [28]: Ein Block der Größe N_s wird mit Nullelementen auf die minimale Größe $N_s + N_h - 1$ aufgefüllt (N_h ist die Länge der diskreten Impulsantwort $h(t)$), dann erst erfolgen die Anwendung der FFT und die Multiplikation mit $H(f)$. Nach der Rücktransformation in den Zeitbereich (inverse FFT) werden die ersten N_s Werte als Ausgangssignal an die folgenden Komponenten weitergereicht; die übrigen Werte werden zwischengespeichert und zum Ausgangssignal des jeweils nächsten Blocks addiert.

Vorteile der linearen Verarbeitung:

- Die lineare Verarbeitung ermöglicht die segmentierte Simulation langer Signalfolgen ohne Veränderungen bzw. unphysikalische Verfälschungen des Signalverlaufs.
- Der Signalverlauf wird als Ganzes berücksichtigt, nicht in Form isolierter Teilsignale.

- Statistisches Rauschen kann über viele Blöcke hinweg ohne zeitliche Korrelation numerisch behandelt werden.
- Das Verfahren wird nicht durch Komponenten beeinträchtigt, die z. B. Ratengleichungsmodelle verwenden oder nichtzyklische Ausgangssignale erzeugen.

Nachteile der linearen Verarbeitung:

- Das Verfahren erfordert u. U. einen erheblichen zusätzlichen Speicher- und Rechenaufwand.
- Gruppenlaufzeiten können sich zu blockübergreifenden Signalverzögerungen aufsummieren, so dass am Ende einer Übertragungsstrecke erst nach einigen Blöcken ein gültiges Signal vorliegt.
- Zur Verringerung von Einschwingvorgängen müssen kausale Übertragungsfunktionen mit $h(t<0) = 0$ angesetzt werden, so dass die physikalische Signalverzögerung nicht vernachlässigt werden darf.

Je nach Anforderung (Rechenzeit bzw. Genauigkeit) kann sowohl die zyklische als auch die lineare Faltung eine geeignete Simulationsmethode sein. Speziell bei der Berechnung von Glasfasern (siehe Abschnitt 9.3) mit vielen linearen Einzelsegmenten ist die zyklische Faltung oft mit erheblicher Rechenzeitersparnis verbunden.

9.2.5 Kombinierte und semianalytische Analyse

Eine parametrische Analyse kann in Verbindung mit numerischen Simulationen genutzt werden, um z. B. die Komponentenmodelle vorab an die zu erwartenden Signalpegel anzupassen und so Einschwingvorgänge zu minimieren. Zur weiteren Einsparung wertvoller Rechenzeit kann es überdies sinnvoll sein, nur markante Signalkanäle repräsentativ numerisch zu erfassen und die übrigen in parametrischer Form zu behandeln.

Speziell zur Begrenzung der numerischen Simulationsbandbreite und zur leichteren Handhabung ist es häufig zweckmäßig, Rauscheffekte in numerischen Simulationen auszusparen und mit Hilfe analytischer Verfahren einzubeziehen (semianalytische Analyse). Dabei werden Signalverzerrungen typisch numerisch ermittelt, während Rauscheffekte durch charakteristische Wahrscheinlichkeitsdichtefunktionen beschrieben werden.

9.3 Simulation optischer Fasern

Das Kernstück bei der numerischen Simulation optischer Kommunikationssysteme bildet die Modellierung optischer Glasfasern. Als das zentrale Übertragungsmedium stellen diese die wesentlichste Komponente optischer Netze dar, sind aber gleichzeitig wegen des starken Einflusses nichtlinearer Effekte und der großen Längenausdehnung besonders anspruchsvoll nachzubilden.

Der technisch bedeutsamste Fasertyp für hochbitratige Übertragung ist die Einmodenfaser (*Single Mode Fiber*, SMF) mit Stufenprofil. Mathematisch lässt sich die Signalausbreitung auf diesem Fasertyp durch die nichtlineare Schrödingergleichung (*Nonlinear Schrödinger Equation*, NLSE) beschreiben. Bei Vernachlässigung von Polarisationsabhängigkeiten und Mehrkanaleffekten folgt die Amplitude A der Signaleinhüllenden an der Position z zur Zeit t dem Zusammenhang

$$j\frac{\partial A}{\partial z} - \frac{1}{2}\frac{\partial^2 \beta}{\partial \omega^2}\bigg|_{\omega=\omega_0} \frac{\partial^2 A}{\partial T^2} + j\frac{\alpha}{2}A + \gamma|A|^2 A = 0 \qquad \text{mit} \quad T = t - \frac{z}{v_g}$$

mit der imaginären Zahl j, der Phasenkonstante β, der Trägerfrequenz ω_0, der Faserdämpfung α, dem nichtlinearen Parameter γ und der Gruppengeschwindigkeit v_g. Da keine direkte analytische Lösung verfügbar ist, erfolgt die Berechnung mit Hilfe numerischer oder semianalytischer Näherungsverfahren.

Die bekannteste Methode ist der *Split-Step*-Algorithmus [2]. Dessen Grundansatz ist die Separation der Gleichung in einen signalunabhängigen linearen Operator $\mathbf{L}$ und einen signalabhängigen nichtlinearen Operator $\mathbf{N}(A)$:

$$\frac{\partial}{\partial z}A(z,T) = \{\mathbf{L} + \mathbf{N}(A)\} \cdot A(z,T)$$

Eine Approximation der Lösung lässt sich durch die unabhängige Lösung beider Operatoren entlang eines Intervalls Δz erzielen:

$$A(z+\Delta z,T) \approx \exp(\mathbf{L}\cdot\Delta z)\cdot\exp\left(\int_z^{z+\Delta z}\mathbf{N}(A(\tilde{z},T))\,d\tilde{z}\right)\cdot A(z,T)$$

Der Fehler der Approximation ist maßgeblich von der Länge der Schrittweite Δz anhängig, entlang derer die linearen und nichtlinearen Anteile jeweils voneinander unabhängig betrachtet werden. Erst am Ende eines jeden Rechenschritts wird die Wechselwirkung beider Operatoren berücksichtigt. Als grundsätzliche Eigenschaften der Split-Step-Methode ergeben sich:

- Das Verfahren erfordert eine Diskretisierung der Faser in Ausbreitungsrichtung *(z)*. Die Länge der Schrittweiten Δz hat wesentlichen Einfluss auf die Genauigkeit der Ergebnisse.
- Wegen der gegenseitigen Beeinflussung von linearem und nichtlinearem Anteil muss auch der lineare Anteil für jeden Ausbreitungsschritt separat gelöst werden und kann nicht für die ganze Faserlänge am Stück erfolgen. Dies kann speziell beim Einsatz einer linearen Faltung einen erheblichen Aufwand erfordern.
- Der Einfluss nichtlinearer Effekte ist stark von der optischen Signalleistung abhängig und wird typisch zum Ende der Faser hin stetig geringer, da das Signal infolge der Dämpfung an Leistung verliert. Es kann daher zweckmäßig sein, die Länge der Schrittweiten Δz entlang der Faser leistungsabhängig zu variieren.
- Bei niedriger Signalleistung (typisch etwa < 0 dBm) kann die Faser in guter Näherung als linear angenommen werden. In diesem Fall wird der Operator $\mathbf{N}$ vernachlässigt, eine

Längsdiskretisierung ist nicht mehr erforderlich und die Berechnung kann in einem einzigen Schritt erfolgen.

Im Rahmen dieses Kapitels sind nur Grundzüge des Split-Step-Verfahrens umrissen. In der Literatur wurden eine Reihe unterschiedlicher Varianten und Erweiterungen vorgeschlagen, um den Approximationsfehler zu minimieren, zusätzliche Effekte zu berücksichtigen und die numerische Berechnung möglichst effizient zu gestalten, z. B. in [2] [39] [40].

9.4 Methoden zur Systembewertung

Numerische Simulationsmodelle operieren mit abgetasteten Signalfolgen. Zur Bewertung der Übertragungsqualität bzw. der Systemeigenschaften werden in der Regel Gütemaße herangezogen, die zunächst aus dem Empfangssignal ermittelt werden müssen.

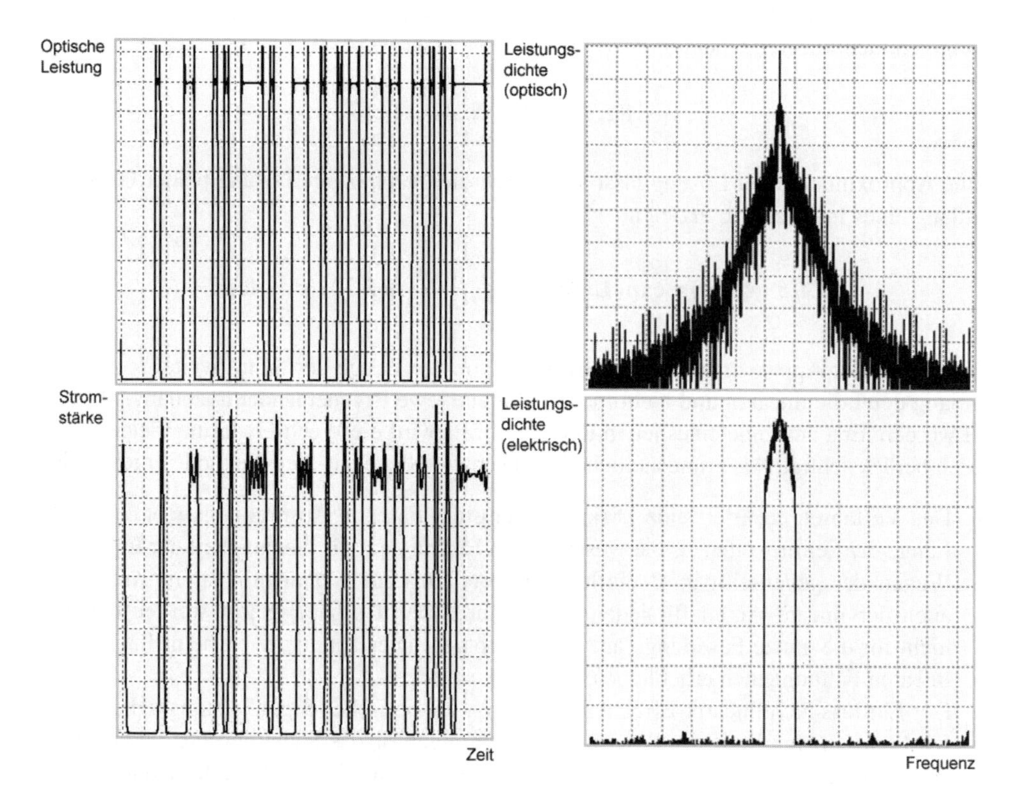

Abb. 9.5: Direkte Visualisierung von Signalen: Optisch (oben) und elektrisch (unten) bzw. Zeit-(links) und Frequenzbereich (rechts)

9.4.1 Direkte Visualisierung

Mit Hilfe von Oszillographen und Spektrographen können Signale im Zeit- und Frequenzbereich visualisiert und dem ursprünglich eingespeisten Signal (*Back To Back*, BTB) gegenübergestellt werden (**Abb. 9.5**), um Aussagen über die Signalqualität zu erhalten. Im Gegensatz zu realen Laborgeräten ist es in der Simulation einfach möglich, direkt die optischen Signale mit Betrag und Phase darzustellen. Reale Messinstrumente können hingegen nur elektrische Signale darstellen und müssen somit einen Empfänger mit optisch-elektrischer Wandlung vorschalten. Dieser beeinflusst jedoch infolge der begrenzten Bandbreite sowie die Unempfindlichkeit für die optische Phase seinerseits den Signalverlauf.

9.4.2 Augendiagramm

Augendiagramme entstehen, wenn eine Vielzahl empfangener Einzelpulse (Bits) im Oszillographen übereinander gelegt werden (**Abb. 9.6**).

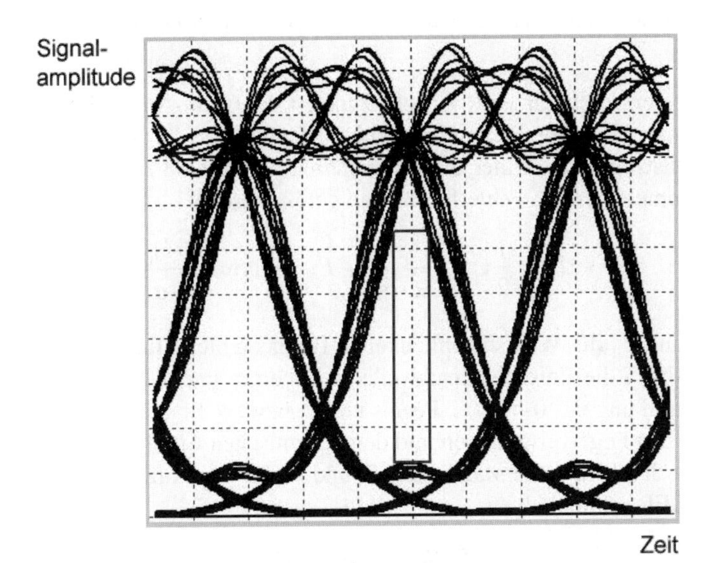

Abb. 9.6: *Augendiagramm am Empfänger*

Das Diagramm akkumuliert die Verzerrungen der Pulse und bildet so eine charakteristische „Augenöffnung" (*Eye Opening*, EO), deren Größe und Form Aussagen über den Grad der Signalverzerrung und die Empfangbarkeit des Signals ermöglicht. Die Art der Verzerrung lässt zusätzlich Rückschlüsse auf die ausschlaggebenden Störeffekte zu. Das Verhältnis der Augenöffnung am Empfänger zu der am Sender, bezogen auf die gleiche mittlere Leistung, wird als *Eye Opening Penalty* (EOP) bezeichnet und stellt eine wichtige Kenngröße der Übertragung dar.

Zur Auswertung eines Augendiagrammes kann ein Rechteck derart in die Augenöffnung gelegt werden, dass bei vorgegebener minimaler Breite b die Höhe h des Rechtecks maximiert wird. b entspricht dann der zeitlichen Schwankung (*Jitter*) des Abtastzeitpunktes am 0/1-Entscheider, h der erzielbaren Augenöffnung. Die Mitte des Rechtecks markiert dann horizontal den optimalen Abtastzeitpunkt und vertikal die optimale Schwelle zur Unterscheidung von 0- und 1-Bits.

9.4.3 Abschätzung der Bitfehlerrate

Eines der wesentlichen Kriterien zur Bewertung der optischen Übertragung binärer Signale ist die Bitfehlerrate (*Bit Error Rate*, BER) (vgl. Abschn. 8.5), d. h. die Wahrscheinlichkeit, dass ein gesendetes Bit am Empfänger falsch erkannt wird. Typisch werden BER-Werte $\leq 10^{-9}$ bzw. $\leq 10^{-12}$ gefordert. In der Simulation macht diese Größenordnung ein sog. Monte-Carlo-Verfahren, d. h. das tatsächliche Zählen falsch erkannter Bits, praktisch unmöglich. Es steht in aller Regel nicht annähernd genügend Rechenleistung bzw. -zeit zur Verfügung, um derartig viele Bits komplett zu simulieren. Daher sind Verfahren notwendig, um die Bitfehlerrate auch anhand deutlich weniger simulierter Bits (Bereich $10^{1\ldots3}$) abzuschätzen.

Ein klassisches Verfahren zur BER-Abschätzung ist die Gauß-Approximation, d. h. die Annahme gaußförmig verteilter Wahrscheinlichkeitsdichten für die Signalpegel der 0- und 1-Werte zum Abtastzeitpunkt. Unter dieser Annahme können die Fehlerwahrscheinlichkeiten analytisch als komplementäre Fehlerfunktionen gelöst werden:

$$P_{e0} = \frac{1}{2}\operatorname{erfc}\frac{S - m_0}{\sqrt{2}\cdot\sigma_0}, \quad P_{e1} = \frac{1}{2}\operatorname{erfc}\frac{S - m_1}{\sqrt{2}\cdot\sigma_1}$$

Dabei sind P_{e0} und P_{e1} die Wahrscheinlichkeiten für das fehlerhafte Erkennen eines gesendeten 0- bzw. 1-Bits, S die Entscheiderschwelle zwischen 0- und 1-Wert, m_0 bzw. m_1 das erste Moment der Verteilung des 0- bzw. 1-Pegels und σ_0 bzw. σ_1 Standardabweichungen, die sich quadratisch aus den Pegelverteilungen und dem thermischen Empfängerrauschen zusammensetzen [15]. Mit den Wahrscheinlichkeiten P_0 und P_1 für das Auftreten einer 0 bzw. einer 1 ergibt sich die BER schließlich zu

$$BER = P_0 P_{e0} + P_1 P_{e1}.$$

Neben der Gauß-Approximation existieren noch weitere Abschätzungsmethoden für die Bitfehlerwahrscheinlichkeit, z. B. die *Tail Extrapolation* [28].

9.5 Das Simulationssystem PHOTOSS als Beispiel

Das Softwarepaket PHOTOSS (*Photonic System Simulator*) (**Abb. 9.7**) wurde in Kooperation mit dem Lehrstuhl für Hochfrequenztechnik der Universität Dortmund entwickelt und wird seit einigen Jahren kommerziell angeboten. Es handelt sich um ein Simulationssystem für optische Systeme und Netzwerke auf der physikalischen Ebene. Das Programm liegt aktuell in der dritten Generation vor, setzt die im Rahmen dieses Kapitels vorgestellten Techniken um und geht z. T. weit darüber hinaus. Eine Testversion für eigene nichtkommerzielle Untersuchungen liegt diesem Buch bei. Die Arbeitsweise und Benutzung des Programms ist in der auf der CD enthaltenen Dokumentation sowie der programminternen Online-Hilfe ausführlich dargestellt. Als Ansprechpartner für weitergehende Informationen und den kommerziellen Vertrieb der Software steht die Internetadresse www.photoss.de zur Verfügung.

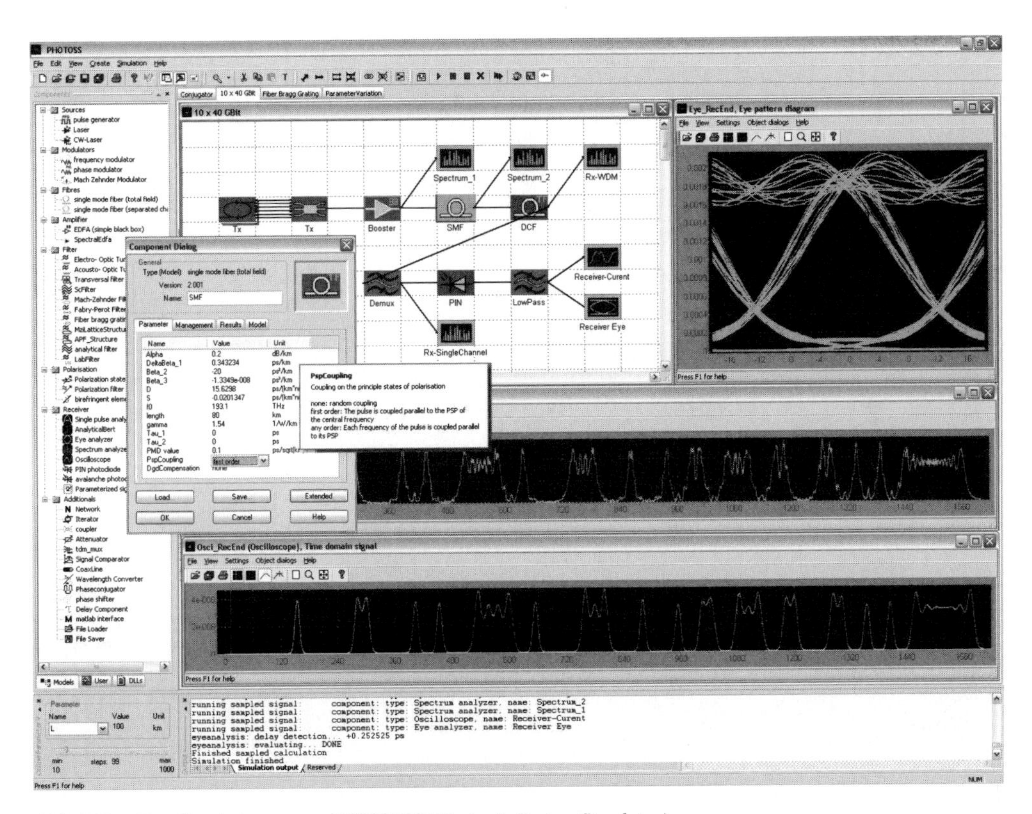

Abb. 9.7: Das Simulationssystem PHOTOSS (Photonic System Simulator)

10 Literatur

[1] Agrawal, G. P. u. N. K. Dutta: Semiconductor Lasers. Van Nostrand Reinhold, New York, 1993.

[2] Agrawal, G. P.: Nonlinear Fiber Optics. Academic Press, San Diego, 2001.

[3] Barabas, U.: Optische Signalübertragung. Oldenbourg-Verlag, München 1993.

[4] Bates, Regis: Optical Switching and Networking Handbook. MC Graw Hill, 2001.

[5] Bergmann-Schäfer: Lehrbuch Experimentalphysik Band III Optik. De Gruyter-Verlag, Berlin 1993.

[6] Bludau, W.: Lichtwellenleiter in Sensorik und optischer Nachrichtentechnik. Springer-Verlag, Berlin 1998.

[7] Borella, Andrea: Wavelength Division Multiple Access Optical Networks. 1998.

[8] Derickson, D.: Fiber Optic Test and Measurement. Prentice Hall 1998.

[9] Dutton, Harry J .R.: Understanding Optical Communications. Prentice Hall, 2000.

[10] Eberlein, D.: Lichtwellenleiter-Technik. Expert-Verlag, Renningen-Malsheim 2000.

[11] Fasshauer, P.: Optische Nachrichtensysteme. Hüthig-Verlag, Heidelberg 1984.

[12] Fliege, N.: Multiraten-Signalverarbeitung. Teubner-Verlag, Stuttgart 1993.

[13] Geckeler, S.: Lichtwellenleiter für die optische Nachrichtenübertragung. Springer-Verlag, Berlin 1990.

[14] Glaser, W.: Von Handy, Glasfaser und Internet. Vieweg Verlag, 2001.

[15] Glingener, C.: Modellierung und Simulation faseroptischer Netze mit Wellenlängen-multiplex., WFT Verlag, Wermelskirchen, 1998.

[16] Goralski, W.: Optical Networking & WDM. 2001.

[17] Gowar, J.: Optical Communication Systems. Prentice Hall, 1984.

[18] Grau, G.: Optische Nachrichtentechnik. Springer-Verlag, New York Berlin 1981.

[19] Grimm, E.: Lichtwellenleitertechnik. Hüthig-Verlag, Heidelberg 1989.

[20] Gustedt, G. u. W. Wiesner: Fiberoptik Übertragungstechnik. Franzis-Verlag, Poing 1998.

[21] Harth, W.: Sende- und Empfangsdioden für die optische Nachrichtentechnik. Teubner-Verlag, Stuttgart 1998.

[22] Hecht, Jeff: Understanding Fiber Optics. Prentice Hall 1999.

[23] Heinlein, W.: Grundlagen der Faseroptischen Übertragungstechnik. Teubner Verlag, Stuttgart 1985.

[24] Herter, E.: Optische Nachrichtentechnik. Hanser-Verlag, 1994.

[25] Hirao, K., T. Mitsuyu, J. Si u. J. Qiu: Active Glass for Photonic Devices. Springer-Verlag, Berlin 2001.

[26] IEC International Engineering Consortium On-Line Education Web Site.

[27] Jansen, D.: Optoelektronik. Vieweg-Verlag, Braunschweig 1993.

[28] Jeruchim, M. C., P. Balaban, u. K. S. Shanmugan: Simulation of Communication Systems. Plenum Press, New York, 1994.

[29] Kersten, R. Th.: Einführung in die optische Nachrichtentechnik. Springer-Verlag, New York Berlin 1993.

[30] Lühe, F.: Optische Signalübertragung mit Lichtwellenleitern. Vieweg-Verlag, Braunschweig 1993.

[31] Lundolf, W.: Grundlagen der optischen Übertragung. Technisches Messen Band 49 Nr. 6/7, 8, 9, 11, 12 und Band 50 Nr. 2 u. 3, Oldenbourg Verlag, München 1982 u. 1983.

[32] Lutzke: Lichtwellenleitertechnik. Pflaumverlag, München 1986.

[33] Mahlke, G. und P. Gössing: Lichtwellenleiterkabel. Siemens AG, Erlangen 1998.

[34] Mayer, M. u. H. Zisler: Glasfasernetzwerke in der Praxis. Huethig- u. Pflaum-Verlag, Heidelberg 2000.

[35] Mestdagh, D.: Fundamentals of Multiaccess Optical Fiber Networks. 1995.

[36] Miller, S. E. u. A. G. Chynoweth: Optical Fiber Telecommunication (Band 1 und 2). Academic Press 1979 und 1988.

[37] Opielka, D.: Optische Nachrichtentechnik: Grundlagen und Anwendungen. Vieweg-Verlag, Braunschweig 1995.

[38] Petermann, K.: Laser Diode Modulation and Noise. Kluwer Academic Publishers, Dordrecht, 1991.

[39] Plura, M., J. Kissing, J. Lenge, D. Schulz u. E. Voges: Analysis of the collocation method for simulating the propagation of optical pulse sequences. Int. J. Electron. Commun. (AEÜ), Vol. 56, Nr. 5, SS. 1-7, 2002.

[40] Plura, M., T. Balslink, J. Kissing, D. Schulz u. E. Voges: Analysis of an improved Split-Step algorithm for simulating optical transmission systems, Int. J. Electron. Commun. (AEÜ), Vol. 56, Nr. 6, SS. 1-6, 2002.

[41] Profos, P. u. T. Pfeiffer: Handbuch der industriellen Messtechnik. Oldenbourg Verlag, München 1994.

[42] Paul, R.: Optoelektronische Halbleiterbauelemente, Teubner, Stuttgart 1992.

[43] Richter, H.: Entwicklung und Aufbau eines leistungsgeregelten CW-Laserdiodensenders hoher Leistung. Diplomarbeit an der FH Merseburg, Oktober 1997

[44] Rohling, H.: Einführung in die Informations- und Codierungstheorie. Teubner-Verlag, Stuttgart 1995.

[45] Wagemann, H.-G. u. Schmidt, A.: Grundlagen der optoelektronischen Halbleiterbauelemente, Teubner-Verlag, Stuttgart 1998.

[46] Shepard, Steven: Optical Networking Crash Course.MC Graw Hill, 2001.

[47] Shoop, B. L.: Photonic Analog-to-Digital Conversion. Springer-Verlag, Berlin 2001.

[48] Snyder, A. W. u. J. D. Love: Optical Waveguide Theory. Chapman and Hall, London New York, 2000.

[49] Stern, Th.: Multiwavelength Optical Networks. Pearson Academic, 1999.

[50] Unger, H.-G.: Optische Nachrichtentechnik (Band 1 und 2). Hüthig-Verlag, Heidelberg 1993.

[51] Weber, H.-G.: Ultraschnelle Lichtweiche für Kommunikationsnetze. Heinrich-Hertz-Istitut, Berlin 2002.

[52] Weinert, A.: Kunststofflichtwellenleitertechnik. Siemens AG, Erlangen 1997.

[53] Weissman, Yitzhak: Optical Network Theory. 1992. Artech House, Norwood 1992.

[54] Winstel, G. u. C. Weyrich: Optoelektronik (Band 1 und 2). Vieweg-Verlag, Stuttgart, 1980 und 1986.

[55] Wrobel, C. P.: Optische Übertragungstechnik in der Praxis: Kompendium, Installation, Anwendungen. Hüthig-Verlag, Heidelberg 1998.

[56] Hecht, E.: Optik. Oldenbourg-Verlag, München 2001.

[57] Voges, E. u. K. Petermann: Optische Kommunikationstechnik. Springer-Verlag, Berlin 2002.

[58] Kauffels, F.-J.: Optische Netze. MITP-Verlag, Bonn 2002.

[59] Bedea, Berkenhoff & Drebes GmbH: Firmenschrift Datenübertragungstechnik, Kabel und Leitungen. Aßlar 2000.

[60] Bludau, W.: Halbleiteroptoelektronik. Hanser Verlag, München, 1995.

[61] Bass, M.: Handbook of Optics. McGraw Hill, New York, 2001.

11 Liste der verwendeten Formelzeichen und Abkürzungen

Einleitung

CD:	Compact Disc
CMRR:	Common Mode Rejection Ratio
DWDM:	Dense Wave Division Multiplex
EDFA:	Erbium Doped Fiber Amplifier
LWL:	Lichtwellenleiter
NZDF:	Non Zero Dispersion Shifted Fiber
OTDM:	Opical Time Domaine Multiplex
PWM:	Pulsweitenmodulation
TDM:	Time Domaine Multiplex
WDM:	Wave Division Multiplex
$c_0 = 330.000\ \text{km/s}$:	Lichtgeschwindigkeit
f:	Frequenz
E:	Elektrische Feldstärke
n:	Brechzahl
λ:	Wellenlänge
τ:	Laufzeit

Optische Sender

LED:	Light Emitting Diode
LASER:	Light Amplification by Stimulated Emission of Radiation
RADAR:	RAdio Detection And Ranging

FWHM:	Full Width at Half Maximum
DBR:	Distributed Bragg Resonator
DFB:	Distributed Feedback
VCSEL:	Vertical Cavity Surface Emmitting Laser
w:	Rekombinationsrate
r:	Rekombinationskoeffizient
n:	Elektronenanzahl pro Volumen
p:	Löcheranzahl pro Volumen
$f(W)$:	Fermiverteilung
$h = 6{,}6262 \cdot 10^{-34}\ \mathrm{W \cdot s^2}$:	Planck'sches Wirkungsquantum
$k = 1{,}3807 \cdot 10^{-23}\ \mathrm{Ws/K}$:	Boltzmannkonstante
τ:	Zeitkonstante
T:	Absolute Temperatur in Kelvin
$\mathrm{M}_{e,\lambda}$:	Spektrale spezifische Ausstrahlung des schwarzen Körpers in W/m^3 bzw.
$q = 1{,}602 \cdot 10^{-19}\,\mathrm{As}$:	Elementarladung
ϑ_{grenz}:	Grenzwinkel
η:	Wirkungsgrad
$\tau_{r:}$	Mittlere Lebensdauer des strahlenden Übergangs
$\tau_{nr:}$	Mittlere Lebensdauer aller nicht strahlenden Übergänge
Ω:	Raumwinkel
$H(f)$:	Amplitudenfrequenzgang
R:	Reflexionsfaktor
P:	Leistung
W:	Energie

Leitungs- oder Übertragungselemente

OVD:	Outside Vapor Deposition
OVPO:	Outside Vapor Phase Oxidation
MCVD:	Modified Chemical Vapor deposition

PCVD:	Plasma-activated Chemical Vapor Deposition
VAD:	Vapor Phase Deposition
$K(\lambda)$:	Materialdispersionskoeffizient
L:	Länge
NA:	Numerische Apertur
T:	Transmissionsfaktor
R:	Reflektionsfaktor
V:	Strukturkonstante
β:	Phasenkonstante
θ_0:	Einkoppelwinkel
θ_A:	Akzeptanzwinkel
$f_{B\max}$:	Max. Bitrate
t_{gr}:	Gruppenlaufzeit

Verbindungstechnik

A:	Leuchtende bzw. beleuchtete Fläche, Dämpfung
Ω:	Raumwinkel
η:	Wirkungsgrad
g:	Profilexponent
A_N:	Numerische Apertur
S:	Abstand der Faserenden, Koppelfaktoren
φ, γ:	Winkel
ε:	Versatz der LWL-Achsen
a, A:	Dämpfung
P:	Lichtleistung
n:	Brechungsindize
F-SMA:	Straight Medium Adaptor (F steht für optischer Stecker)
FC/PC:	Fibre Connector/Physical Connector
FC/APC:	Fibre Connector/Angled Physical Connector
BFOC(ST):	Bajonet Fibre Optic Connector (Straight Tip)

SC:	Subscribe Connector
MIC:	Medium Interface Connector
LID-System:	Lokale Injektions- und Detektiossystem
P_A, P_a:	Ausgekoppelte Leistung
P_E, P_e:	Eingekoppelte Leistung
WDM:	Wave Division Multiplex
LC:	Liquid Crystal
MEMs:	Micro Electro Mechanical Systems
CW:	Continous Wave

Optische Empfänger

S_λ:	Spektrale Empfindlichkeit
$R(\lambda)$:	Responsivity
P_{opt}:	Optische Leistung
RLZ:	Raumladungszone
I_{Ph}^{drift}:	Driftphotostrom
I_{Ph}^{diff}:	Diffusionsphotostrom
I_{Ph}:	Gesamtphotostrom
C:	Kapazität eins Kondensator
R:	Widerstand
PIN-Photodiode:	Dotierungsart der Diode
$\sqrt{\overline{I_{NS}^2}}$:	Effektivwert des Schrotrauschens
$\sqrt{\overline{I_{NT}^2}}$:	Effektivwert des thermischen Rauschens
Δt:	Zeitintervall
$\overline{N}$:	Mittlere Anzahl
$P(N)$:	Poissonverteilung
$k = 1{,}38 \cdot 10^{-23}$ J/K	Boltzmannkonstante
NEP:	Noise Equivalent Power
D:	Detectivity

APD: Avalanche-Photo-Diode

M: Verstärkungsfaktor

$\sqrt{\overline{I_{NS1}^2}}$: Effektivwert des primären Schrotrauschens

$\sqrt{\overline{I_{NS2}^2}}$: Effektivwert des sekundären Schrotrauschens

$\sqrt{\overline{I_{NVdq}^2}}$: Effektivwert des äquivalenten Verstärker-Eingangsrauschstroms

$F(M)$: Zusatzrauschfaktor

SNR: Signal/Rauschleitungsverhältnis

FET: Feldeffekttransistor

PLL: Phase Locked Loop

VCO: Voltage Controlled Oscillator

Komponenten optischer Netzwerke

PCM: Puls-Code-Moduation

$T_{A:}$ Durchschnittliche Aufenthaltsdauer

EDFA: Erbium Doped Fiber Amplifier

SOA: Semiconductor Optical Amplifier

SLA: Semiconductor Laser Amplifier

DSF: Dispersionsgeschobene Fasern

FBG: Fiber-Bragg-Grating

WDM: Wave Division Multiplex

$\vec{H}$: Feldvektor

Θ_F: Winkel

OTDM: Optical Time Domain Multiplex

LD: Laserdiode

EOM: Externer optischer Modulator

S: Sender

NLIS: Nichtlinearer Schalter

PD: Photodetektor

e:	Empfänger
RZ:	Return to Zero
WDM:	Wave Division Multiplex
DWDM:	Dense Wave Division Multiplex

Aufbau optischer Netzwerke

LAN:	Lokal Area Network
PDH:	Plesiochronen digitalen Hierarchie
SDH:	Synchronen digitalen Hierarchie
SONET:	Synchronen optischen Netzwerk-Hierarchie
FDDI:	Fiber Distributed Data Interface
HSLAN:	High Speed Lokal Area Network
OSI:	Open System Interconnect
ATM:	Asynchronus Transfer Mode
IP:	Internet Protocol
CAN:	Controller Area Network
VAN:	Vehicle Area Network
J1850:	Standart Corporate Protocol
ABUS:	Automobile Bitserielle Universal Schnittstelle
TTP:	Time Triggered Protocol
D2B:	Domestic Digital Bus
MOST:	Media Oriented Systems Transport

Messgeräte und Messverfahren

OTDR:	Optical Time Domaine Reflectometer
T:	Laufzeit
n_{Medium}:	Brechzahl, Materialkonstante
SNR:	Signal to Noise Ratio

Simulation optischer Netzwerke

NRZ:	No Return to Zero

RZ:	Return to Zero
OSNR:	Optical Signal to Noise Ratio
$s(t)$:	Zeittransientes Signal
$E(t)$:	Elektrisches Feld
$P(t)$:	Optische Leitung
f_0:	Referenzfrequenz
$h(t)$:	Impulsantwort
FFT:	Fast Fourier Transformation
$H(f)$:	Übertragungsfunktion
SMF:	Single Mode Fiber
NLSE:	Nonlinear Schrödinger Equation
j:	Imäginäre Zahl
β:	Phasenkonstante
ω_0:	Trägerfrequenz
α:	Faserdämpfung
γ:	Nichtlinearer Parameter
v_g:	Gruppengeschwindigkeit
L:	Linearer Operator
N:	Nichtlinearer Operator
BTB:	Back To Back
EO:	Eye Opening
EOP:	Eye Opening Penalty
BER:	Bit Error Rate
P_{e0}, P_{e1}:	Wahrscheinlichkeiten
S:	Entscheiderschwelle
m_0,m_1:	Das erste Moment der Verteilung
$\sigma_0\sigma_1$:	Standartabweichungen
PHOTOSS:	Photonic System Simulator

12 Stichwortverzeichnis